DIANZI CHANPIN
ZHENGJI JIANCE YU WEIXIU

电子产品
整机检测与维修

梁明亮 编著   张惠敏 主审

 化学工业出版社

·北京·

本书以教育部高职高专"工学结合、项目驱动"教学改革思想为指导,以项目为载体,以具体任务驱动为目标,全书共分6大项目、40个具体工作任务。主要内容有:电子产品检测维修基本技能、电视技术基本原理、CRT及液晶彩色电视机电路原理与分析、电子产品典型电路的检修与调试、数字电视等电子产品新技术的应用、液晶显示器的检测维修技术等。

本书可作为电子类专业的课程教材,也可作为广大电子产品检测维修技术人员的培训教材和工程技术人员的参考书。

图书在版编目(CIP)数据

电子产品整机检测与维修/梁明亮编著. —北京:化学工业出版社,2011.7(2023.9重印)
ISBN 978-7-122-11780-9

Ⅰ.电… Ⅱ.梁… Ⅲ.①电子工业-产品-检测-教材②电子工业-产品-维修-教材 Ⅳ.TN06

中国版本图书馆 CIP 数据核字(2011)第 133434 号

责任编辑:张建茹	文字编辑:吴开亮
责任校对:顾淑云	装帧设计:尹琳琳

出版发行:化学工业出版社(北京市东城区青年湖南街 13 号 邮政编码 100011)
印 装:北京捷迅佳彩印刷有限公司
787mm×1092mm 1/16 印张 13¾ 字数 342 千字 2023 年 9 月北京第 1 版第 4 次印刷

购书咨询:010-64518888 售后服务:010-64518899
网 址:http://www.cip.com.cn
凡购买本书,如有缺损质量问题,本社销售中心负责调换。

定 价:49.00 元

前言

随着电子技术的飞速发展，电子产品不断向高智能、多功能方向发展。电子产品经历了由分立元件、小集成电路到大规模集成电路的发展过程，如电视机由小屏幕到大屏幕，由普通型向多功能、高清晰度等方向发展。特别是近几年来，液晶电视、等离子电视、数字电视等电视新技术发展迅速，电子产品中新的技术原理、新的集成电路和新的工艺方法不断出现。

作为学习电子产品整机产品检测维修的有效途径，电视机原理及电子产品整机维修课程多年来是电子类专业有代表性的主干课之一。本书的主要内容有：电子产品检测维修基本技能、电视技术基本原理、CRT及液晶彩色电视机电路原理分析、电子产品典型电路的检修与调试、电子产品常用检修方法、数字电视等电子产品新技术的应用、液晶显示器的检测维修技术等。

本书内容立足于高职教育特色，针对高等技术应用型人才的培养目标，在保证理论基础知识够用的前提下，强调对学习者实践操作能力和技能的训练，如增加了市场上组装较多的三洋单片机芯彩电的电路分析，CRT电视机重在培养读图能力和电路分析，同时加入了电子产品新技术的应用，如将液晶电视的原理与维修分别作为一章来编写、增加新型的LED背光彩电知识、液晶显示器的检修技术。教材内容以对实际电路的分析理解、故障处理和新技术应用为重点，突出职业能力培养，通过对电子产品基本电子元器件的识别检测、彩色电视机各模块电路的原理分析、彩色电视机及液晶显示器各种故障实例的维修和新技术应用的学习，总结通用电子产品维护、调试、检测和维修的基本规律和方法，从而提高学习者对较复杂电子产品电路的识图能力、分析能力、整机调试检修能力和新技术的学习能力，为从事现代电子企业一线生产、产品维护调试和技术服务打下良好基础。

本教材由梁明亮编著，并完成全书的统稿工作。编写过程中，参考借鉴了大量学者、专家的著作及研究成果，郑州铁路职业技术学院张惠敏教授对全书的编写提出了宝贵意见，并进行了书搞的审定。本书的编写工作还得到了陶春鸣、于军、徐书雨、徐冰、李进喜等具有丰富教学经验的教师及行业企业专家的热心帮助和指导，在此谨向他们表示诚挚的谢意。

本书的教学时数约70～80学时，可作为电子信息工程技术、应用电子、通信类、无线电技术类专业的课程教材，也可作为广大电子产品检测维修技术人员的培训教程和资料参考图书。由于作者水平有限，书中内容难免有遗漏和不足之处，敬请使用者批评指正。

编　者
2011 年 6 月

目录
CONTENTS

项目3　CRT彩色电视机电路原理与分析

项目4　电子产品典型电路的检修与调试

项目5　液晶彩色电视机整机维护与检测

项目6　液晶显示器检测维修技术

项目1

电子产品检测维修基本技能

任务1-1 电子元器件的识别与检测

在电子产品整机检测维修中，掌握电路原理、理解电路功能是至关重要的，重点应加强以下两方面的能力：一是能够看懂变化繁多的电路工作原理；二是能检修电路故障。这两方面能力的培养都与掌握电子元器件知识的多少直接相关。所以，全面"吃透"各种电子元器件是掌握电子产品维修技术的第一步。

1.1.1 电子元器件检测在电路检修中的重要性

任何复杂的电路都是电子元器件有机组合的结果，电路工作原理的分析其实质就是对电路中电子元器件作用的分析，进一步讲就是运用电子元器件的特性，对各种组成电路进行分析，可见掌握电子元器件对电路工作原理进行分析是非常重要的。

电路故障检修其实质是快速而准确地确定电路中哪只元器件出了故障，然后对该电子元器件进行检测、修理或更换处理。

1.1.2 识别电子元器件的方法

(1) 电子元器件知识三要素

① 识别元器件是第一要素，如果面对线路板上众多形状"怪异"的电子元器件不认识，面对电路图中的各种电路符号不熟悉，那就无法识图和检修。

② 了解元器件结构和基本工作原理，掌握电子元器件的特性是分析电路工作原理的关键要素，不能掌握电子元器件的主要特性，电路分析寸步难行。

③ 掌握电子元器件检测技术是电路故障检修的关键要素，电路故障检修的最后一环是确定所怀疑的元器件是否真的有质量问题，这需要通过检测来完成，不掌握检测技术显然就无法完成修理。

(2) 电子元器件的识别内容

① 通过外形识别认识各种电子元器件。

② 在电路图中每种电子元器件都有一个对应的电路符号，电路符号相当于电子元器件在电路图中的代号。

③ 引线极性和引线端子识别。电子元器件至少有两根引线端子，有的元器件的两根引线端子有正、负极性之分，有的则无极性，有的电子元器件多于两根引线端子，每根引线端子有特定的作用，必须加以识别。

④ 识别线路板上的元器件。在故障检修中，需要根据电路图建立的逻辑检修电路，在线路板上寻找所需检查的电子元器件，这时的元器件识别是在修理过程中的识别，至关重要。

(3) 电子元器件的识别步骤

对某个具体的电子元器件识别主要有四项内容，其识别步骤分成四步：外形特征识别→电路符号与实物对应识别→引线端子识别和引线端子极性识别→识别线路板上元器件。

电子元器件有数十个大类、上百个品种，新型元器件层出不穷。

电子元器件外形识别就是实物与名称对应，其目的是拿到一种电子元器件就应知道它是什么元器件和它的电路符号。

图 1-1 为几种常见电子元器件实物图。

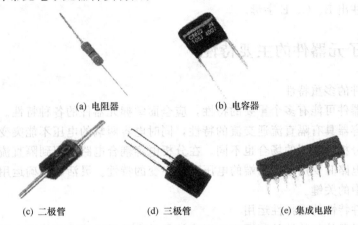

(a) 电阻器   (b) 电容器

(c) 二极管   (d) 三极管   (e) 集成电路

图 1-1   几种常见电子元器件实物图

作为维修人员来说，应学会查询元器件手册，从中识别新型元器件参数，如通过图书馆查询，或通过网络查询，或翻阅一些专业杂志查询新型元器件，这些查询方式往往能够获得相当详尽的新型元器件资料。例如，性能参数、特性曲线、典型应用电路等，这对于提高现代电子产品维修水平非常有效。

1.1.3   电子元器件电路符号

如图 1-2 所示是几种常见电子元器件电路符号。在电路图中，用电子元器件的电路符号代表元器件。

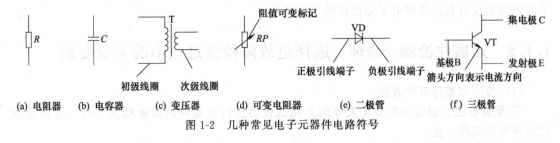

(a) 电阻器   (b) 电容器   (c) 变压器   (d) 可变电阻器   (e) 二极管   (f) 三极管

图 1-2   几种常见电子元器件电路符号

图 1-2 (a) 是电阻器电路符号，从这一符号中可以得到两个信息：有两根不分正、负极性的端子，电阻器用字母 R 表示。

图 1-2 (b) 是无极性普通电容器电路符号，它有两根不分正、负极性的端子，另有一种电解电容器两根端子有正、负极性之分，电路符号与此不同。电容器用字母 C 表示。

图 1-2 (c) 是变压器电路符号，变压器的种类较多，具体结构变化也多，电路符号能够表示出它的初级线圈和次级线圈结构情况，变压器用字母 T 表示。

图 1-2 (d) 所示是可变电阻器电路符号，它有 3 根端子，电路符号与电阻器基本相似，但是符号中多用一个箭头表示这种电阻器的阻值可变。可变电阻器用字母 RP 表示。

图 1-2 (e) 所示是二极管电路符号，它的两根引线有正、负极性之分，二极管用字母 VD 表示。

图 1-2 (f) 所示是三极管电路符号，三根引线通过电路符号可以加以区分。三极管用字母 VT 表示，三个电极中集电极用 C 表示，基极用 B 表示，发射极用 E 表示，通常在电路符号中并不标注出 B、C、E 字母。

1.1.4 电子元器件的主要特性

(1) 元器件的多重特性

每一种元器件可能有多个重要的特性，应全面掌握元器件的各种特性。

例如，电容器具有隔直流通交流的特性，同时电容两端的电压不能突变，这两条特性是不同的，电路分析时运用的场合也不同。在分析电容耦合电路时用到隔直流通交流特性，分析加速电容等电路时要用电容两端的电压不能突变的特性。灵活、正确运用元器件的这些特性是电路分析中的关键。

(2) 元器件特性的选择性运用

学习电子元器件的特性并不困难，困难的是学会灵活运用这些特性去解释理解电路的工作原理。同一个元器件可以构成不同的应用电路，当该元器件与其他不同类型元器件组合使用时，又需要运用不同的特性去理解电路工作原理。

举例说明，在整流电路分析中，主要运用二极管的单向导电特性来理解整流电路工作原理；在二极管限幅电路中，主要运用二极管正向导通后管压降基本不变的特性来理解电路工作原理；在二极管参与的温度补偿电路中，又要运用二极管正向导通后管压降随温度变化而有微小变化的特性去理解电路工作原理。

通过上述例子可以看出，同一个二极管在不同电路中运用时，要运用它的不同特性解释二极管在电路中的作用。如果不能全面、熟练掌握二极管的主要特性，显然就无法自如地分析各种二极管应用电路。

在电路分析中，熟练掌握电子元器件主要特性是关键因素，对电路工作原理分析无从下手的原因是没有真正掌握电子元器件的主要特性。

1.1.5 元器件检测、修理、选择是故障检修过程中的关键要素

(1) 检测元器件五种方法

① 质量检测。通常运用万用表等简单测试仪器进行元器件的质量检测，分为在路检测和脱开检测两种方法。

② 故障修理。一部分元器件的某些故障是可以通过修理使之恢复正常功能的。

③ 调整技术。一些元器件或机械零部件通过必要的调整可以使之恢复正常工作。

④ 选配原则。元器件损坏后必须进行更换，更换最理想的方法是直接更换，但是在许多情况下因为没有原配器件，则需要通过选配来完成。

⑤ 更换操作方法。更换元器件的操作有的是相当的方便，有的则是非常的困难，例如，贴片封装的集成电路更换起来就很不方便。

（2）元器件的检测技术

电子元器件检测技术通常是指使用万用表对其进行质量检查，主要说明下列几点。

① 对元器件的质量检测应非常准确，但由于万用表的测量功能有限，有时对电子元器件的检测却是很粗略的。对不同的元器件或测量同一种元器件的不同特性时，测量的效果会不同。

② 使用万用表检测电子元器件主要是测量两根引线之间的电阻值，通过测量阻值进行元器件的质量判断。

③ 元器件质量检测分为两种情况：一是在路检测，即元器件装在线路板上进行直接测量，这种检测方法比较方便，不必拆下线路板上的元器件，测量结果有时不准确，易受线路板上其他元器件影响；二是脱开线路板后的测量，测量结果相对准确。

（3）元器件修理技术

元器件损坏后最理想情况是更换新件，但是在下列几种情况下可以采用修理方法恢复元器件的正常功能。

① 有些元器件修理起来相当方便，而且修理后的使用效果良好，例如，音量电位器转动噪声大的故障，通过使用纯酒精清洗可以恢复电位器的正常使用功能。

② 一些价格贵的元器件，或是市面上难以配到的元器件，要通过修理恢复其功能。

③ 对于机械零部件，有许多故障可以通过修理恢复其功能，例如卡座上的机芯、部分金属按键。

（4）元器件的调整

① 电路故障中元器件故障是主要原因，但是也有一部分故障属于元器件调整不当所致，这时通过调整可以解决问题。

② 可以调整的元器件主要是标称值可调节的元器件，例如，可变电阻器、微调电感器、微调电容器，还有机械类零部件。

（5）元器件选配和更换

更换元器件时选用同型号、同规格元器件是首选方案。元器件的选配原则有以下几点。

① 无法实现同型号、同规格时采用选配方法，不同的元器件、用于不同场合的元器件其选配原则有所不同。

② 元器件总的选配原则是满足电路的功能要求。例如，对于整流二极管主要满足整流电流和反向耐压两项要求；对于滤波电容主要满足耐压和容量两项要求。

元器件更换过程中需要注意下列几点。

① 拆卸和装配过程中不要"野蛮"操作，但是有一些元器件对拆卸和装配有特殊要求，有的还需要专用设备。

② 拆换发光二极管应快速，拆换 COMS 器件时，电烙铁应注意接地。

③ 拆卸和装配过程中很容易损坏线路板上的铜箔线路，防止铜箔线路长时间受热是重要环节。

1.1.6 用万用表进行电路检测的安全注意事项

（1）确保人身安全

测量 220V 交流电压时，不要碰到表棒头部金属部位，表棒线不能有破损，以避免遇到因表棒线被烙铁烫坏而不小心触电的情况。

（2）保证万用表的安全

在使用过程中要注意以下几点。

① 尽量使用串联保险丝的表棒，它对过电流有一定保护作用。

② 测量前正确选择挡位开关，例如测量电阻时不要将挡位选择开关置于其他挡位上。

③ 正确插好红、黑表棒，一些万用表的表棒孔多于两个，在进行一般测量时红表棒插入"＋"标记的孔中，黑表棒插入"－"标记的孔中，红、黑表棒不要插错，否则表针会反向偏转，这会损害表头，造成测量精度下降。

④ 测量较大电压或电流过程中，不要直接转换万用表的量程开关，否则会烧坏量程转换开关的触点，应该在表棒离开检测点之后再转换量程开关。

⑤ 特别注意，万用表在直流电流挡时不能在路测量电阻或电压，否则大电流流过表头会烧坏电表，因为在直流电流挡时表头的内阻很小，红、黑表棒两端只要有较小的电压就会有很大的电流流过表头。

⑥ 万用表使用完毕，养成习惯将挡位开关置于空挡，没有空挡时置于最高电压挡。

⑦ 正确选择量程，所选择的量程应使被测量值尽可能落在刻度盘的中间位置，这时的测量精度最高。

⑧ 万用表在使用中不应受振动，保管时不应受潮。

⑨ 为了测量时的表棒连线方便，可以在黑表棒上连接一个夹子，这样将它夹在线路的底板地线上，测量电压时非常方便。

1.1.7 科学选择检测方法

检测电子元器件有多种方法，各种方法各有特点，检测中应该遵循先简单后复杂的原则选择各种检测方法。

① 注意高效检测原则。检测电子元器件故障的原则是：先直观检查所怀疑的元件表面有无烧焦痕迹，有无引线断开，在引线焊点附近有无断路和虚焊，然后用在路检测方法，对在路测量有怀疑的元件再用脱开检测方法检测。直观检查最方便，在路测量其次，脱开检测最不方便。

② 在路电阻检测时，一定要切断机器的电源，否则测量不准，而且容易损坏万用表。

③ 开路检测时，手指不要同时碰到表的两支表棒，或不要碰到电子元件的引线，因人体有电阻，它与被测量电阻并联会影响测量精度。

④ 采用断开铜箔的方法操作，对线路板创伤小，操作方便，但是注意测量后焊好断口。另外，在焊断口前要先刮去铜箔线路上的绝缘层，以方便断口焊接。

⑤ 重视检测中 PN 结对在路电阻测量结果的影响。

在路测量时最好红、黑表棒互换后再测量一次，这样便于排除外电路中晶体管 PN 结正向电阻对测量结果的影响。

任务1-2

电子产品的使用和日常维护

电子产品维修工作技术性很强，维修人员不仅需要知识、技能及经验，还需要有扎实的维修基本功。

任何电子产品都是在一定的环境中工作，环境不良将加速或造成电子产品发生故障。因此，熟悉环境对电子产品的影响，认真做好电子产品的日常维护工作，对于延长电子产品寿命，减少电子产品故障，确保电子产品正常工作具有十分重要的作用。

1.2.1　电子产品的日常维护

电子产品日常维护的措施大致可归纳为防热、防潮、防尘、防腐蚀、防磁等多个方面。

（1）防热

因为绝缘材料的抗电强度会随温度的升高而下降，且电路中元器件的电参数受温度的影响也很大，所以对于电子产品的"温升"有一定限制，通常规定不超过40℃；电子产品的最高工作温度也不应超过65℃。用手背触及电子产品中的发热部位，以不烫手为限。电子产品在摆放时，应与墙壁保持一定的距离，确保通风驱热性能良好。

（2）防潮

电子产品内部的变压器及其他线绕元器件的绝缘程度会因受潮而下降，从而发生漏电、击穿、霉烂和断线等问题，使电子产品出现故障。因此，对电子产品必须采取有效的防潮与驱潮措施。对于长期闲置不用的电子产品，应按说明书要求或在每年雨季后定期通电驱潮。温度的剧变也会吸附潮气。在中国北方地区，冬季室内外温差可达40～50℃。当电子产品从室外移至室内时，电子产品表面附有潮气，应及时检查擦净。

（3）防尘

由于灰尘有吸湿性，故当电子产品内积有灰尘时，会使电子产品绝缘性能变坏，或使活动部件和接触部件磨损加剧，或导致电击穿，以致电子产品不能正常工作。因此，要保证电子产品处于良好的工作状态，首先应保持其外表清洁。

平时要用毛刷、干布或沾有绝缘油的抹布、纱团，将电子产品外表擦刷干净。禁止使用沾水的湿布抹擦。如设备外壳沾附松香或焊油，应使用沾有酒精或四氯化碳的棉花擦除。对电子产品内部的积尘，通常利用检修的机会，使用橡胶气囊或长毛刷吹刷干净。吹刷过程中应避免触动石英晶体、振动子等插接式器件。若要拆卸，应事先做好记号，以免复位时插错位置。

（4）防腐蚀

电子产品应避免靠近酸性或碱性物体。对装有干电池的遥控器、收音机等电子产品，应定期检查，以免发生漏液或腐烂。如遥控器、收音机等较长时间不用时，应取出电池另行存放。

（5）防磁

有些电子产品应避免靠近磁性物体。如彩色电视机的防磁十分重要，若电视机靠近磁性物体，则显像管中的电子束受外磁场影响，将偏离正确的扫描轨迹，导致色纯度不良。

1.2.2　使用环境对电子产品的影响

电子产品都是在一定的环境中储存、运输及工作的，环境因素会对电子产品产生一定的影响，加速或造成电子产品损坏。通常接触气候环境、机械环境及电磁环境，有的使用场合还存在着腐蚀性气体、粉尘或金属尘埃等特殊环境。

(1) 温度

温度是环境因素中影响最广泛的一个，高温与低温都不利于电子产品正常工作。高温环境对电子产品的主要影响如下。

① 氧化等化学反应，造成绝缘结构、表面防护层迅速老化，加速被破坏。

② 增强水气的穿透能力和水气的破坏能力。

③ 使有些物质软化、融化，使结构在机械应力下损坏。

④ 使润滑剂黏度减小和蒸发，丧失润滑能力。

⑤ 使物体发生膨胀变形，从而导致机械应力加大，运行零件磨损增大或结构损坏。

⑥ 对于发热量大的电子产品来说，高温环境会使机内温度上升到危险程度，使电子元器件损坏或加速老化，使用寿命大大缩短。

低温环境对电子产品的主要影响如下。

① 低温使空气的相对湿度增大，有时可能达到饱和而使机内元器件及印制板上产生"凝露"现象，使产品故障率大大增加。"凝露"现象在电子产品连续使用时几乎不会发生，而经常发生在长期闲置后，特别是在低温高湿的状况下刚刚开机的一段时间里。

② 使润滑剂黏度增大或凝固而丧失润滑性能，甚至把转动部分胶住。

③ 低温可以使装置内的水分结冰，使某些材料变脆或严重收缩，造成结构损坏，发生开裂、折断和密封衬垫失效等现象。

(2) 湿度

湿度也是环境中起重要作用的一个因素，特别是它和温度因素结合在一起时，往往会产生更大的破坏作用。高湿度使物理性能下降、绝缘电阻降低、介电常数增加、机械强度下降，以及产生腐蚀、生锈和润滑油劣化等。无论在电子产品使用状态还是运输保管状态都会引起这些问题。相反，干燥会引起干裂与脆化，使机械强度下降，结构失效及电气性能发生变化。

湿热是促使霉菌迅速繁殖的良好条件，也会助长盐雾的腐蚀作用，因此将湿热、霉菌和盐雾的防护合称"三防"，是湿热气候地区产品设计和技术改造需要考虑的重要一环。

(3) 气压

气压降低、空气稀薄所造成的影响主要有：散热条件差、空气绝缘强度下降、灭弧困难。气压主要随海拔的增加而按指数规律降低。空气绝缘强度与海拔的关系大体上是：海拔每升高100m，绝缘强度约下降1%。气压降低，灭弧困难，主要影响电气接点的切断能力和使用寿命。

(4) 盐雾

盐雾对电子产品的影响主要表现为其沉降物溶于水（吸附在机上和机内的水分），在一定温度条件下会对元器件、材料和线路产生腐蚀或改变其电性能，结果使电子产品的可靠性下降，故障率上升。

盐雾主要发生在海上与海边，在陆地上则可因盐碱被风刮起或盐水蒸发而引起。盐雾的影响主要在离海岸约400m，高度约150m的范围内。再远，其影响就迅速减弱。在室内，盐雾的沉降量仅为室外的一半。因此，在室内、密封舱内，盐雾的影响将变小。

(5) 霉菌

霉菌是指生长在营养基质上面形成绒毛状、蜘蛛网状或絮状菌丝体的真菌。霉菌种类繁多，霉菌的繁殖是指它的孢子在适宜的温湿度、pH 值及其他条件下发芽和生长。最宜霉殖的温度为 20～30℃。霉菌的生长还需营养成分与空气。元器件上的灰尘、人手留下的汗迹、油脂等都能为它提供营养。

霉菌的生长直接破坏了作为它的培养基的材料，如纤维素、油脂、橡胶、皮革、脂肪酶脂、某些涂料和部分塑料等，使材料性能劣化，造成表面绝缘电阻下降，漏电增加。霉菌的代谢物也会对材料产生间接的腐蚀，包括对金属的腐蚀。

（6）机械环境

机械环境主要是指产品在储存、运输及使用的过程中所承受的机械振动、冲击和其他形式的机械力。在运输过程中电子产品必然会受到机械振动的影响。当然，在运输和储存的情况下，生产厂家会设计合理的包装来减小机械振动对它的影响。在安装和搬动时，要防止摔打、滚动等情况的发生，以免使紧固件松脱、机械构件或元器件损坏。在运行中则要靠产品本身和安装时采用的防振措施来抵消机械振动的影响。对于电子产品，最具破坏的现象是整机或其组成部件与外界的机械振动发生共振，严重的共振可使元器件、组件和机箱结构断裂或损坏。

一般情况下，电子产品都要求安装在专门的电气控制室或其他基本没有机械振动的地方。所谓基本没有振动，通常是指当振动频率在 0.1～14Hz 范围内时，振动幅度不超过 0.25mm。

有些电子产品，安装在有较强振动的主机上，如柴油机、码头装卸机械或车辆、船舶等运输工具上，则应按照应用现场的振动条件，考虑必要的防振措施。

（7）电磁场

在电子产品各种使用场所的空间里充满着各种电磁场，其中有不同的广播电台、无线电通信设备发射的高频电磁波，各种电气设备产生的电磁场与电磁波，雷电与宇宙射线造成的电磁波及地球磁场等。

在相对湿度较低的干燥环境中，身穿化纤衣服的工作人员在绝缘较好的地板上行走时，会因摩擦而带上电荷，从而使其对地电位达到数千伏或更高，当电压超过 6kV 时，作为带电体的人，将通过其较突出的部位，如手指等，向周围尖端放电。在放电过程中会产生高频电磁波。当带电人员接近电子产品时，也会对产品的外壳等金属部件放电，产生电火花。数字式、智能式电子产品，对一般高频电磁波和电磁场并不十分敏感。这是因为它们的工作电平较高，一般都超过 1V。有些电子产品的模拟信号输入电路的电平可低到 $10\mu V$，但它们的频率响应范围很低，一般只有几十到几百赫兹。所以不大于数百毫伏的射频感应电动势并不足以影响电子产品的正常工作。

由于电子产品的信号频率日益提高，电子元器件的工作电平，尤其是工作电流大幅度降低，静电放电干扰对电子产品安全使用的危害也越来越严重。

（8）供电电源品质

理想的供电电源应是一个频率、幅值均等于规定值且恒定不变，波形为理想正弦曲线的交流电压源。而实际供电电源只能接近理想状态。

品质较好的电网频率波动范围为 ±0.5%，幅度波动范围为 −10%～+5%；较差电网的电网频率波动可达到 ±1%，幅度波动为 −15%～+10%；在用电紧张地区，波动幅度更大，已属于不正常运行状态。

电子产品一般都内设直流稳压电源，必要时还要加接交流稳压器，可适应很大的电源波动范围。大多数电子产品对电网频率波动不敏感。影响电子产品使用可靠性的主要因素是：尖刺形与高频阻尼振荡形的瞬态干扰电压及电源电压的瞬时跌落。

尖刺形与高频阻尼振荡形的瞬态电压对电子产品威胁最大，因为各种瞬时电压的幅值高（可达几千伏），频谱宽（可达几百兆赫兹）。其产生原因主要是：由于某一负载回路发生短路故障，使附近其他负载上的端电压突然跌落，当故障回路的断路器或熔断器因过流而自动切断故障电路时，线路电压会立即回升，并产生尖刺形瞬时过电压。另外还有雷电感应。

（9）信号线路中的电气噪声干扰

电子产品一般都有较多的输入、输出信号连接线。连接线短则几米，长则几十米甚至可达数百米。在实际现场中，信号线路所用电线、电缆往往与其他电力电缆敷设在一起，它们之间会产生电或磁的耦合。因此信号线上不仅有信号在传输，而且还有各种耦合进来的不需要的电信号——电气噪声的干扰。

任务1-3　电子产品的故障种类

电子产品的故障类型很多，若按故障现象分类，如电视机中的无光栅故障、无图像故障、无伴音故障等；若按已损坏的元器件分类，有电阻器故障、电容器故障、集成电路故障等；若按已损坏的电路分类，有放大电路故障、电源故障、振荡电路故障等；若按维修级别分类，有板级故障、芯片级故障等；若按故障性质分类，有软故障与硬故障等。可归纳为以下几类。

（1）软故障与硬故障

软故障又称为渐变故障或部分故障，指元器件参数超出容差范围而造成的故障。这时元器件功能通常并没有完全丧失，而仅仅引起功能的变化。例如，电阻阻值稍增大、电容器漏电、变压器绕组局部短路、三极管温度特性差、印制板受潮等，这都可能使电子产品发生软故障，因为它们并没有导致电路功能的完全丧失。当然，软故障有时是可以容忍的，有时则是不允许的，特别是电路关键元器件不允许出现软故障。软故障检修难度大，因为元器件没有完全损坏，这种元器件不容易被检测出来。

硬故障又称为突变故障或完全故障，如电阻阻值增大甚至开路、电容器击穿短路、二极管或三极管电极间击穿短路等。这样的故障往往引起电路功能的完全丧失、直流电平的剧烈变化等现象。硬故障一般容易检修，因为元器件损坏是一种完全损坏，损坏的元器件容易被检测出来。

（2）永久性故障与间歇性故障

永久性故障是指一旦出现就长期存在的故障，在任何时刻进行检测均可检测到。永久性故障通常由元器件的永久性损坏引起。

间歇性故障是指，在某种特定条件下才出现的或随机性的、存在时间短暂的故障。由于难以把握其出现的规律与时机，这种故障不易检测。例如，元器件虚焊是一种间歇性故障，是一种不容易检修的故障，因为当你动手检修的时候，故障又消失了。

（3）单故障和多故障

若某一时刻仅有一个故障，称为单故障；若同时可能发生若干个故障，则称为多故障。通常诊断多故障比诊断单故障更为困难。电子产品一般都是单故障，同时发生多个故障的概率总是很低的，因为多个元器件同时损坏的概率很低。

任务1-4　电子产品的故障规律

研究电子产品故障出现的客观规律，分析电子产品发生故障的原因，可进一步提高电子产品的可靠性和可维修性。每一种产品出现故障虽然是个随机事件，是偶然发生的，但是大量产品的故障却呈现出一定的规律性。从产品的寿命特征来分析，大量使用和试验结果表明，电子产品故障率 $\lambda(t)$ 曲线的特征是两端高、中间低，呈浴盆状，习惯称之为"浴盆曲线"，如图1-3所示。

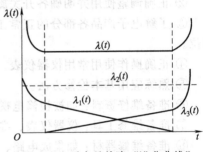

图1-3　电子产品故障"浴盆曲线"

从曲线上可以看出，电子产品的故障率随时间的发展变化大致可分为三个阶段。

（1）早期故障期

早期故障出现在产品开始工作的初期，这一阶段称为早期故障期。在此阶段，故障率高，可靠性低，但随工作时间的增加而迅速下降。电子产品发生早期故障的原因主要是由于设计、制造工艺上的缺陷，或者是由于元件和材料的结构上的缺陷所致。

（2）偶然故障期

偶然故障出现在早期故障之后，此阶段是电子设备的正常工作期，其特点是故障率比早期故障率小得多，而且稳定，故障率几乎与时间无关，近似为一常数。通常所指的产品寿命就是指这一时期。这个时期的故障是由偶然不确定因素所引起的，故障发生的时间也是随机的，故称为偶然故障期。

（3）耗损故障期

耗损故障出现在产品的后期。此阶段特点刚好与早期故障期相反，故障率随工作时间增加而迅速上升。损耗故障是由于产品长期使用而产生的损耗、磨损、老化、疲劳等所引起的。它是因为构成电子产品元器件的材料在长期化学、物理不可逆的变化中所造成的，是电子产品寿命的"终了"。

上述是大量电子产品的统计规律。对于实际电子产品不一定都出现上述三个阶段。

"浴盆曲线"也可看成是在成批电子产品中，有些电子产品故障率曲线是递增型的，有些是递减型的，也有一些是常数型的。

任务1-5 电子产品故障检修步骤和方法

电子产品的检修既要掌握基本原理，又要掌握判断、检查和排除故障的基本方法，二者缺一不可。

1.5.1 电子产品故障检修前的准备工作

故障检修前维修人员应做到以下几点。

① 掌握线路原理，走通整机电路原理图，搞清楚特殊元件的作用。

② 正确调整使用并明确各开关旋钮的作用。

③ 了解电子产品各部分的正常工作性能，有关电压、电流、电阻数据以及关键测试点部位。

④ 正确操作使用常用仪器仪表。

⑤ 熟练应用基本检修方法。

⑥ 准备维修资料：如被检修电视机的原理图及有关数据资料等。

⑦ 准备维修工具：仪器仪表、维修常用工具。

⑧ 准备维修器材：如集成电路、二极管、三极管、阻容件等。

⑨ 作好安全准备，在维修带高压电子产品时，应该高度重视设备安全和人身安全的保护，检修过程中要使用1∶1隔离变压器，并提前熟悉和遵守安全规则。

1.5.2 电子产品故障的检修步骤

检修工作一般需经三个阶段，即了解故障现象，分析检查故障部位，排除故障。

① 了解故障现象：就是向送修人员询问机器损坏情况或直接观察，了解故障现象。

② 分析检查故障部位：就是运用科学的态度和所学的理论知识分析故障现象，采用正确的检修方法检查压缩故障部位，从而进一步缩小故障范围，确定故障点。

③ 排除故障：就是运用正确的手段排除故障，并对机器进行全面检查，确定是否完全正常。

1.5.3 判断故障部位

一部：指机器的某一部分，就电视机而言可分为高频调谐器、中频通道、同步扫描电路、解码电路、电源及显像管附属电路等部分。当电视机出现故障后，先应判断故障在其中的哪一部分，从而确定故障的大致范围。

二级：一般来说一个部分由几级电路组成。如高频调谐中就有高放级、混频级和本振级。已判断出故障在高频调谐部分，那就需要进一步确定故障是在高放级、本振级或是混频级。

三路：每一级电路均由几个具体回路组成。如对某级晶体管放大电路来讲，就有偏置电路、发射极电路、集电极电路等不同的回路。具体可根据检修的需要来划分。因此，当故障确定到某级后，还需将这种故障确定在该级的某具体电路，使故障范围进一步缩小。

四点：指故障所在点，它包括元器件、引线、焊点等。总之，凡是可能造成故障的实际结构上所有的点均应包括在内。

1.5.4　电子产品故障检修方法

电子产品故障检修方法很多，通常有电压测量法、电流测量法、电阻测量法、信号注入法、波形测量法等，在更多场合，需要综合运用以上几种方法才能完成检修任务。

1.5.4.1　电压测量法

电压测量法是通过测量电源电压、集成电路各端子电压、晶体管各端子电压、电路中各关键点电压正常与否来判断故障所在的方法。这种方法是最简捷、有效、迅速的方法，大部分故障根据所测得的实际电压与正常值相比较，经过分析可以较快地判断故障部位。

电压测量法根据测量电压的性质，可分为静态直流电压测量和动态直流电压测量。

测量静态直流电压一般用来检查电源电路的整流和稳压输出电压，各级电路的供电电压等，将正常值与测量值相比较，并作一定的推理分析之后，便可判断故障所在。例如开关电源，其输入交流电压 220V 经整流滤波后的直流电压值为 300V 左右。若实测电压值为零或很低，便可判断整流滤波电路（包括输入滤波器）有问题。又如，处于放大状态的三极管，静态时发射结电压应在 0.5～0.75V（硅管），若实测电压与此相差太多，则可判断该管有故障。

动态电压是在电子产品有接收信号情况下的工作电压，此时的电路处于动态工作之中。如彩电电路中有许多端点的工作电压会随外来信号的进入而明显变化，变化后的工作电压便是动态电压。

下面以电视机为例，对各类型的基本电路分别进行电压测量方法的阐述。

（1）放大电路类

在电视机中，集成电路内部是采用直耦式放大电路，其中以双差分模拟乘法器用得最多；在集成电路外部的分立电路中也广泛使用直流耦合电路，如预视放、场激励、场输出、基色放大等电路。直耦式放大电路的输入及输出端的直流电压是随信号的大小而变化的，因此用万用表检查相当方便。但是需要指出的是，在检查具有直流负反馈的直耦式电路时，由于各点的直流电压互相牵连，使检查较难下手。对于这种情况，简单且有效的办法是将负反馈断开，用外部稳压电源给负反馈输入端一个直流电压，然后再逐级检查各点的直流电压，便能正确地找出故障的位置。

以 NPN 晶体放大管为例。正常情况时，发射结正偏，即 $U_b > U_e$，硅管为 0.7V 左右，锗管为 0.3V 左右；集电极反偏，即 $U_c > U_e$，阻容放大器集电极电压约为 $(1/2～2/3)E_c$，调谐放大器集电极电压约为 $(5/6～4/3)E_c$，即有 $U_c > U_b > U_e$ 的关系。若基极电压偏低，则通常为串联在基极的元件开路、旁路电容短路或 b-e 间击穿；若发射极电压偏高，则通常为发射极电阻开路、基极下偏电阻开路；若发射极电压偏低，则通常为旁路电容漏电、基极对地有短路存在；若集电极电压偏低，则通常为串接集电极的元件开路、c-e 间击穿。若是 PNP 晶体放大管，则有 $U_e > U_b > U_c$ 的关系。

作为集成电路来说，各引线端子静态或动态时的电压应基本与标准值相同，否则集成电路本身或对应端子外围元件可能有故障。

(2) 振荡器类

在电视机中，行振荡、场振荡、调谐器中的本机振荡、开关电源中的间歇振荡、解码器中的晶体振荡等都属于振荡器。一般行、场振荡电路等做在集成电路内不易测量。而调谐器中的本机振荡电路及开关电源中的间歇振荡电路大多是分立的。如果开关电源采用厚膜集成电路，其间歇振荡管的三个电极均有引出端子，因此 be 结偏置容易测量。无论是本机振荡还是间歇振荡都是由放大器和正反馈网络构成的。振荡器的起始偏置条件与一般放大器相同。但起振后，振荡器处在持续振荡状态，振荡管的偏置电压将发生变化，be 结出现反偏，因此，振荡管 be 的反偏是判断振荡器正常工作的一个很重要的依据。若用万用表测试感到不明显，可以采取人为停振的方法来检查。

(3) 开关电路类

在电视机中处于开关工作状态的分立电路通常有同步分离、箝位、行推动、行输出等电路。现以采用负极性激励方式的行推动级为例，它提供行输出管迅速饱和导通或截止所必须的基极电流和基极电压。输入行推动级基极的行振荡信号为一矩形波。正常工作时，行推动管 be 结的直流平均电压为 0.3V 左右。测量行推动管 U_{be} 可以大致判别行推动级是否有行振荡信号输入。这是检查行扫描电路是否有故障的常用方法。

对于行输出级来说，行输出管导通时 U_{be} 为 0.7V。而行推动变压器在行推动管导通时产生负峰脉冲，使行输出管 be 结的直流平均电压为接近于零的负值。由此可判断行推动级、输出级的工作状态。

(4) 供电电路类

在电视机中，220V 电网电压、稳压电源输出电压、行输出提供的各类电压等均属于供电电路提供的电压，正常情况下，应与电路要求值基本相同，否则对应电路部分有故障。

1.5.4.2 电流检查法

电流检查法是通过测量电路中的直流电流是否正常来判断故障所在的方法。分直接测量法和间接测量法。直接测量法指测量电流时直接把电流表或万用表串在电路中进行测量；间接测量法，即测量电阻两端电压降，通过计算求得电流值。在测量彩色显像管束电流时，由于在束电流回路中有取样电阻，可用间接测量法测量取样电阻两端的电压，通过计算得到束电流的大小。

检查最多的是开关型稳压电源输出的直流电流和各单元电路工作电流。特别是各类输出级，如彩电行输出级、场输出级、音频输出级、视频输出级等电路的工作电流。电流检查往往比电阻检查更能定量反映各电路的工作正常与否。

在检修电视机时，也常用电流检查方法检查行输出变压器输出的各直流电压的负载是否短路。检查彩色显像管各阴极工作电流的大小，以确定自动亮度限制 ABL 电路是否有故障。

用万用表测量电路电流时，万用表电流挡的内阻应足够小，一般应小于被测电路内阻的十分之一，以免影响电路正常工作。

电流检查对于查明故障电路范围内的集成电路、晶体管、电容器、电路板等元器件漏电或击穿通常也有很大作用。

1.5.4.3 电阻检查法

电阻检查法是通过测量电路中的元器件两端的直流电阻是否正常来判断故障所在的方法。对电子产品的电阻检查必须是在关机状态下进行的。对于电子产品整机不工作，如彩电无光无声、收音机无声、示波器电源指示不亮、屏幕不亮等故障尤其重要。存在这些故障的电子产品在通电前一定要先进行电阻检查，以防元器件或电路短路时造成故障的扩大和引发不安全事故。

电阻测量法分在路测量法和开路测量法。

在路电阻测量法就是不将元件从印刷板上焊下，而直接在印刷板上测量元器件好坏的一种方法。在一个完整的电路中，不管其内部有多少回路和支路，当选中一条支路作为被测支路进行在路电阻测量时，可以把其余回路和支路都等效为一个与被测支路并联的外在电路。若外支路阻值已知或根据图纸得出估计值后，可求得被测支路的阻值。被测支路可以是电阻、电容、二极管或三极管的一个 PN 结。通常二极管正向电阻为几百～几千欧姆，反向电阻为几十～几百千欧姆；三极管 PN 结正反向电阻与二极管相同。

开路测量法指将相关元件从印刷板上焊下，再对其进行电阻测量的方法。对于电路中的某一个具体电子元件，其两端的开路电阻测量值应大于或等于在路电阻测量值。

在电子产品检修工作中，电阻测量法可用在以下几个方面。

① 在机器关机状态下，测量交流电路和稳压直流电路的各输出端的对地电阻，以检查这些电源的负载有无短路或漏电。

② 测量行输出管、场输出管、稳压电源调整管、音频输出管等中、大功率管的集电极对地电阻，以判断这些晶体管或连接这些晶体管集电极的元件是否有损坏或漏电。

③ 测量集成电路各端子和其他怀疑有故障的晶体管等元器件对地电阻以判断集成电路、晶体管或相关元器件是否有损坏或漏电。

④直接测量所怀疑的元器件，判断其是否损坏。

在用万用表测量时，由于集成电路或晶体管 PN 结的作用，有时测试正反向电阻不一致，一般正反向电阻均要测试。另外，因万用表型号、挡位的不同，测试结果也不一定完全相同。

1.5.4.4 信号注入追踪法

信号注入追踪法是利用信号源向电子产品各信号通道从后级向前级注入信号，根据电路末端（如电视机的荧光屏和扬声器）的反应来判断故障部位的方法。注入的信号可以是人体感应信号，也可以是 50 Hz 交流信号或专用信号源信号。判断低频放大通道故障宜采用低频信号注入，如人体感应信号或 50 Hz 交流信号；判断中、高频通道故障则宜采用相应的中频和高频信号源注入信号。在没有专门的中、高频信号源时也可采用简单的接触电位差脉冲作为注入信号，这种方法通常称为干扰法。

采用信号注入法时，应注意以下几点。

① 注入信号要与需检查通道各级工作频率相一致。

② 注入信号不宜太强，应小于1V，防止电路中的集成电路或晶体管损坏。

③ 了解信号注入相应各级通道时屏幕和扬声器的正常反应，尤其是人体感应信号和干扰法注入相应通道各级的正常反应，便于进行故障的对照和比较。

1.5.4.5 波形测量法

将电子产品设置于某种工作状态，或将相关信号注入到被测电路。用示波器或扫频仪对各被测点的信号输出波形或频率特性进行测量、观察、比较和分析，根据波形正常与否来判断电路是否正常工作。

当用万用表测量不能确定故障部位时，用示波器测交流波形往往能收到很好效果。如彩色电视机中的色度信号及副载波信号的检查、信号发生器的输出、对讲机载波信号的检测等采用波形测量法比较好。

1.5.4.6 其他故障检修方法

除上述常用的检修方法外，通常还有短路法、隔离法、比较法和替代法等。

（1）短路法

通常用来检测噪声故障，用一只电容从后向前逐级对地短路，若噪声消失，则说明故障在前面电路。

（2）隔离法

隔离法是采用将被怀疑电路断开、分隔出故障部分的方法。通常用来检测电流过大等短路故障，如总电流过大，可逐步断开被怀疑电路部分，若总电流恢复正常，则意味着故障范围在被断开电路部分。

（3）替代法

用好的元器件替代被怀疑损坏的元器件，如故障消失，说明被怀疑元器件确实损坏，否则故障在其他地方。

（4）观察法

所谓观察法就是打开电视机后盖，观察机内元器件损坏情况。如电阻是否烧焦、电解电容的电解液是否流出、导线是否脱落、三极管各端子是否霉断、印制板是否断裂、行输出变压器是否打火等。

思考与练习

1-1 试述电子元器件检测在电子产品整机电路检修中的重要性。

1-2 运用电子元器件特性，对各种组成电路进行分析非常重要，说说识别电子元器件的方法有哪些？

1-3 更换元器件时选用同型号、同规格元器件是首选方案，元器件选配原则有哪几点？

1-4 为保证万用表的安全，在使用过程中有哪些注意事项？

1-5 为确保电子产品故障检修的效率，检修前应做哪些准备工作？

1-6 详述电子产品故障检修的方法。

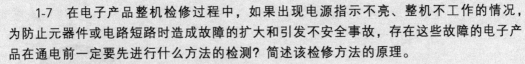

1-7　在电子产品整机检修过程中，如果出现电源指示不亮、整机不工作的情况，为防止元器件或电路短路时造成故障的扩大和引发不安全事故，存在这些故障的电子产品在通电前一定要先进行什么方法的检测？简述该检修方法的原理。

1-8　什么是硬故障？什么是软故障？

1-9　低温或高温环境对电子产品的性能有什么影响？

1-10　电子产品的日常维护有哪些措施？

项目2

典型电子产品——彩色电视机的基本工作原理

任务2-1　光的特性与三基色原理认知

2.1.1　光的特性

光是一种携带能量的物质，它和无线电波相似（具有波动性和微粒性），只是波长更短些而已，它们均属电磁波。电磁波的波谱范围很广，包括无线电波、红外波、可见光谱、紫外线、X射线、宇宙射线等，如图2-1所示。其中人眼能看到的即能引起人眼视觉的那一部分光辐射波谱叫做可见光。广播电视只利用可见光谱，其波长范围为380～780nm。

一定成分的复合光有一种确定的颜色与之对应，但是一种颜色的感觉并不只对应一种光谱组合，可由多种单色光或复合光组合引起。另外，由完全不同的光混合后，也能使人产生与某一波长对应的相同色感。例如，用波长为540nm的绿光与700nm的红光按一定的比例混合后同时作用于人眼，可以得到波长为580nm的黄色光感。此时人眼已分辨不清是单色黄光，还是由红、绿两色光混合的黄光了。

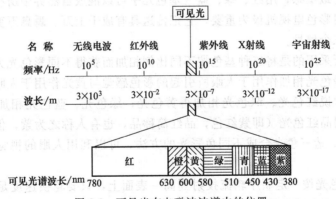

图2-1　可见光在电磁波波谱中的位置

2.1.2　彩色三要素

任何一束彩色光，对人眼引起的视觉作用都可以用亮度、色调及色饱和度三个物理量描述，称为彩色三要素，其定义如下。

① 彩色物体的亮度：指人眼感觉到彩色物体的明暗程度。显然亮度与光照的强弱和物体的反光率有关。光照越强或反射率越高，则物体看起来就越亮。

② 彩色物体的色调：指彩色物体的颜色种类。各种波长的可见光在视觉上引起红、橙、黄、绿、青、蓝、紫等各种色调的感觉。所以发光物体的色调决定于它的辐射光谱的组成。非发光物体的色调决定于照明光源的光谱组成。如果改变色光的光谱成分，就会引起色调的

变化。

③ 彩色物体的色饱和度：指颜色的深浅程度。例如深红、红色、淡红色的区别就在于它们色饱和度不等。可见光中各种单色光都是饱和的彩色。

上述三个物理量在彩色电视机中经常用到，色调和色饱和度常常又称为色度。所以彩色电视机系统中除要传送景物的亮度外，还必须传送景物的色度。

根据人眼彩色视觉的特性，在彩色复现过程中，并不要求恢复原景物辐射（反射或透射）光的光谱成分，而重要的是应获得与原景物相同的彩色感觉。

2.1.3 三基色原理

如前所述，与某一单色相同的彩色感觉，可由具有不同光谱分布的色光的组合所引起。如果适当选择三种基色，将它们按不同比例进行合成，就可以引起各种不同的彩色感觉，合成彩色的亮度由三个基色的亮度之和决定，而色度（即色调与饱和度）则由三个基色分量的比例决定。三个基色必须是互相独立的，也就是说，其中任一基色都不能由其他两个基色混合产生，这样就能配出较多的彩色。这就是三基色原理的主要内容。

彩色电视系统选取哪三基色呢？根据实践，世界各国都选择红色（波长为 700nm，代号 R）、绿色（波长为 546.1nm，代号 G）、蓝色（波长为 435.8nm，代号 B）三种颜色作为三基色。

为什么选择红、绿、蓝作为三基色呢？这是因为：红、绿、蓝三基色是互相独立的；人眼对这三种颜色光最敏感；用红、绿、蓝三基色几乎可以混成自然界中所有的颜色。

三基色原理对彩色电视机极为重要，它把传送具有成千上万、瞬息万变的彩色的这一任务，简化为传送三个信号。

彩色电视机所采用的是将三种基色按不同比例相加而获得不同彩色光方法，称为相加混色法。红色光与绿色光相加作用于人眼所引起的彩色感觉与黄光作用于人眼所引起的彩色感觉相同，所以通常说红色光、绿色光相加得黄色光；绿色光、蓝色光相加得青色光；蓝色光、红色光相加得品红色光（即紫红色，品红简称品，也有人称之为紫，但实际上与谱色紫不一样）。红、绿、蓝三色光合成不同色彩光的方法，可以利用人眼的视觉特性用下列方法进行相加。

① 将三种基色光按一定顺序轮流投射到同一表面上，只要轮换速度足够快，由于视觉惰性，人眼产生的彩色感觉就与三种基色光直接混合时相同。这种方法称为时间混色法，它是顺序制彩色电视机的基础。

② 将三种基色光分别投射到同一表面上邻近的三个点上，只要这些点相距足够近，由于人眼的分辨力有一定限度，就能产生三种基色光相混合的彩色感觉。这种方法称为空间混色法，是同时制彩色电视机的基础。

③ 利用两只眼睛同时分别观看两种不同色的同一幅图像，也可以获得混色效果，这是生理混色法。

与电视机中采用的相加混色法不同，在彩色印刷、彩色胶片中采用的是减色法。相减混色是利用颜料、染料的吸色性质来实现的。例如黄色颜料能吸收蓝色（黄色的补色光），于是在白光照射下，反射光因缺少蓝光成分而呈现黄光。青色染料因吸收红光成分，被白光照射时呈现青色。若将黄、青两色颜料相混，则在白光照射下，因蓝、红光均被吸收而呈现绿色光。在减色法中通常选用黄、品、青为三基色，它们能分别吸收各自的补色光，即蓝、绿、红光。因此，在减色法中当将三基色按不同比例相混时，在白光照射下，蓝、绿、红光也将按相应的比例吸收，从而呈现出各种不同的彩色。

根据人眼的辨色特性，色觉细胞分别对红、绿、蓝三种色光感光，那么用红、绿、蓝三种色光来等效某一种色光对色觉细胞的刺激作用，不就可以获得相同的色感了吗？

把一束红光（R）、一束绿光（G）和一束蓝光（B）同时投射到一块白幕（全反射面）上，并使三束光部分重叠，这时在白幕上看到的颜色除了红光（R）、绿光（G）、蓝光（B）外，还看到如图 2-2 所示不同的各色光。其规律是：

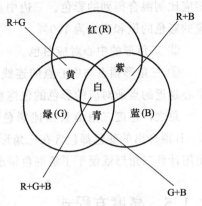

图 2-2　三基色光投射图案

$$B+G=Y \qquad 即黄色光$$
$$R+B=P \qquad 即紫色光或称品红（紫红）色光（与谱色紫略有不同）$$
$$G+B=C \qquad 即青色光$$
$$R+G+B=W \qquad 即白光$$

实验还证明：如果改变三种色光 R、G、B 的比例，可以得到另外许许多多不同颜色的光。通过上述实验可以得到以下结论。

① 用红（R）、绿（G）、蓝（B）这三个独立的基本颜色，可以配制出自然界绝大多数的颜色，所以通常把 R、G、B 称三基色，反之，绝大多数的色光也能分解成红、绿、蓝三种单色光。在彩色电视中，选取 R、G、B 三个单色光为基色最佳，这样可以配制出与自然界色彩相符的绝大多数颜色。

② 用三种单色光（例如 R、G、B）按不同比例相加混色，得到几乎所有彩色光，其合成彩色光的亮度取决于三基色的亮度和，色度则取决于三基色的比例。

③ 按适当比例相混合后，能产生白色或灰色的两种颜色就是互补色。例如，红与青、绿与紫、蓝与黄，都是互补色。可见，三基色原理为彩色电视机奠定了基础，极大地简化了用电信号来传送彩色的问题。只要传送三色信号，就能实现传送千万种彩色的目的，在屏幕上获得与原景物相同的彩色感觉。

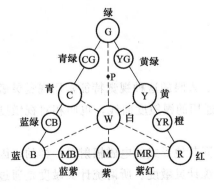

图 2-3　计色三角形

2.1.4　计色三角形

为了简单明了地描绘红、绿、蓝三基色的混色关系，麦克斯韦以红、绿、蓝三基色为三个顶点画一个等边三角形，以其表示混色关系。这一三角形称为计色三角形，如图 2-3 所示。

计色三角形意义如下。

① 三角形的三个顶点对应三种基色。

② 三角形边上各点所对应的是其两顶点的基色按

相应比例混合得到的彩色。三边中点对应黄、青、紫色，是三个基色的补色。三边上各点对应的彩色的饱和度均为100%。

③ 三角形的中心对应白色。

④ 三角形顶点与中心点的连线叫等色调线，该线上各点所对应的彩色的色调相同，离中心越近的点所对应的彩色的色饱和度越低。

总之，色度三角形只描述彩色的色调和色饱和度，并不描述彩色的亮度情况。由R、G、B混合出的颜色都包含在三角形内，在三角形外的颜色不能由R、G、B相加混色得到。使用计色三角形既便于了解混色情况，又有利于彩色的调试与维修。

2.1.5 亮度方程式

从人眼视觉灵敏度曲线可以看出，等强度的红、绿、蓝三基色光给人眼的亮度感觉是不一样的。绿色光的亮度最亮，红色光的亮度次之，蓝色光的亮度最弱。通过精确的实验可以得出：如果C型白光的亮度为100%，则分解成的三基色亮度的百分比分别为：红色占30%，绿色占59%，蓝色占11%。这种关系可用下式表示：

$$Y_C = 0.30R + 0.59G + 0.11B$$

白光的类型不同，亮度标准不同，亮度方程也不同。除C型白光外，国际上还有A、B、D、E等标准白光光源。D型白光的亮度方程为

$$Y_D = 0.22R + 0.71G + 0.07B$$

任务2-2 人眼的视觉特性

电视图像质量的好坏，需多种仪器进行测量、比较和鉴定，但最终还是供人观看，由人眼来评价。电视机系统应精确地按照人眼的视觉特性制造，可见，分析人眼的视觉特性很有必要。

2.2.1 人眼的视觉灵敏度

实验证明，人眼对不同波长的光的灵敏度是不同的。人眼的这种视觉特征常用视觉灵敏度曲线（视敏度曲线）来描述。图2-4所示曲线是国际通用的视敏度曲线，也叫相对视敏度曲线。

从物理学中知道，可见光就是一种电磁波辐射，它同其他形式的电磁辐射是一样的，因为人眼对各种波长光的敏感程度有差异，所以只能使用统计灵敏度。所谓统计灵敏度是通过调查许多人的视觉，而得出的平均灵敏度。当然，被调查的人中不包括有严重视觉缺陷

的人。

由图 2-4 可知以下。

① 在辐射能量相同，波长不同的可见光谱范围内，人眼对不同波长的光所得到亮度感觉是不同的。

② 人眼对波长为 555nm 的绿光感觉到的亮度最大，即草绿光最亮，在 555nm 处两侧，随着波长的增加或者减小，亮度感觉逐渐降低。

③ 在可见光谱之外，即使辐射能量再强，人眼也没有感觉，响应为零，即使辐射能量再大的光，人眼也是看不见的。

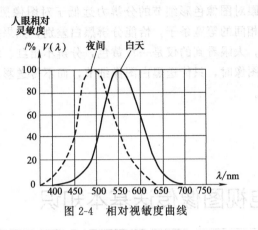

图 2-4　相对视敏度曲线

2.2.2　人眼的色度感觉

实验得知，人眼视网膜上有三种色敏细胞，分别对红、绿、蓝光特别敏感。当它们受到某种光源能量刺激时，根据对三种细胞刺激量比例的不同，使人产生不同的色感。例如，当一束黄色光射入人眼时，只对红敏细胞和绿敏细胞产生刺激，引起人的黄色视觉；当一束紫光射入人眼时，对红敏细胞和蓝敏细胞产生刺激，引起人的紫色视觉。不同颜色的光对三种细胞的刺激量是不同的，产生的彩色视觉各异，从而使人眼分辨出五光十色的颜色。在电视技术中正是利用了这一原理，在视觉图像的重现过程中，不是重现原来的景物的光谱分布，而是利用三种相似于红、绿、蓝色敏细胞特性曲线的三种光源进行配色，使其在色感上得到相同的效果。

2.2.3　人眼的视觉惰性

人眼有视觉惰性（暂留性）是众所周知的，生活中也常遇到。如黑暗中点燃着的一支香，在空中快速划圈，人们看到的不是一个移动的光点，而是一个光圈；夜晚晴空星罗棋布时，突然一颗流星飞落，人们看到一线白光，而不是一个点光源的移动。这些现象说明人眼对亮度感觉是存在惰性（视觉暂留）的。也就是说，作用到人眼的光消失以后，人眼的亮度感觉（视觉印象）还要残留约 0.1s，所以虽然点光源已经移走了，而人眼还觉得它存在，由于点光源移动得极快，因此看上去就是一道亮光了。总的来说，人眼的视觉惰性就是指人眼的亮度感觉滞后于实际光信号，当光脉冲消失之后，亮度感觉还需要一段时间才能完全消失。正常人眼的暂留时间约为 0.1s（中等亮度时，视觉暂留时间为 0.05～0.2s）。

眼睛的视觉惰性从一定程度上表示了人眼的时间分辨能力，这个特点在电视、电影等技术中都得到应用。例如，电影片是由一幅一幅不动的画面组合的，每幅画面上图像内容都有一定的差别，但是当电影机以每秒钟换幅 24 次时，人们就感到图像是连续的，这种现象正是由于眼睛存在惰性的结果。在电视技术中，视觉惰性是图像采用顺序制传送的基础。

在利用传送像素来传送图像时，可不必同时将所有的像素一起传送，而只是很快地逐个传送就行了（即对图像进行时间分割）。若每秒钟能传送连续的 25 个画面，则每幅画面所引起的主观感觉叠加，每幅画面少量变化便综合成活动的感觉，就可实现活动图像的传送了。

大量实验表明，人眼对图像色彩细节的分辨力远低于对图像黑白细节的分辨力。例如，相隔一定距离观看黑白相间的等宽条子，恰能分辨黑白差别，如果用红、绿相间的同等宽度的条子替换它们，此时，人眼看到的仅是一片黄色，分辨不出红、绿之间的差别。因此，彩色电视系统中传送彩色图像时，只传送黑白图像细节，而不传送彩色图像细节，这样，可减小色度信号的频带宽度。

任务2-3 电视图像传送基本知识

2.3.1 图像的表示法

根据人眼视觉特性，自然界景物的彩色要用三个基本参量来描述，即亮度 L、色调 H 和色饱和度 S。此外，景物的形状可用空间坐标 X、Y、Z 表示。如果是活动景物，那么它的外形和相应的彩色都是时间 T 的函数。也就是说亮度 L、色调 H、饱和度 S 都是空间坐标 X、Y、Z 与时间 T 的函数。从技术上讲，即使是传送黑白平面图像，也有很大困难。但是根据人眼视觉特性，可以采用时间与空间分割的传送方式，使重现的景物与原景物有等效的视觉效果。

2.3.2 图像的顺序传送

任何一幅图像都是由许多密集的细小点子组成的。如照片、图画、报纸上画面等，用放大镜仔细观察就会发现它们都是紧密相邻的，黑白相间的细小点子的集合体。这些细小点子是构成一幅图像的基本单元，称为像素。"像素"（Pixel）是由 Picture（图像）和 Element（元素）这两个单词的字母所组成的，一个像素通常被视为图像的最小的完整采样。像素越小，单位面积上的像素数目越多，图像就越清晰。

如果把要传送的图像也分解为许多像素，并同时把这些像素变成电信号，再分别用各个信道传送出去，到了接收端又同时在屏幕上变换成光，那么发送端所摄取的景物就能在屏幕上得到重现。但是这样做过于复杂。因为按现代电视技术要求，一幅图像约分成 40 多万个像素，这就需要 40 多万条信道。显然从技术上看，这种同时传输系统既不经济，也难以实现。

另一种办法是把被传送图像上各像素的亮度按一定顺序转变电信号，并依次传送出去（这相当于把亮度转变成单一变量时间的函数）。在接收端的屏幕上再按同样顺序将各个电信号在相对应位置上转变为光。只要这种顺序传送进行得非常快，那么由于人眼的视觉惰性和发光材料的余辉特性，就会使人们感到整幅图像同时发光没有顺序感。电视机系统图像传送采用这种按顺序传送图像像素的方法，这种系统只需要一条信道。

这种顺序传送必须迅速而准确，每一个像素一定要在轮到它的时候才被发送和接收，而且收端每个像素的几何位置与发端一一对应。这种工作方式称为收、发端同步工作，或简称同步。如果这样的要求不能满足，即收端画面的每行或每幅画面的像素相对于发端画面发生错位而不同步。则重现画面将发生畸变乃至什么也分辨不出来。可见，同步是电视机系统中的一个非常基本而重要的特殊问题。

2.3.3　扫描

上述将图像转变成顺序传送的电信号的过程，在电视机技术中称为扫描。如同阅读书籍一样，视线是自左至右，自上而下，一行行，一页页地扫过，而每个字就相当于一个像素。在图像的顺序传送中，每个像素也是按着自左至右，自上而下的顺序进行发送和接收的。自左至右的扫描称为行扫描，自上而下的扫描称为场扫描。

通过扫描与光电转换，就可以把反映图像亮度的空间转变为用时间函数表示的电信号，这就实现了平面图像亮度的顺序传送。当然，在重现图像时也必须同样采用这种扫描过程。

实际上，这种电视系统的扫描过程是根据人眼的生理特点对实际图像进行二维抽样的过程：电子束的逐行扫描是对垂直方向连续的图像进行垂直空间抽样；逐场（帧）扫描是对时间上连续的图像进行时间轴抽样。经过抽样的信号再按行、场顺序依次发送就成为视频信号。所以电视扫描已经把图像信息在空间（行）和时间（场）上离散化了，但在一定距离外观看仍能形成连续的感觉。

图像光电转换的基本过程

电视广播传输的基本过程如图 2-5 所示。

2.4.1　像素及其传送

一幅图像所包含的 40 多万个像素是不可能同时被传送的，它只能是按一定的顺序分别将各像素的亮度变换成相应的电信号，并依次传送出去；在接收端则按同样的顺序把电信号转换成一个一个相应的亮点重现出来。只要顺序传送速率足够快，利用人眼的视觉暂留效应

（即视觉惰性）和发光材料的余辉特性，人眼就会感觉到是一幅连续的图像。这种按顺序传送图像像素信息的方法，是构成现代电视系统的基础，并被称为顺序传送系统，图 2-6 是该系统的示意图。

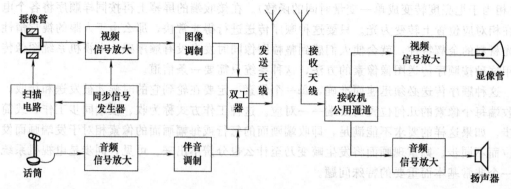

图 2-5　电视广播传输示意图

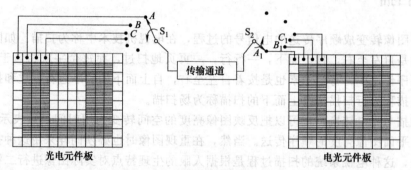

图 2-6　图像顺序传送系统示意图

图像顺序传送系统的工作过程如下：首先，将要传送的某一光学图像作用于由许多独立的光电元件所组成的光电板上，这时，光学图像就被转换成由大量像素组成的电信号，然后经过传输通道送到接收端。接收端有一块可在电信号作用下发光的电光板，它可将电信号转换成相应的光学图像信号。在电视机系统中，将组成一帧图像的像素，按顺序转换成电信号的过程，称为扫描过程。图 2-6 中的 S_1、S_2 是同时运转的，当它们接通某个像素时，那个像素就被发送和接收，并使发送和接收的像素位置一一对应。在实际电视技术中是采用电子扫描装置来代替开关 S_1、S_2 工作的。

2.4.2　光电转换原理

（1）图像的摄取

摄像管的结构如图 2-7（a）所示，它主要由光电靶和电子枪两部分组成。

光电靶：在摄像管前方玻璃内壁上镀上一层透明金属膜作为光的通路和电信号输出电极，称之为信号电极板，在信号电极板（即金属膜）后面再敷上一层很薄的光电导层，称之为光电靶。

电子枪：电子枪由灯丝、阴极、控制栅极、加速极、聚焦极等组成。

从图 2-7（b）可以看出，当电子束射到光电靶上某点时，便把该点对应的等效电阻 R

（即图中的 R_1，R_2，R_3，……）接入由信号电极板、负载电阻 R_L、电源 E 和电子枪阴极构成的回路中，于是回路中便有电流 i 产生。电流 i 的大小与等效电阻 R 有关，即

$$i = \frac{E}{R_L + R} \tag{2-1}$$

摄像管光电转换过程大致如下。

① 被摄景象通过摄像机的光学系统在光电靶上成像。

② 光电靶是由光敏半导体材料制成的。这种材料的电阻值会随光线强弱而变化，光线越强，材料呈现的电阻值越小。

③ 由于被传送光图像各像素的亮度不同，因而光电靶面上各对应单元受光照强度也不同，导致靶面各单元电阻值就不一样。

④ 从摄像管的阴极发射出来的电子，在摄像管各电极间形成的电场和偏转线圈形成的磁场的共同作用下，按一定规律高速扫过靶面各单元，如图 2-7（b）所示，当电子束接触到靶面某单元时，就使阴极、信号电极、负载、电源构成一个回路，在负载 R_L 中就有电流流过，而电流的大小取决于光电靶面上对应单元阻值的大小。

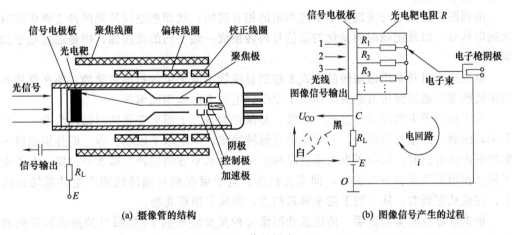

(a) 摄像管的结构   (b) 图像信号产生的过程

图 2-7 图像的摄取

综上所述，可得如下结论：当组成被摄景象的某像素很亮时，在光电靶上对应成像的单元所呈现的电阻值就很小，电子束扫到该单元时出现的对应电流 i 就很大，这样，摄像机输出的图像信号电压就很小；反之，如果组成被摄景象的某像素很暗时，在光电靶上对应成像的单元所呈现的电阻值就很大，电子束扫到该单元时出现的对应电流 i 就很小，这样，摄像机输出的图像信号电压就很大。

（2）图像的重现

图像的重现是依靠电视接收机的显像管来完成的。显像管的任务是将图像电信号转换为图像光信号，完成电到光的转换。

显像管是利用荧光效应原理制成的。所谓荧光效应，是指某些化合物在受到高速电子轰击时表面能够发光，并且轰击的电子数量越多、速度越高，则发光越强。

显像管主要由电子枪及荧光屏等几部分组成。当把具有荧光效应的荧光粉涂附在显像管正面的内壁上，就构成了荧光屏。当显像管内电子枪发出的高速电子轰击到荧光屏上后，荧

光粉就会发光。如果让电子枪发射电子束的能力受图像信号强弱的控制，那么荧光粉发光的亮度也就与图像信号强弱相对应，从而呈现和发送端相同的图像，达到图像重现的目的。

任务2-5　电视扫描原理

2.5.1　电子扫描

大家知道，电子是携带负电荷的微粒子，质量极小，惯性几乎为零。用电子形成振荡，可达到数兆赫兹。一个电子携带的能量是极有限的，一群电子携带的能量则是可观的。一群电子称为电子束。

电视图像的摄取与重现是基于光和电的相互转换，然而把空间的光图像变换成随时间变化的电信号，以及把随时间变化的电信号再转换成一幅空间的光图像，则是通过电子扫描来完成的。

电视接收机是采用磁偏转的方式来控制显像管中电子束的扫描运动的，即在器件外装设的偏转线圈中通以锯齿波电流，使电子束受到电磁力的作用而偏转。

为了使电子束顺序地扫过整个屏幕，显像管的管颈上需要安装两对偏转线圈。一对是水平偏转线圈，产生垂直磁场；一对是垂直偏转线圈，产生水平磁场。当它们分别通以不同频率的锯齿波电流时，则电子束在垂直磁场作用下沿水平方向偏转，即水平扫描；电子束在水平磁场作用下沿垂直方向偏转，即垂直扫描。电子束在两对偏转线圈产生的磁场共同作用下，完成从左到右、从上到下的全屏幕扫描，形成了矩形光栅。

根据电影技术实践证明，传送活动图像每秒至少应放映 24 幅瞬时拍摄的固定画面，才会使人对放映后的图像获得平稳的连续图像的感觉。过低的幅频（每秒更送的画面数）将使图像产生抖动感。在电视中将一幅画面称为一帧，并规定每秒传送 25 帧（即帧频为 25 Hz）。每帧图像分成 625 行传送，这样每秒就传送了 15625 行，即行频为 $f_H=15625Hz$。

2.5.2　行扫描和场扫描

显像管中的电子扫描是这样实现的：在显像管的管颈上，装有两种偏转线圈，一种叫行偏转线圈，另一种叫场偏转线圈。

设在行偏转线圈里通过的锯齿波电流如图 2-8 (a) 所示，此电流的幅度随所选用的显像管和偏转线圈而异。从图 2-8 (a)、(b) 可以看出：当通过行偏转线圈的电流线性增长时 $(t_1\sim t_2)$，电子束在偏转磁场的作用下，开始从左向右作匀速运动，这段运动过程所对应的时间叫做行扫描的正程，用 T_{SH} 表示（需要的时间约为 $52\mu s$）。

场扫描工作原理如图 2-8 (c)、(d) 所示。图 2-8 (c) 中，由于垂直偏转线圈产生的磁场是水平方向的，电子束将沿着荧光屏垂直方向扫描。T_V 为场扫描周期；T_{SV} 为场扫描正

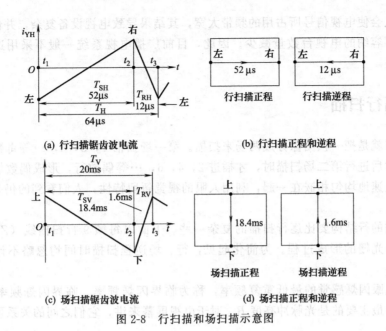

(a) 行扫描锯齿波电流

(b) 行扫描正程和逆程

(c) 场扫描锯齿波电流

(d) 场扫描正程和逆程

图 2-8　行扫描和场扫描示意图

程期，此期间电子束完成由上至下扫描并显示亮线；T_{RV} 为场扫描逆程时间，电子束很快地由屏幕下端回扫到上端，并采用消隐措施不在屏幕上显示亮线。

2.5.3　逐行扫描

所谓逐行扫描，就是电子束自上而下逐行依次进行扫描的方式，如图 2-9（a）所示。

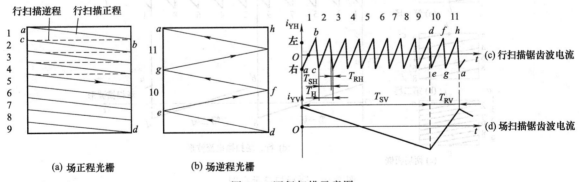

(a) 场正程光栅

(b) 场逆程光栅

图 2-9　逐行扫描示意图

利用逐行扫描方式来传送一帧图像的情况，只要每帧图像的扫描行数在 500 行以上，就能保证足够的清晰度。如果只传送一帧静止图像，就像幻灯片一样，那么情况就比较简单。而实际上图像是活动的，如何来传送活动的图像呢？已知电影胶片上内容相关的每幅画面是不动的，但若以 24 幅每秒的速度播放，由于人眼的视觉惰性，就会感到银幕上的图像是连续活动的。受电影技术的启发，在电视技术中也采用类似的方式，每秒钟传送 25 帧图像就可以达到传送活动图像的目的，即帧频 $f_z = 25\mathrm{Hz}$。

但是逐行扫描方式存在一个问题：如果每秒传送 25 帧图像，人眼看上去还很不舒服，存在着闪烁的感觉（因为临界闪烁频率约为 45.8Hz）；如果每秒传送 50 帧，虽然可以克服闪烁感，却又会使电视信号所占用的频带太宽，其结果导致电视设备复杂，并使有限的电视波段范围内可容纳的电视台数量减少。因此，目前广播电视系统一般不采用这种逐行扫描方式。

2.5.4 隔行扫描

隔行扫描就是把一帧图像分成两场来扫描。第一场扫描1，3，5，…等奇数行，形成奇数场图像，然后进行第二场扫描时，才插进2，4，6，…等偶数行，形成偶数场图像。奇数场和偶数场快速地均匀相嵌在一起，利用人眼的视觉暂留特性，人们看到的仍是一幅完整的图像。

隔行扫描的行结构要比逐行扫描的复杂一些。下面以每帧9行扫描线（$Z=9$）为例来说明隔行扫描光栅的形成过程。为简化起见，行、场逆程扫描时间均忽略不计，如图2-10所示。

不引起人眼闪烁感觉的最低重复频率，称为临界闪烁频率。临界闪烁频率 f 与很多因素有关，其中最主要的是光脉冲亮度 B。对于电视屏幕来讲，它们之间的关系可用以下经验公式近似表示。

$$f = 9.6 \times \lg B + 26.6 \qquad (2-2)$$

式中，亮度 B 的单位为 nit（尼特），临界闪烁频率 f 的单位为 Hz。当 $B = 100$nit 时，$f = 45.8$Hz。显然，随着亮度 B 的提高，临界闪烁频率 f 的值也将提高。

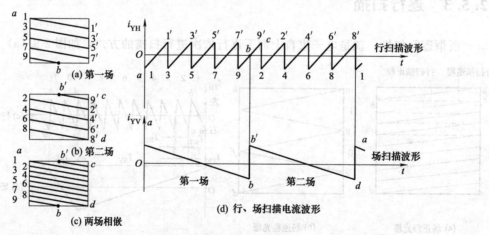

图 2-10 隔行扫描示意图

目前，大屏幕电视机的屏幕亮度可以做得很高，屏幕的最高亮度可以超过100nit，此情况下临界闪烁频率值就已超过了50Hz场频，这样在屏幕过亮时，人眼还是会出现闪烁的感觉。所以，近年来国内就有生产厂商推出了场频为100Hz（远高于临界闪烁频率值）的所谓"不闪烁的电视"。

中国现行的广播电视标准规定：帧频为25Hz，一帧图像分625行传送，所以行扫描频率为 $f_H = 25 \times 625 = 15625$Hz。隔行扫描方式的帧频较低，电子束扫描图像时所占的频带宽度较窄（约6MHz），对电视设备要求不高，因此，它是目前电视技术中广泛采用的方法。

隔行扫描的关键是要保证每帧图像的偶数场正好嵌套在奇数场中间，否则会降低图像清晰度。要保证隔行扫描准确，每场扫描行数一般选择为奇数。从理论上讲是可以为偶数的。但要实现每场扫描的总行数为偶数的隔行扫描方式，奇、偶两场扫描锯齿波电流就必须有所不同，如图2-11所示。图中可以看到，偶数场与奇数场扫描电流振幅相差 Δi_V，当奇数场扫描结束时，电流并不下降到零而是保持一定数值 Δi_V。

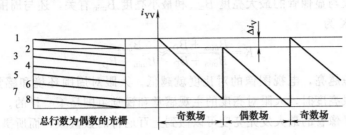

图 2-11　总行数为偶数的隔行扫描方式

2.5.5　中国广播电视扫描参数

中国广播电视采用隔行扫描方式，其主要扫描参数如下。

行周期：$T_H=64\mu s$。行频：$f_H=15625Hz$。

行正程：$T_{SH}=52\mu s$。行逆程：$T_{RH}=12\mu s$。

场周期：$T_V=20ms$。场频：$f_V=50Hz$。

场正程：$T_{SV}=18.4ms$。场逆程：$T_{RV}=1.6ms$。

帧周期：$T_Z=40ms$。帧频：$f_H=25Hz$。

每帧行数：$Z=625$ 行（其中：正程575行，逆程50行）。

每场行数：312.5 行（其中：正程287.5行，逆程25行）。

任务2-6

电视图像的基本参量

2.6.1　亮度、对比度和灰度

（1）亮度

根据前面所述，光亮度就是人眼对光的明暗程度的感觉，度量亮度的单位为（nit）尼特。电视屏幕的亮度就是指在电视屏幕表面的单位面积上，垂直于屏面方向所给出的发光强度。其数学表达式为

$$B=\frac{I}{S} \tag{2-3}$$

式中，B 表示亮度；I 表示发光强度；S 表示单位面积。

亮度是用来表示发光面的明亮程度的。发光面的发光强度越大，发光面的面积越小，则看到的明亮程度越高，即亮度越大。电视机荧光屏的亮度一般可以达到100nit左右。

（2）对比度

客观景物的最大亮度与最小亮度之比称为对比度，通常以 K 表示。对于重现的电视图像，其对比度不仅与显像管的最大亮度 B_{max} 和最小亮度 B_{min} 有关，还与周围的环境亮度 BD 有关，其对比度 K 为

$$K = \frac{B_{max} + B_D}{B_{min} + B_D} \approx \frac{B_{max}}{B_{min} + B_D} \tag{2-4}$$

显然周围环境越亮，电视图像的对比度就越低。人眼对周围环境和感觉有很强的适应性，在不同的背景亮度时，人眼对亮度的主观感觉和视觉范围是不一样的。

目前，电视显像管的最大发光亮度可以做到上百尼特的数量级，而所摄取客观景物的实际最大亮度可高达上万尼特，两者差别很大，电视显像管重现的图像是无法达到客观景物的实际亮度的。

例如，当从电视接收机屏幕上观看实况转播时，虽然实际现场亮度范围可达 200～20000nit，而电视屏幕上的亮度范围仅为 2～200nit（设环境亮度为 30nit），但人眼仍有真实的主观亮度感觉，因为它们的对比度相同，都为 100（当然还应保持适当的亮度层次）。

（3）灰度

图像从黑色到白色之间的过渡色统称灰色。灰度就是将这一灰色划分成能加以区别的层次数。

2.6.2 视频信号的频带宽度

（1）一帧图像的像素

视频信号的频带宽度与一帧图像的像素个数和每秒扫描的帧数有关。中国的电视扫描行数为 625 行，其中正程 575 行，逆程 50 行。因此，一帧图像的有效扫描行数为 575 行，即垂直方向由 575 行像素组成。一般电视机屏幕的宽高比为 4：3，因此一帧图像的总像素个数约为

$$\frac{4}{3} \times 575 \times 575 \approx 44万个$$

（2）图像信号的频带宽度

图像信号包括直流成分和交流成分。如果播送一幅左右相邻像素均为黑白交替的脉冲信号画面，显然这是一幅变化最快的图像，每两个像素为一个脉冲信号变化周期，而中国电视规定一秒钟传送 25 帧画面，因此该图像的最高频率为

$$f_{max} = \frac{44 \times 10^4}{2} \times 25 \approx 5.5MHz \tag{2-5}$$

中国电视广播系统各频道频带宽度规定为 6MHz。

2.6.3 图像的尺寸与几何形状

（1）图像的尺寸

根据人眼的特性，视觉最清楚的范围约为垂直夹角 15°、水平夹角 20°的矩形面积。因

此，目前世界各国电视屏幕都采用矩形，画面的宽高比为 4∶3 或 5∶4。随着电视技术的进步，帧型向大屏幕方向发展。目前，世界上已出现宽高比为 5∶3、5∶3.3、16∶9 等尺寸。

显像管屏幕的大小常用矩形对角线尺寸来衡量，一般家用电视机屏幕对角线长度为23～74cm 不等。人们习惯用英寸（1in＝2.54cm）表示，如 18 英寸、21 英寸、25 英寸、29 英寸等，它们的对角线分别为 47cm、53cm、64cm 和 74cm 等。

（2）图像的几何相似性

① 非线性失真 设系统传送的是标准方格信号，则扫描锯齿波电流及对应的几何图像如图 2-12 所示。

② 几何失真 图 2-13 给出了枕形、桶形和平行四边形等几何失真的情况。

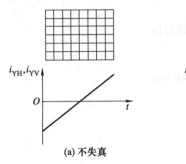
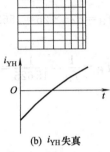
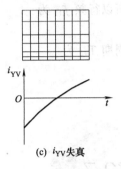

(a) 不失真　　　　　　　　(b) i_{YH} 失真　　　　　　　(c) i_{YV} 失真

图 2-12　电视图像的非线性失真

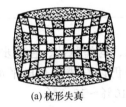

(a) 枕形失真　　　　　　　(b) 桶形失真　　　　　　　(c) 平行四边形失真

图 2-13　电视图像的几何失真

2.6.4　电视图像清晰度与电视机系统分解力

电视图像清晰度是指人眼主观感觉到的图像细节的清晰程度。电视机系统传送图像细节的能力，称为系统的分解力。电视机系统的分解力又分为垂直分解力和水平分解力。

（1）垂直分解力

考虑到图像内容的随机性，则有效垂直分解力 M 可由下式估算出。

$$M=KZ' \tag{2-6}$$

式中，Z' 为行扫描正程行数，K 值通常取 0.5～1 之间，若取 $K=0.76$，则有效垂直分解力 $M=0.76×575=437$ 线。

（2）水平分解力

由于一般电视机屏幕的宽高比为 4∶3，故有效水平分解力可根据式（2-6）求出。

$$N=\frac{4}{3}M=\frac{4}{3}KZ'=\frac{4}{3}×0.76×575=583 \text{线}$$

2.6.5 每帧图像扫描行数的确定

中国电视标准规定帧频为 25Hz，采用隔行扫描，场频为 50Hz。这样的场频恰好等于电网频率，还可以克服当电源滤波不良时图像的蠕动现象。

中国电视标准取扫描的有效行数 Z 为 575 行。这 575 行是电子束对"电阻像"从上到下的扫描行数（也可以说是电视系统分解图像的行数）。还要考虑到电子束从"电阻像"下端回扫到上端所用的行数，回扫行数一般取 50 行。这样，电子束对光电靶扫描从上端扫到下端，由下端回扫到上端的一个周期扫描总行数为 575＋50＝625（行）。因为每秒扫描 25 帧图像，所以行频 f_H 为

$$f_H = 625 \times 25 = 15625 \mathrm{Hz}$$

行周期 T_H 为

$$T_H = \frac{1}{f_H} = \frac{1}{15\,625} = 64 \mu s$$

任务2-7 全电视信号的分析

彩色全电视信号主要包括图像信号、复合同步、复合消隐、均衡脉冲、色同步信号等。为了实现兼容，中国彩色电视制式中规定：负极性亮度信号仍以扫描同步电平最高，为 100％，黑色电平即消隐电平为 72.5％～77.5％，白色电平为 10％～12.5％。

2.7.1 图像信号

图像信号是反映图像内容的电视信号，它的电压高低表示图像像素的明暗程度。由于图像是随机性的，因此图像信号电平也在一定范围内随机起伏。图像信号是在电子扫描作用下，由摄像管将明暗不同的景象转换为相应的电信号，然后经信号通道传送给显像管。图 2-14 为图像信号的波形。

2.7.2 复合消隐信号

复合消隐信号包括行消隐和场消隐两种信号，如图 2-15 所示。

行消隐信号用来确保在行扫描逆程期间显像管的扫描电子束截止，不传送图像信息；场消隐信号是使在场扫描逆程期间扫描电子束截止，停止传送图像信息。因此在行、场回扫期间荧光屏上不出现干扰亮线。

行、场消隐脉冲的相对电平为 75％，相当于图像信号黑电平。行消隐脉宽为 12μs、周期为 64μs，场消隐脉宽为 1612μs、周期为 20ms。

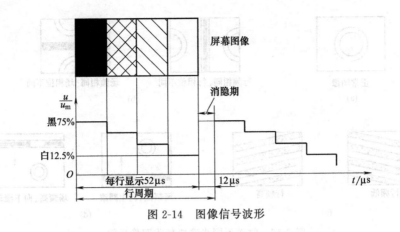

图 2-14　图像信号波形

图 2-15　复合消隐信号

2.7.3　复合同步信号

复合同步信号主要指行同步脉冲和场同步脉冲。

（1）同步的作用

同步是电视接收技术中的一个重要概念。在电视技术发送端已将图像进行空间分割，分解成 40 多万个像素，再一个一个地按一定顺序传送出去。而电视接收机也只能是一个一个地接收像素，因此，电视接收机要想呈现出一幅和发送端完全相同的图像，不但要求收到的像素数目与发出的相等，而且这 40 万个像素组合排列的规律也必须和发送端一致。这样才能把已被分割成为 40 万个小"碎片"的一幅图像重新组合还原。

在电视接收技术中，把收到的像素按发送端的规律组合成原图像，叫做收、发两端同步。由于将图像分解成像素和顺序传送像素的任务是由摄像管通过电子束扫描来完成的，像素的重新组合则是由显像管通过电子束扫描来完成的，所以，同步的实质就是保证收发两端的电子束扫描步调完全一致。这就是：第一，收发两端每秒扫描的行数和场数应该相同，即每个行扫描周期和场扫描周期内包含的像素数相同；第二，收发两端电子束扫描的位置要一一对应，即发送端在哪一点拾取的信号，接收端也要显示在哪一点。这就是说，同步就是使收发两端电子束扫描规律一致，即同频同相。

图 2-16 列出了图像收送不同步的几种情况。

（2）行、场同步信号

电视信号发送端为了使接收端的行扫描规律与其同步，特在行扫描正程结束后，向接收机发出一个脉冲信号，表示这一行已经结束。接收机收到这一脉冲信号后应该立即响应并与之同步。这个脉冲信号被称为行同步信号。

由于行同步信号是为了正确重现图像的辅助信号，它不应在屏幕上显示，所以将它安排

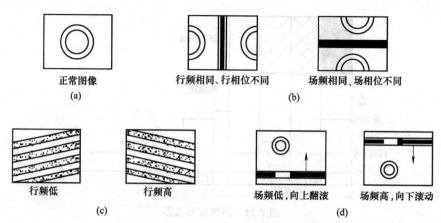

图 2-16 收送不同步造成接收图像异常

在行消隐期间发送，并且为了便于行同步信号的分离，特使它的电平高于消隐电平 25%，即位于 75%～100% 之间，其宽度为 4.7μs，行同步脉冲前沿滞后行消隐脉冲前沿约为 1.3μs，行同步信号的周期为 64μs，如图 2-17 所示。

为了使千家万户的电视机和电视台场扫描同步（同频同相），电视机在场扫描回程 160μs 的时候发送一个宽度为 160μs（即 $2.5T_H$）、幅度相对电平为 100% 的脉冲信号，称为场同步信号。

行同步和场同步合起来称为复合同步。

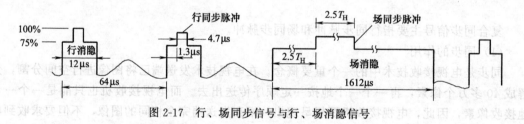

图 2-17 行、场同步信号与行、场消隐信号

2.7.4 槽脉冲与前后均衡脉冲

由于场同步脉冲持续 2.5 个行周期，如果不采取措施就会丢失 2～3 个行同步脉冲，使行扫描失去同步，需经几个行周期时间后才会逐渐同步，从而造成图像上边起始部分出现扭曲现象。为了避免上述情况发生，电视发送端特在场同步脉冲期间开几个小槽来延续行同步脉冲的传递，这就是槽脉冲。

通常，奇、偶场的开始位置是以场同步脉冲的前沿（上升沿）为基准的。

全电视信号中的复合同步信号在接收电路中要经积分电路将场同步信号分离出来，以保证行、场同步脉冲分别控制行、场扫描电路与发送端同步工作。由于两场复合同步信号形状不同，经积分电路后场同步脉冲输出的波形就不重合。由于积分后的场同步脉冲达到一定电平要去同步控制场扫描电路的工作，因此上述积分输出的结果就会造成两场同步控制电平出现的时间有一偏差，将影响场扫描的准确性。

隔行扫描要求两场的场扫描时间必须相等，才能保证偶数场的各扫描行准确地嵌套在奇数场各扫描行之间。如果两场扫描时间不相等，就不能保证准确地隔行扫描，时间偏差严重时将会产生并行现象，使垂直清晰度下降。

　　要解决上述问题，就必须要求积分后两场的场同步积分起始电平相同。为此，电视台在发送场同步信号时，在场同步信号的左右各加 5 个脉冲，其重复周期为 $T_H/2$，脉冲宽度为 $2.35\mu s$。场同步脉冲之前的 5 个脉冲叫前均衡脉冲，场同步脉冲之后的 5 个脉冲叫后均衡脉冲，如图 2-18 所示。

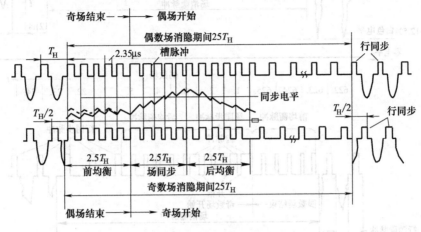

图 2-18　均衡后的场同步脉冲信号

　　由图可知，场同步信号加入前、后均衡脉冲后，保证了奇、偶两场场同步信号在开始位置时波形相同，经积分电路后，两场的同步控制电平就会在相同的时刻出现，从而保证了场扫描电路准确地同步工作。

2.7.5　全电视信号

　　黑白全电视信号的波形如图 2-19 所示。它由图像信号及六种辅助信号（行同步、场同步、行消隐、场消隐、槽脉冲与均衡脉冲）组成。

　　黑白全电视信号与红色差信号、蓝色差信号、绿色差信号合称为彩色全电视信号。

　　全电视信号有如下三个特点。

　　（1）脉冲性

　　辅助信号都为脉冲性质，图像信号是随机的，既可以是边缘渐变的，也可以是脉冲跳变的，所以全电视信号是非正弦的脉冲信号。

　　（2）周期性

　　由于采用了周期性的扫描方法，使全电视信号成为行频或场频周期性重复的脉冲信号。

　　（3）单极性

　　全电视信号数值总是在零值以上（或以下）的一定电平范围内变化，而不会同时跨越零值上下两个区域，这称为单极性。

　　全电视信号中各辅助脉冲参数如下。

　　行消隐脉宽：$12\mu s$。行同步脉宽：$4.7\mu s$。

　　场消隐脉宽：$1612\mu s$。场同步脉宽：$160\mu s$。

　　槽脉冲脉宽：$4.7\mu s$。均衡脉冲宽度：$2.35\mu s$。

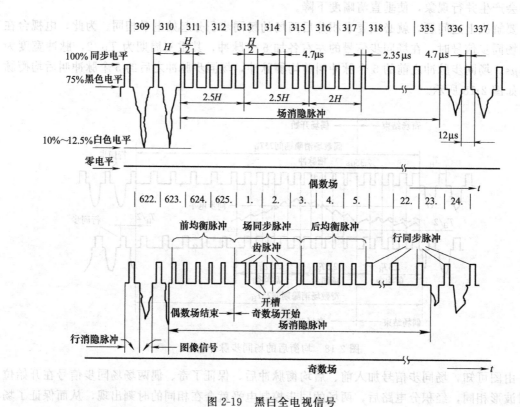

图 2-19　黑白全电视信号

任务2-8 电视信号的发送与电视频道的划分

2.8.1　电视信号的高频调制

电视信号的发送传播一般都要采用高频信号，主要原因有两个：一个是高频适于天线辐射，从而在空中产生无线电波；另一个是高频具有宽阔的频段，能容纳许多互不干扰的频道，也能传播某些宽频带的信号。

2.8.2　图像信号的调幅

高频调制技术通常有调幅、调频和调相等几种方式。

图 2-20 画出了单一频率调制的调幅波波形和频谱。图 2-20（c）为已调幅波，它的振幅受调制信号［图 2-20（a）］的控制，其变化周期与调制信号的周期相同，振幅变化的程度也

与调制信号成正比。根据调幅理论：具有单一频率（f_1）的正弦信号对载频（f_c）进行调幅时所得已调幅波含有三个频率成分，它们是载频 f_c、上边频 f_c+f_1 和下边频 f_c-f_1，如图 2-20（d）所示。

若调制信号为图像信号，图像信号频率为 $0\sim6\text{MHz}$，则调幅波的频谱如图 2-21 所示。

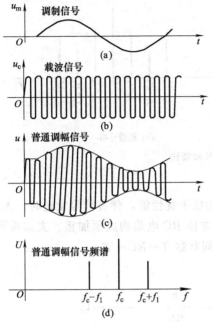

图 2-20　单一频率调制的调幅波波形和频谱

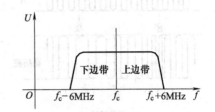

图 2-21　图像信号的调幅波的频谱

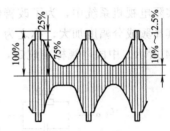

图 2-22　负极性调制

由图可知，图像信号调制的调幅波有两个边带，即上边带和下边带，每边带宽度为 6MHz，其中靠近 f_c 的频率反映图像的低频成分，远离 f_c 的频率反映图像信号的高频成分。

在电视技术中，调幅方式有正极性和负极性之分。中国电视标准规定图像信号采用负极性调制。经过图像信号的负极性调制后的高频信号的振幅变化如图 2-22 所示。负极性调制有下列优点。

① 外来干扰脉冲对图像的干扰表现为黑点，这使人眼的感觉不怎么明显。

② 由于负极性调制同步头电平最高，且采用黑电平固定措施，故易于实现自动增益控制，可以简化接收机的自动增益控制电路。

③ 随着图像亮度增大，发射机输出功率就减小。

2.8.3　伴音信号的调频

所谓调频，就是将欲传送的伴音信号作为调制信号去调制载波的频率，使载波的瞬时频率随伴音信号的幅度变化而变化。

图 2-23 画出了调制信号为单一频率正弦波的调频波形及其频谱。从图 2-23（a）可以看出，调制信号为正半周时，已调频波的频偏 Δf 为正；调制信号为负半周时，频偏 Δf 为负。信号幅度越大，则频偏 Δf 数值也越大。显然，为了提高广播质量，并获得显著的抗干扰效果，希望频偏 Δf 越大越好。在实际调频系统中，当频偏 $\Delta f=\pm25\text{kHz}$ 时，其伴音信号信

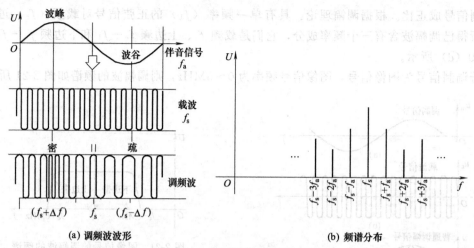

(a) 调频波波形   (b) 频谱分布

图 2-23　调频波的波形和频谱

噪比已大大优于调幅方式。

　　在实际电视机系统中，为了改善信号高频分量的抗干扰性能，伴音信号发送时，人为地预先将其高频成分幅度加大，称之为"预加重"。通常由 RC 电路构成预加重、去加重网络，如图 2-24 所示。中国电视标准规定，预加重电路时间常数 $T=RC=50\mu s$。

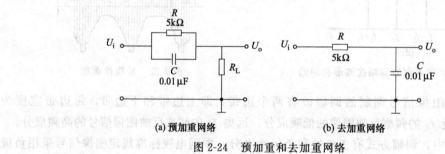

(a) 预加重网络   (b) 去加重网络

图 2-24　预加重和去加重网络

2.8.4　全射频电视信号的频谱

　　目前通常采用残留边带方式传送图像信号。即采用滤波器将下边带中含图像信号的 $0.75\sim6MHz$ 部分滤去，只发送上边带以及下边带残留的含图像信号的 $0\sim0.75MHz$ 部分，这种方法称为残留边带发送，如图 2-25 所示。

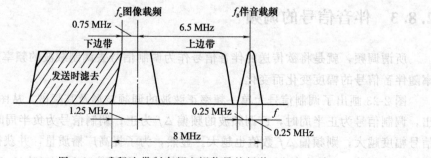

图 2-25　残留边带制高频电视信号的频谱

中国电视标准规定，伴音载频 f_s 比图像载频 f_c 高 6.5MHz，高频图像信号采用残留边带方式传送，高频伴音信号采用双边带方式传送，图像信号带宽为 6MHz，因此伴音信号在图像信号频带之外，从而有效地防止了相互干扰。从图中还可知，每个频道所占带宽为 8MHz（1.25＋6.5＋0.25＝8MHz）。

2.8.5 电视频道的划分

（1）中国无线广播电视频道的划分

中国目前实用的广播电视频道包括米波波段（甚高频 VHF）的 1～12 频道和分米波段（特高频 UHF）的 13～68 频道。表 2-1 列出了中国广播电视频道的划分。其中，图像中频为 38MHz。图像中频的选择一般遵循以下原则。

① 中频频率值应低于最低频道的下限。

② 应能抑制镜频干扰，使镜频不在电视频道内。

③ 应能抑制中频高次谐波干扰（主要是二次谐波干扰）。

④ 本振频率尽可能不要落入其他频道范围内。

表 2-1　中国广播电视频道的划分

波　段		频道编号	频道带宽 /MHz	图像载频 /MHz	伴音载频 /MHz	本振频率 /MHz
米 波 段	VHF-L	1	48.5～56.5	49.75	56.25	87.75
		2	56.5～64.5	57.75	64.25	95.75
		3	64.5～72.5	65.75	72.25	103.75
		4	76～84	77.25	83.75	115.25
		5	84～92	85.25	91.75	123.25
	VHF-H	6	167～175	168.25	174.75	206.25
		7	175～183	176.25	182.75	214.25
		8	183～191	184.25	190.75	222.25
		9	191～199	192.25	198.75	230.25
		10	199～207	200.25	206.75	238.25
		11	207～215	208.25	214.75	246.25
		12	215～223	216.25	222.75	254.25
分 米 波 段	UHF	13	470～478	471.25	477.75	509.25
		14	478～486	479.25	485.75	517.25
		15	486～494	487.25	493.75	525.25
		16	494～502	495.25	501.75	533.25
		17	502～510	503.25	509.75	541.25
		18	510～518	511.25	517.75	549.25
		19	518～526	519.25	525.75	557.25
		20	526～534	527.25	533.75	565.25
		21	534～542	535.25	541.75	573.25

波　段		频道编号	频道带宽/MHz	图像载频/MHz	伴音载频/MHz	本振频率/MHz
分米波段	UHF	22	542～550	543.25	549.75	581.25
		23	550～558	551.25	557.75	589.25
		24	558～566	559.25	565.75	597.25
		25	606～614	607.25	613.75	645.25
		26	614～622	615.25	621.75	653.25
		27	622～630	623.25	629.75	661.25
		28	630～638	631.25	637.75	669.25
		29	638～646	639.25	645.75	677.25
		30	646～654	647.25	653.75	685.25
		31	654～662	655.25	661.75	693.25
		32	662～670	663.25	669.75	701.25
		33	670～678	671.25	677.75	709.25
		34	678～686	679.25	685.75	717.25
		35	686～694	687.25	693.75	725.25
		36	694～702	695.25	701.75	733.25
		37	702～710	703.25	709.75	741.25
		38	710～718	711.25	717.75	749.25
		39	718～726	719.25	725.75	757.25
		40	726～734	727.25	733.75	765.25
		41	734～742	735.25	741.75	773.25
		42	742～750	743.25	749.75	781.25
		43	750～758	751.25	757.75	789.25
		44	758～766	759.25	765.75	797.25
		45	766～774	767.25	773.75	805.25
		46	774～782	775.25	781.75	813.25
		47	782～790	783.25	789.75	821.25
		48	790～798	791.25	797.75	829.25
		49	798～806	799.25	805.75	837.25
		50	806～814	807.25	813.75	845.25
		51	814～822	815.25	821.75	853.25
		52	822～830	823.25	829.75	861.25
		53	830～838	831.25	837.75	869.25
		54	838～846	839.25	845.75	877.25
		55	846～854	847.25	853.75	885.25
		56	854～862	855.25	861.75	893.25
		57	862～870	863.25	869.75	901.25

续表

波　段		频道编号	频道带宽/MHz	图像载频/MHz	伴音载频/MHz	本振频率/MHz
分米波段	UHF	58	870～878	871.25	877.75	909.25
		59	878～886	879.25	885.75	917.25
		60	886～894	887.25	893.75	925.25
		61	894～902	895.25	901.75	933.25
		62	902～910	903.25	909.75	941.25
		63	910～918	911.25	917.75	949.25
		64	918～926	919.25	925.75	957.25
		65	926～934	927.25	933.75	965.25
		66	934～942	935.25	941.75	973.25
		67	942～950	943.25	949.75	981.25
		68	950～958	951.25	957.75	989.25

项目 2

由表 2-1 可以看出以下几点。

① 各频道的伴音载频始终比图像载频高 6.5MHz。

② 频道带宽的下限始终比图像载频 f_p 低 1.25MHz，上限则始终比伴音载频 f_s 高 0.25MHz。

③ 各频道的本机振荡频率始终比图像载频高 38MHz，比伴音载频高 31.5MHz。

④ 表中，92～167MHz、566～606MHz 为供调频广播和无线电通讯等使用的波段。

⑤ 12～13 频道之间、24～25 频道之间频率并未连接，没有安排电视频道。

（2）中国有线电视增补频道的划分

从无线广播电视频道划分可知，VHF-L 波段为 1～5 频道（又称 L 频段），频率范围为 48.5～92MHz；VHF-H 波段为 6～12 频道（又称 H 频段），频道范围为 167～223MHz；UHF 波段（又称 U 频段）为 13～68 频道，频率范围为 470～958MHz。在 L、H 频段及 H、U 频段之间有部分未使用的空频段。这一部分空频段作为增补频段，供有线电视系统传输节目。在 L、H 频段之间，111～167MHz 定为增补 A 频段，共有 7 个增补频道 Z_1～Z_7；在 H、U 频段之间，223～295MHz 范围定为增补 B1 频段，增补频道为 Z_8～Z_{16}；295～447MHz 范围定为增补 B2 频段，增补频道为 Z_{17}～Z_{35}；447～471MHz 范围规定为增补 B3 频段，增补频道为 Z_{36}～Z_{38}。全部增补频道范围 包括 A、B1、B2、B3 四个频段共 38 个增补频道。

所有频道划分示意图如图 2-26 所示。

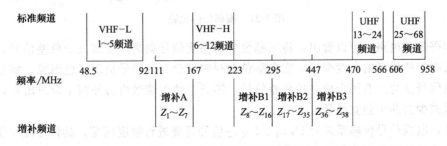

图 2-26　电视频道划分示意图

任务2-9

彩色电视制式

2.9.1 电视的兼容制

什么叫兼容制？就是用黑白电视机能看彩色电视广播节目，用彩色电视机也能收看黑白电视广播节目。这两种情况下看到的电视图像都是黑白的。

彩色电视和黑白电视兼容的首要条件是，彩色电视必须满足黑白电视系统的所有基本参量和运行方式，例如，扫描方式、扫描频率、频带宽度、图像与伴音的调制方式、图像载频、伴音载频等。什么叫编码？在彩色电视系统中就是将 U_R、U_G、U_B 三基色电压信号变换为彩色全电视信号的过程。完成编码任务的电路称为编码器。

要达到兼容制之目的，必须采取下列四项措施。

① 利用编码矩阵，将三基色电压编为一个亮度信号和两个色差信号。

经人们仔细分析得知，一种颜色给人眼送去的一定有两方面信息，一个是反映明暗程度的亮度信号，一个是反映颜色的色度信号。将亮度信号和色度信号分离是彩色电视技术的重大突破。下面通过图 2-27 来了解这种方法。

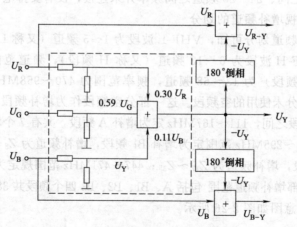

图 2-27 编码矩阵电路

从编码矩阵电路中可以看出：将三基色中的亮度信号剥离，变成三个色差信号，而色差信号只反映扫描像素的色度变化，它在彩色电视中配合亮度信号呈现彩色图像；将互相独立的三基色信号变为只有两个独立的色差信号，第三个色差信号由另外两个合成出来，使三个独立参量减少为两个独立参量。

另外，电视信号传输系统对 U_{B-Y}、U_{R-Y} 信号还要进行幅度压缩，具体压缩比例如下。

令压缩后的蓝色差信号为 U，$U = 0.493U_{B-Y}$。

令压缩后的蓝色差信号为 V, $V = 0.877U_{R-Y}$。

② 利用大面积着色方法，将色差信号频带压缩为 0～1.3 MHz。

由于人眼对彩色细节的分辨力远远低于对黑白图像细节的分辨力。根据人眼的这一特性和实验，可以利用低通滤波器将反映彩色图像色调和色饱和度的色差信号的频带压缩（压缩为 0～1.3 MHz），只传送色差信号的低频部分，这是因为色差信号的低频部分反映了图像大面积着色的情况，而反映图像亮度的亮度信号频带不压缩，这就是大面积着色法。

③ 利用频谱交错和移频的方法，将压缩后的色差信号插入到亮度信号频谱高端间隙处。利用正交平衡调幅法将两个平衡调幅波矢量相加得到色度信号。所谓正交平衡调幅法，就是将两个色差信号经频带压缩后，分别对频率相同、相位相差 90°的两个副载波进行平衡调幅，得到两个平衡调幅波，再将它们矢量相加得到正交平衡调幅信号，即色度信号 F。

2.9.2　标准彩条信号

标准彩条信号是用于电视测试的八条等宽的彩色竖条，这些彩色竖条自左至右依次排列为白、黄、青、绿、紫、红、蓝、黑。它包含三基色（红、绿、蓝）、三补色（黄、青、紫）和中性色（白、黑）。彩条信号在黑白电视机荧屏上显示为八条不同灰度的竖条，从左到右亮度逐条下降。彩条信号在彩色电视机屏幕上显示为八种不同颜色的竖条，据此可对彩色电视系统或设备进行调整或维修。

图 2-28 为基色、色差和亮度信号波形图。彩条信号是由 U_R、U_G、U_B 三基色电压波形组合而成的。如果把它们与白条对应的电平定为 1，与黑条对应的电平定为 0，由亮度电压方程计算出的彩色在 0～1 之间，构成的彩色均为饱和色。

2.9.3　彩色电视的制式

彩色电视对三基色信号或由其组成的亮度和色差信号的处理方式。彩色电视系统对三基色信号的不同处理方式，构成了不同的彩色电视制式。广播彩色电视制式要求和黑白电视兼容。为此，彩色电视根据相加混色法中一定比例的三基色光能混合成包括白光在内的各种色光的原理，同时为了兼容和压缩传输频带，一般将红（R），绿（G），蓝（B）三个基色信号组成亮度信号（Y′）和蓝、红两个色差信号（B−Y）′、（R−Y）′，其中亮度信号可用来传送黑白图像，色差信号和亮度信号相组合可还原出红、绿、蓝三个基色信号。因此，兼容制彩色电视除传送相同于黑白电视的亮度信号和伴音信号外，还在同一视频频带内时传送色度信号。为了实现黑白和彩色信号的兼容，

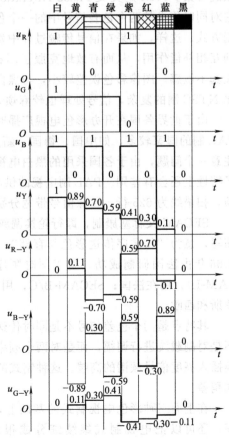

图 2-28　基色、色差和亮度信号波形

色度编码对副载波的调制有不同方法，形成了彩色电视的不同制式。

严格来说，彩色电视机的制式有很多种，例如经常看到国际线路彩色电视机，有多达20多种彩色电视制式，但把彩色电视制式分得很详细来学习和讨论，并没有实际意义。一般人们把彩色电视机的制式分为三种，即 PAL、NTSC、SECAM。

NTSC 制又称为恩制，即正交平衡调幅制；是 1953 年美国研制成功的一种兼容性彩色电视制式，NTSC 是 National Television System Committee（国家电视制式委员会）的缩写词。该制式对色差信号采用了正交平衡调幅技术，因此又称为正交平衡调幅制。美国、加拿大以及日本、韩国、菲律宾等国家和中国台湾地区采用的是这种制式。

NTSC 制的特点是将两个色差信号分别对频率相同而相位相差 90°的两个副载波进行正交平衡调幅，再将已调制的色差信号矢量相加后形成的色度信号插入到亮度信号频谱的高端间隙中。平衡调幅是一种特殊的调幅方式，按此方式调制后产生的调幅波叫平衡调幅波。这种调幅波的突出特点是没有副载波。为了解调出原来的两个色差信号，需在接收机中设置副载波再生电路，以便恢复失去的副载波。另外，在接收机中还设有两个同步检波器，它们在副载波帮助下将两个色差信号解调出来。该制式的主要缺点是对信号的相位失真十分敏感，容易产生色调失真。

PAL 制又称为帕尔制，即正交平衡调幅逐行倒相制。它是为了克服 NTSC 制对相位失真的敏感性，在 1962 年，由前联邦德国在综合 NTSC 制的技术成就基础上研制出来的一种改进方案。PAL 是英文 Phase Alteration Line 的缩写，意思是逐行倒相，也属于同时制。它对同时传送的两个色差信号中的一个色差信号采用逐行倒相，另一个色差信号进行正交调制方式。这样，如果在信号传输过程中发生相位失真，则会由于相邻两行信号的相位相反起到互相补偿作用，从而有效地克服了因相位失真而引起的色彩变化。因此，PAL 制对相位失真不敏感，图像彩色误差较小，与黑白电视的兼容也好，但 PAL 制的编码器和解码器都比 NTSC 制的复杂，信号处理也较麻烦，接收机的造价也高。

由于世界各国在开办彩色电视广播时，都要考虑到与黑白电视兼容的问题，因此，采用PAL 制的国家较多，如中国、德国、新加坡、澳大利亚、泰国、马来西亚等。不过，仍需注意一个问题，由于各国采用的黑白电视标准并不相同，即使同样是 PAL 制，但在某些技术特性上还会有差别。PAL 制电视的供电频率为 50Hz，场频为每秒 50 场，帧频为每秒 25帧，扫描线为 625 行，图像信号带宽分别为 4.2MHz、5.5MHz、5.6MHz 等。

SECAM 又称塞康制，即行轮换调频制。SECAM 是法文 Sequentiel Couleur A Memoire缩写，意为"按顺序传送彩色与存储"，首先用在法国模拟彩色电视机系统，8MHz 带宽。1966 年由法国研制成功，属于同时顺序制，有三种形式的 SECAM：法国 SECAM（SECAM-L），用在法国；SECAM-B/G，用在中东、先前的东德和希腊；SECAM D/K 用在俄罗斯和西欧。

其特点是两个色差信号不是同时传送的，而是轮流、交替地传送。另外，两个色差信号不是对副载波进行调幅，而是对两个频率不同的副载波进行调频，然后将两个调频波逐行轮换插入亮度信号频谱的高端。这种制式的缺点是接收机电路复杂，图像的质量也比上两种制式稍差。

在上面三种彩色电视制式的基础上，按伴音信号的调制方式（调频或调幅）和载波频率，还可以把电视制式继续细分成很多种：如 D/K 表示 6.5MHz，中国采用；I 表示6.0MHz，中国香港地区采用；B/G 表示 5.5MHz，国外部分地区采用；M 表示 4.5MHz，美国、日本、加拿大等国采用。

2.9.4 PAL 制

（1）PAL 制编码的基本原理

PAL 制基本上采用了 NTSC 制的各项技术措施，并增加了一些技术措施来克服 NTSC 制中对相位失真较敏感的缺点。它采用色差信号 $R-Y$ 和 $B-Y$ 来组成色度信号。这两个色差信号均只占用 $0\sim1.3\text{MHz}$，且幅度按百分率进行了一定的压缩，从而形成 U 信号和 V 信号

$$U=0.493(B-Y) \quad V=0.877(R-Y)$$

用压缩后的 U、V 信号去调制副载波，在 PAL 制中，发送端将已调色差信号逐行倒相。例如，传送前一行时为 NTSC 行，传送下一行则变为 PAL 行。

相加后色度信号 F 的相位也是逐行改变的，其数学表达式为

$$F = U\sin\omega_{sc}t \pm V\cos\omega_{sc}t$$
$$= U\sin\omega_{sc}t + \Phi_k(t)V\cos\omega_{sc}t$$
$$= |F|\sin[\omega_{sc}t + \varphi(t)]$$
$$|F| = \sqrt{U^2+V^2}$$
$$\varphi(t) = \Phi_k(t)\arctan\frac{V}{U}$$

式中，$\Phi_k(t)$ 称为开关函数，为半行频方波，幅值为 ±1，反映了逐行倒相的变化。显然，对于任一色度信号，F_n 与 F_n+1 矢量以水平轴 U 镜像对称。其矢量图和 $\Phi_k(t)$ 波形图如图 2-29 所示。

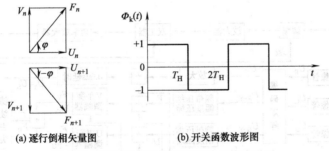

(a) 逐行倒相矢量图　　　　　　(b) 开关函数波形图

图 2-29　逐行倒相矢量图与开关函数波形图

（2）PAL 制频谱间置原理

在 PAL 制中，由于 V 信号逐行倒相，使其频谱分布发生了变化，与不倒相的 U 信号相比有了差别，使 U 信号的频谱与 V 信号的频谱相互错开 $f_H/2$。如果仍像 NTSC 制一样，副载频仍选择为半行频的奇数倍，虽能使 Y 信号与 U 信号频谱相互错开 $f_H/2$，但却使得 Y 信号和 V 信号的频谱相互重合，导致兼容性差，如图 2-30（a）所示。为了直观，将 V 与 Y 重叠处用虚线表示。

（3）PAL 制编码调制与 PAL 制彩电信号的发射

PAL 制编码器采用逐行倒相正交平衡调幅，与 NTSC 制编码器相比，多了一个 PAL 开关，其开关电压由 $\Phi_k(t)$ 来控制，其主要工作过程如下。

① 将 R、G、B 三个基色信号通过矩阵电路合成亮度信号 Y 和色差信号 U、V。

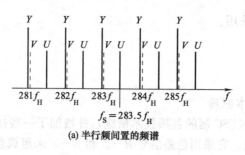

(a) 半行频间置的频谱

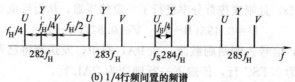

(b) 1/4行频间置的频谱

图 2-30   PAL 制行频间置的频谱

② 将 U 和 V 信号通过低通滤波器，只保留 1.3MHz 以下的低频信号。

③ 把带宽限制后的 U、V 信号分别在平衡调制器对零相位的副载波和 $\pm 90°$ 相位的副载波进行平衡调幅，分别输出 F_U 和 $\pm F_V$ 色度分量。

④ 由于色差信号通过低通滤波器后，会引起一定的附加延时，因此为了使亮度信号和色度信号在时间上一致，还预先将亮度信号加以延时，其延时量约为 $0.6\mu s$。

⑤ 将 F_U、$\pm F_V$ 两个色度分量与亮度信号 Y 在加法器叠加，最后输出彩色全电视信号。

图 2-31 为 PAL 制彩色电视信号的调制与发射原理框图。彩色全电视信号用 FBYS 表示（F 代表色度信号，B 代表色同步信号，Y 代表亮度信号，S 代表辅助信号）。

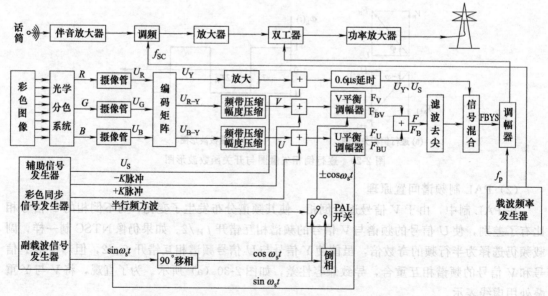

图 2-31   PAL 制彩电电视信号的调制与发射原理框图

（4）PAL 制梳状滤波器解码原理

电视接收机在收到彩色电视信号并将色度信号 F 取出后，还应通过 PAL 制梳状滤波器来进行解码，将红、蓝两色度分量 F_U、F_V 从色度信号 F 中分离出来。在 PAL 解码器中，常采用超声波延时线作梳状滤波器，其原理方框图如图2-32所示。

由于利用超声波延时线来实现红、蓝两色度分量 F_U、F_V 的分离，因此称作延时解调器。又由于延时解调器的幅频特性是梳状的，故又称做梳状滤波器。

（5）色同步信号分析

在PAL制中，还将利用色同步信号传送逐行倒相的识别信息，用来保证收、发两端的逐行倒相步调、次序一致。色同步信号是放在每行逆程期中，即行消隐后肩的消隐电平上传送9～11个周期的基准副载波，如图2-33所示。

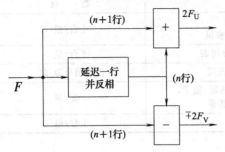

图2-32　梳状滤波器的原理框图

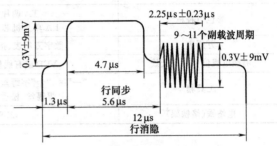

图2-33　色同步信号位置

PAL制的色同步信号是一串基准副载波群的初相跳变，如图2-34（a）所示，未倒相行（即NTSC行）为135°，倒相行（即PAL行）为-135°（或225°）。这样，PAL制的色同步信号不但为接收端的副载波的频率和相位提供一个基准，同时还给出一个判断倒相顺序的识别信号，使解调V信号的副载波能与发送端一致地逐行倒相，以便正确地解调出V信号。这种逐行倒相的色同步信号用矢量图表示更清楚，如图2-34（b）所示。色同步信号矢量可用符号 F_b 来表示。

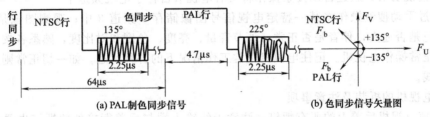

(a) PAL制色同步信号　　　　　　　　(b) 色同步信号矢量图

图2-34　PAL制色同步信号

技能训练
任务2-10

电视接收机的使用与电视机内部结构剖析

2.10.1　实训内容与目的

① 学会电视机的正确使用，掌握操作电视机的基本功能。

② 通过打开电视机操作，掌握打开后盖的方法、步骤和技巧。

③ 熟悉电视机整机的基本结构，了解电视机主要部件的名称、形状与作用。

2.10.2 实训仪器与工具

实训仪器与工具见表 2-2。

表 2-2　实训仪器与工具

设备工具名称	参 考 型 号	数 量
彩色电视机	TA 两片机芯或 LA 单片机芯彩色电视机	1 台/组
万用表	数字万用表、指针式万用表	2 台/组
有线电视信号源或天线	VCD 或有线信号或天线	1 个信号源/组
工具箱	"一"字、"十"字螺丝刀，尖嘴钳，镊子， 焊锡丝，松香，吸锡器等	1 套/组
电烙铁(烙铁架)	25W	1 套/组

2.10.3 实训步骤与要求

(1) 电视机的使用操作

① 对照说明书，熟悉电视面板旋钮。

② 将 VCD、有线电视或电视信号发生器产生的电视信号送至电视机天线输入端。

③ 插上电源线，开机。

④ 阅读说明书，通过自动搜索操作将所有电视节目存于电视频道中

⑤ 通过手动搜索操作将某一特定电视信号图像储存于频道 3 中；观测图像是否稳定、清晰，彩色是否逼真，伴音是否正常；调节音量、亮度、色度和对比度，熟悉各按钮的基本功能，能正常操作电视机。记住电视机正常工作情况下的各种状态。如一切正常则关机，并拔掉电源线。

(2) 电视机的拆装及注意事项

① 拧掉电视机后盖上的所有螺钉，注意天线输入端与后盖衔接处的螺钉也要松开，然后用双手握住后盖向后轻轻使力，直至打开后盖。

② 打开后盖后通电前要清除电视机底板上的杂物，避免通电时引起底板短路。

③ 卸除后盖时，后盖不能碰击显像管颈部。

④ 卸除后盖后，电视机要搁置稳定，显像管颈部应朝向隐蔽处，以避免受到碰击。

⑤ 注意事项：非经允许，不准调整底板及视放电路板上的开关和电位器，以免影响电视机整机性能；电视机内部许多地方带有高压电，通电测试或维护时，不要随意用手触摸，以免触电。

⑥ 通电开机检测时应采用 1：1 的电源隔离变压器。

⑦ 将后盖、螺丝放置于合适的地点，开始观测主要部件，如显像管、偏转系统，注意显像管及偏转系统的结构特点及与之相连的其他附件的外形。仔细观察电路主板，找到行输出变压器、高频调谐器、开关变压器等主要部件，同时熟悉其他电路板与其他器件。

⑧ 合上后盖。合上后盖是一项认真而细致的工作，一般先将主印制板插入后盖槽中，然后慢慢合上后盖，最后拧紧后盖各螺钉。合上后盖以后还要再试机。

（3）电视机内部结构剖析

① 显像管　显像管是电视机接收系统的终端显示器件，其主要功能是将图像信号还原为光图像，实现电光转换。显像管由一根被绝缘层保护的导线缠绕，这根导线称为消磁线圈，它的作用是在每次开机时产生一个交变且迅速递减的磁场，以消除外磁场对显像管的影响。

② 偏转系统　偏转系统包括行、场偏转线圈和中心调节磁环。偏转系统套装在显像管管颈和锥体的相连处，其主要功能是控制电子束在水平方向和垂直方向的偏转，实现扫描。套在偏转线圈上的带柄的磁环内部含有磁极，对显像管内部电子束的偏转产生作用，其作用是调节电子束的会聚，显像管在出厂前已经调好，因此不能随意调节。

③ 行输出变压器　行输出变压器俗称高压包，其主要功能是为显像管提供高压阳极、聚焦极、加速极电压，并为本机提供各种中压和低压。

④ 高频调谐器　高频调谐器俗称高频头，主要功能是将各频道的电视信号进行选择、放大、混频，产生各种固定频率的中频信号。

⑤ 开关变压器　开关变压器的主要功能是与开关管等器件配合组成开关电源，为本机提供行、场所需的 $+114V$、$+45V$ 直流电压。

2.10.4　实训分析与讨论

① 电视机实训室的安全规则有哪些？

② 编写一份彩色电视机使用说明书。

③ 电视机的拆装的注意事项有哪些？

④ 说出所实训的电视机内部主要部件的型号或规格？

思考与练习

2-1　什么是人眼的视觉惰性，其原理对于电视技术的应用有什么意义？

2-2　标准光源有哪几种？

2-3　彩色电视系统选取哪三基色呢？为什么？

2-4　描述彩色光的三个要素是什么？各是什么含义？

2-5　什么叫混色效应？试举出几种最常见的混色结果。

2-6　人眼对各种颜色的灵敏度相同吗？人眼最敏感的是什么颜色？

2-7　电视系统采用顺序传送图像的原理是什么？

2-8　隔行扫描是如何进行扫描的？采用隔行扫描有什么优点？

2-9　中国广播电视扫描参数有哪些？

2-10　黑白全电视信号由哪些信号组成？各有什么作用？规定的参数值是多少？

2-11　何谓电视系统图像分解力？垂直分解力与水平分解力分别取决于什么？

2-12　电视信号的发射需要怎样进行高频调制？

2-13　画出中国电视频道划分的总体示意图。

2-14　中国第35频道的伴音间载频为687.25 MHz，试求其图像载频为多少？该频道的本振频率为多少？中心频率为多少？频率范围为多少？

2-15　什么叫负极性图像信号？有何特点？

2-16 试分析电视接收机显像管屏幕上呈现自上而下的滚动图像的原因。

2-17 如果电视接收机的场扫描频率正好是发送端的二分之一，那么显像管屏幕上出现的图像是什么样的？

2-18 槽脉冲和前后均衡脉冲的作用是什么？

2-19 中国电视广播分几个波段，每个波段包括多少频道？各波段频率范围是多少？

2-20 画出广播电视发射简明原理方框图，并说明各部分的作用。

2-21 什么叫电视兼容制？

2-22 什么是标准彩条信号，有什么作用？

2-23 试述彩电三大制式的名称及基本原理

项目3

CRT彩色电视机电路原理与分析

彩色电视机作为最为常见的家用电子产品，应用广泛，其电路成熟度高，对于掌握通用电子产品的电路原理，进行电子产品的整机检测维修有重要的借鉴意义。CRT 是阴极射线管（Cathode Ray Tube）的英文缩写。CRT 彩电即通常所说的采用显像管作显示器件的电视接收机，显像管作为 CRT 电视的主要部件，里面有一个或多个电子枪，电子枪射出电子束，电子束射到真空管前屏幕表面的内侧时，屏幕内侧的发光涂料受到电子束的击打而发光产生图像。

CRT 电视机问世最早，经过数年来的发展完善，技术上非常成熟，画面质量已经达到了相当高的水准，而价格又比其他类型的同尺寸电视机便宜，性价比是各类电视机中最优秀的。CRT 电视机的优点概括起来主要有：亮度高、对比度好、色彩鲜明、观看视角大等，环境光线对画质基本无影响。如果对画质有非常苛刻的要求，CRT 电视机至今仍然是最合理的选择。不过，CRT 电视机也有不足：一是实用化的最大屏幕尺寸通常只能做到 38 英寸，另外也很难薄型和轻型化。从中国第一台黑白电视的诞生到现在第二代超薄 CRT 彩电的出现，CRT 电视产业先后经历了导入期、成长期、成熟期等阶段，在技术上也实现了从黑白到彩色，从模拟到数字，从球面到平面的创新转变。可以说 CRT 市场的孕育过程非常完整，遵循着产品的生命周期轨迹。

任务3-1　黑白及彩色电视机整机电路组成及分析

3.1.1　黑白电视机电路总体组成

黑白电视机初期电路全部由电子管、晶体管分立元器件组成（如金星 B31-1 型机）。集成电路诞生后，由集成电路和分立元器件组成黑白电视机电路，其中有六片机（如熊猫 DB31H3 型机）、四片机、三片机（图 3-1）和两片机等。

作为电视系统的终端设备，黑白电视机的主要作用是把电视台发出的高频信号进行放大、解调，并将放大的图像信号加至显像管栅极或阴极间，使图像在屏幕上重现，将伴音信号放大，推动扬声器放出声音。另外，在同步信号作用下产生与发送端同步的行、场扫描电流，供给显像管偏转线圈，使屏幕重现图像。电视机大都采用超外差内载波方式。

3.1.2　黑白电视机各电路部分的作用

（1）高频调谐器（高频头）

由天线收到的高频图像信号与高频伴音信号经馈线进入高频头。高频头由输入电路、高频放大器、本振（本机振荡器）和混频级组成。其主要作用是：选择并放大所接收频道的微弱电信号；抑制干扰信号；与天线实现阻抗匹配，保证信号能最有效传输；进行电视信号频率变换，完成超外差作用。

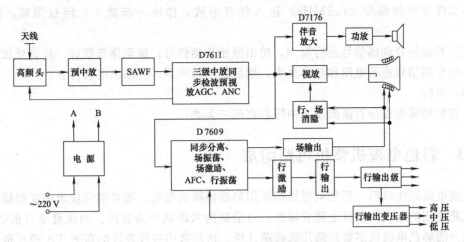

图 3-1　黑白电视三片机芯电路组成框图

（2）中频放大及视频检波器

中频放大器用于放大高频头输出的图像中频信号和伴音中频信号。视频检波器有两个作用：一是从图像中频信号中检出视频信号，即通过它把高频图像信号还原为视频图像信号，然后送至视放级；二是利用检波二极管的非线性作用，将图像中频（38MHz）和伴音中频（31.5MHz）信号混频，得到 6.5MHz 差额，即产生 6.5MHz 第二伴音中频信号（调频信号）。

（3）视频放大器

视频放大器一般由预视放和视放输出级两级组成。视频放大器有 ANC 和 AGC 电路。

ANC 电路又称抗干扰电路，主要用来消除混入电视信号中的大幅度窄脉冲的干扰。

AGC 电路又称自动增益控制电路，把 ANC 电路送来的强弱不同的视频信号，变成强弱不同的脉动直流电压，去控制电视机高放及中放的增益，使检波输出信号保持一定电平，以保证图像清晰、稳定。一般高放 AGC 比中放 AGC 控制有一定的电平延迟，以尽可能地保持电视机的高灵敏度和弱信号节目时的信噪比。

（4）同步分离和扫描电路

同步分离电路由同步分离和同步放大两部分组成。

扫描电路分为场扫描与行扫描两部分。

当复合同步信号送至场扫描电路时，经积分电路（宽度分离）分离出场同步信号，去控制场振荡器。场振荡器产生一个相当于场频的锯齿形电压，其频率和相位受场同步信号控制，送给场激励级。场激励级将场振荡器产生的锯齿形电压进行放大和整形，送给场输出级。场输出级将锯齿形电压进行功率放大，在场偏转线圈中产生锯齿形电流，使电子束作垂直方向运动。

当复合同步信号送至行扫描电路时，开始送往行自动频率控制电路（AFC），由行输出变压器取得的一个反馈行逆程脉冲电压也送到 AFC。行激励器将行振荡器产生的脉冲电压进行功率放大并整形，用以控制行输出级，使行输出管按开关方式工作。行输出级受行激励级送来的脉冲电压控制，行输出管工作在开关状态，产生一个线性良好、幅度足够的锯齿形电流送给行偏转线圈，使电子束作水平方向运动。

（5）伴音通道

第二伴音中频信号（6.5MHz）送入伴音中放，作进一步放大，经过限幅，送入鉴频器。

鉴频器将伴音调频信号进行解调，检出原始音频信号，送至伴音低放。伴音低放将鉴频器送来的音频信号进行电压和功率放大，然后推动扬声器，还原出电视伴音。

（6）电源

电视机所需电源分直流低压、中压和高压三大类。

3.1.3 彩色电视机整机电路组成

集成电路诞生以后，彩色电视机都采用集成块构成电路。随着集成块集成度的提高，电视机电路使用的集成块数目也随着减少，由最初的六块减少为五块、四块直至目前的单块。目前用户的彩色电视机多数是两片机或单片机。这里选用有代表性的东芝 TA 两片机进行电路分析。图 3-2 是彩色电视接收机电路组成框图。

东芝 TA 两片机是采用了两块日本东芝公司研制的集成电路 TA7680AP 与 TA7698AP 完成整机的小信号处理任务。图 3-3 为采用东芝两片机芯电路的西湖 54CD6 型彩色电视机电路原理框图。

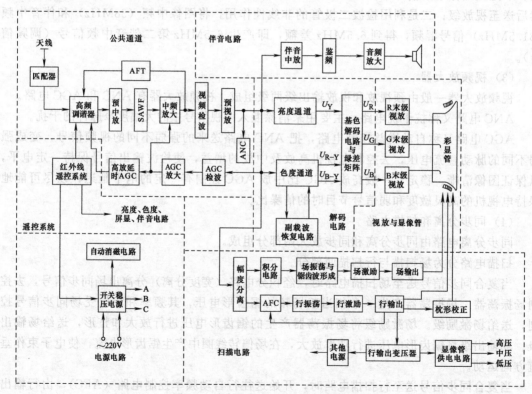

图 3-2 彩色电视接收机电路组成框图

3.1.4 彩色电视机整机分析

来自天线的射频电视信号通过高频调谐器的选频放大，并经过本振、混频器，变换成中

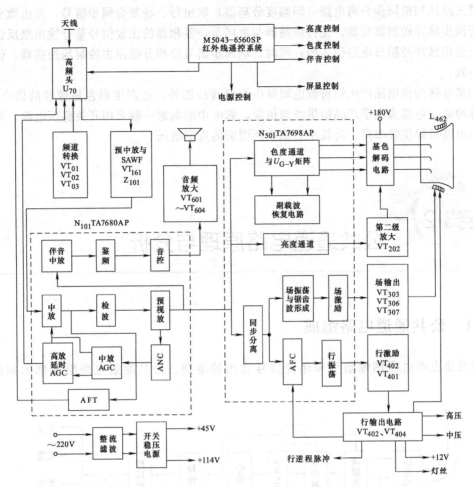

图 3-3　西湖 54CD6 型彩色电视机电路框图

频图像信号，再通过中放电路进一步筛选放大后送至同步检波器进行检波。同步检波器所需的插入载波是由中频图像信号经限幅、选频后，提取出来的等幅中频信号，其频率值为图像载频 38MHz。同步检波器输出的信号包括：0~6MHz 的亮度信号，载频为 4.43MHz 的色度信号，复合同步信号以及载频为 6.5MHz 的第二伴音中频信号等。公共通道的作用是对由天线接收下来的高频信号进行选频（选取需要的电台）、放大，再经混频取得中频信号，然后对中频信号进行足够的放大，经过检波还原成彩色全电视信号和第二伴音中频信号。

伴音信号采用调频方式，与图像信号在频域上是分开的。由同步检波器输出的载频为 6.5MHz 的第二伴音中频信号经过 6.5MHz 的带通滤波器，取出第二伴音中频信号，再通过伴音中放、鉴频和功放电路，送至扬声器还原成声音。同时，同步检波器输出的彩色图像信号经 6.5MHz 陷波器，将第二伴音中频信号滤去后（以防止伴音干扰图像），得到彩色全电视信号，该信号又分为三路输出。

第一路经 4.43MHz 的吸收回路，消除色度信号，取出亮度信号，但该亮度信号的高频分量也有所损失，会影响图像的清晰度。

第二路经过 4.43MHz 的带通放大器，滤去亮度信号，取出色度信号及色同步信号，然后经色同步分离器将色度信号及色同步信号分开。

第三路从扫描同步分离电路（即幅度分离器）取出行、场复合同步信号，并由微分电路取出行同步脉冲送到鉴相器，使行振荡器与之同步，鉴相器的比较信号是行输出级反馈过来的由行逆程脉冲经积分电路引入的；同时，场同步信号经积分电路去控制场振荡器，使场频与之一致。

扫描电路的作用除产生锯齿波电流并供给偏转线圈外，还产生彩色显像管的供电电源、消隐脉冲等。电源为电子产品提供能源供应，彩电中的电源一般采用开关稳压电源，其作用是为彩电整机提供效率高、功耗小、稳压范围宽的直流电压。

任务3-2 公共通道电路原理与分析

3.2.1 公共通道电路组成

公共通道指电视图像信号和伴音信号合用的电路。公共通道电路组成框图如图 3-4 所示。

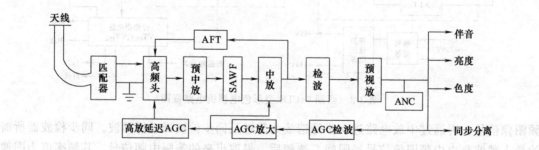

图 3-4 公共通道电路组成框图

公共通道的作用是对由天线接收下来的高频信号进行选频（选取需要的电台）、放大，再经混频取得中频信号，然后对中频信号进行足够的放大，经过检波还原成彩色全电视信号和第二伴音中频信号。公共通道主要由高频调谐器和中放通道组成，具体电路有：天线及馈线（信号接收）、匹配器、高频头、预中放、SAWF、中放、检波、预视放及 ANC、AGC、AFT 等电路。

3.2.2 天线及馈线

天线是高频信号能量与空间电磁波能量互相转换的装置。由高频电视信号能量转换为空间电磁波能量的装置称为发射天线，例如电视台的蝶形天线；由空间电磁波能量转换为高频电视信号能量的装置称为接收天线，简称天线。

天线的种类很多，性能差别也很大，通常注意 4 个参数：输出阻抗；增益；频带宽度；

方向性。

室内电视天线常用双鞭拉杆天线。它的输出阻抗≤75Ω，方向性差，增益低，但使用方便，价格低。其传送电视信号的方式是平衡式输出（即双线传送）。这种天线一般用于电视信号较强、接收环境较好的地方，如图3-5所示。

室外天线多数采用由折合振子和反射器、引向器组成的多单元天线，又称为八木天线，如图3-6所示。

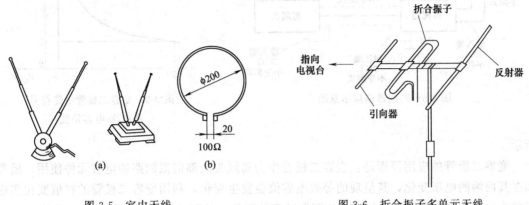

图3-5　室内天线　　　　　　　图3-6　折合振子多单元天线

在天线与匹配器、匹配器与高频头之间的传输线叫作馈线。常用的电视信号馈线有平行扁线和同轴电缆两种，如图3-7所示。

电视信号的馈线不同于普通传输导线，因为电视信号是高频信号（40～1000MHz），若用普通导线传输，电视信号会向空间辐射，对外干扰大，损耗也大。因此，需用特殊结构的馈线来传输电视信号。平行扁线的特性阻抗为300Ω，采用平衡式传输。这种馈线的价格便宜，对外辐射干扰大，损耗大。同轴电缆的特性阻抗为75Ω，采用不平衡式传输。这种馈线对外辐射干扰小，损耗也小，但价格

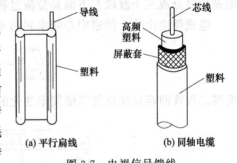

图3-7　电视信号馈线

较贵。馈线越长，损耗越大，所以馈线越短越好，长距离最好选用低损耗的同轴电缆。

3.2.3　匹配器

根据高频电视信号的特点，高频头都设计成不平衡输入方式（这样便于屏蔽），输入阻抗为75Ω。这样，天线与高频头之间必须进行阻抗匹配和传输方式匹配。例如，折合振子天线和高频头之间必须进行阻抗匹配和传输方式匹配。匹配器是在一个双孔小磁芯上用双色漆包线并绕3～4圈组成的，它实际上是由两个完全相同的传输变压器构成。

图3-8为匹配器用于室外天线的连接示意图。

3.2.4　变容二极管与电视信号波段

电视高频调谐的核心器件是变容二极管。变容二极管的符号及电压-电容特性如图3-9

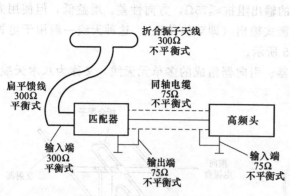

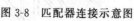

图 3-8 匹配器连接示意图

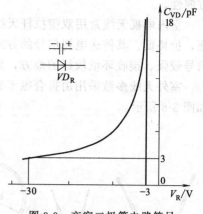

图 3-9 变容二极管电路符号
及电压-电容特性

所示。

变容二极管的应用原理是：变容二极管作为高频头内部谐振回路的电容元件使用，随着加在其两端的电压变化，其呈现的等效电容值会发生变化，利用变容二极管的容值变化实现高频头内部本振电路和输入回路 LC 谐振频率的变化，从而达到电视节目选台的目的。

从前面的知识可知，高频电视信号在实际中是分为三个波段的。那么，为什么要将高频电视信号分成三个波段？下面是分析过程。

电视频道由第 1 频道中心频率到第 68 频道中心频率，范围变化很大，即

$$\frac{f_{\max}^{中心}}{f_{\min}^{中心}}=\frac{954\mathrm{MHz}}{52.5\mathrm{MHz}}=18.2倍$$

变容二极管的容量变化仅能使频率变化的倍数为

$$\frac{f_{\max}}{f_{\min}}=\frac{\dfrac{1}{2\pi\sqrt{LC_{\min}}}}{\dfrac{1}{2\pi\sqrt{LC_{\min}}}}=\sqrt{\frac{C_{\max}}{C_{\min}}}=\sqrt{\frac{18P}{3P}}\approx2.45$$

可见，变容二极管的容量变化不能满足频道的频率变化，必须分段进行。经计算可知：
在 VL 波段（1～5 频道）

$$\frac{f_{5CH}^{中心}}{f_{1CH}^{中心}}=\frac{88\mathrm{MHz}}{52.5\mathrm{MHz}}=1.68<2.45$$

在 VH 波段（6～12 频道）

$$\frac{f_{12CH}^{中心}}{f_{6CH}^{中心}}=\frac{219\mathrm{MHz}}{171\mathrm{MHz}}=1.28<2.45$$

在 U 波段（13～68 频道）

$$\frac{f_{68CH}^{中心}}{f_{13CH}^{中心}}=\frac{954\mathrm{MHz}}{474\mathrm{MHz}}=2.01<2.45$$

这样一来，变容二极管的容量变化就能适应频道频率变化，这也是高频电视信号分为 VL、VH 和 U 波段的主要原因。

3.2.5 高频调谐器

高频调谐器，也称为高频头，为一体化部件，其内部电路包括输入电路（选台电路）、高放电路、本振电路和混频电路等。

（1）分类

按谐振回路调谐方式的不同，高频调谐器可分为机械调谐式和电子调谐式两种。

目前，大多数黑白电视机采用机械式高频头，只有少数进口黑白电视机采用电子调谐式高频头；而彩色电视机都采用电子调谐式高频头。

电子调谐式高频头又分为普通全频道电子调谐器及全增补电子调谐器。

（2）高频头的作用

① 选频：从天线接收到的各种电信号中选择所需要频道的电视信号，抑制其他干扰信号。

② 放大：将选择出的高频电视信号（包括图像信号的伴音信号），经高频放大器放大，提高灵敏度，满足混频器所需要的幅度。

③ 变频：通过混频级将图像高频信号和伴音高频信号，与本振信号进行差拍，在其输出端得到一个固定的图像中频信号和第一伴音中频信号，然后再送到图像中频放大电路。

（3）对高频调谐器的性能要求

① 与天线、馈线及中放级阻抗匹配良好。

② 具有足够的通频带宽度和良好的选择性。高频调谐器应该具有从接收天线感应得到的各种电磁信号中选取所需要的频道信号，抑制邻频道干扰、镜像干扰以及中频干扰的能力。因此，要求它有合适的通频带和良好的选择性。一般要求通频带应大于或等于8MHz。

③ 噪声系数小、功率增益高。

④ 本振频率稳定，本振辐射要小。通常要求VHF段本振漂移不大于±300kHz；UHF段本振漂移不大于±500kHz。

⑤ 具有自动增益控制电路。为了适应不同的场强，且在天线输入信号电平剧烈变化时，使检波后视频输出电平基本保持不变，高放级和中放级应有自动增益控制。一般要求高频头自动增益控制范围应达20dB以上。

（4）电调谐的基本电路

电调谐即利用电压调整的方法调节高频电路谐振频率的方法，对于彩色电视机来说，实际上就是变容二极管的基本应用原理。

电调谐的基本电路如图3-10所示。

（5）高频头内部框图

图3-11所示为电子调谐高频头内部框图。图中，空心箭头给出了高频信号的流向，单箭头给出了控制信号与直流信号的流向。从图中可以看出，U、V两个频段基本上是独立的，但V波段的混频级在U频段工作时作为U频段的一级中频放大，以提高U频段的增益。

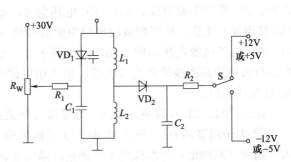

图3-10 电调谐的基本电路

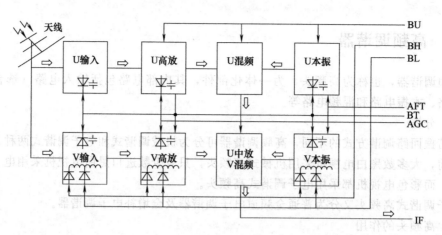

图 3-11　高频头内部框图

（6）电调谐高频头的端口功能

高频头作为电视电路的一个非常重要的一体化部件，其与电视机主电路板的电气连接是通过其外部的端口完成的。图 3-12 为 TDQ-3 型高频头各引出端口的名称及参数典型值。

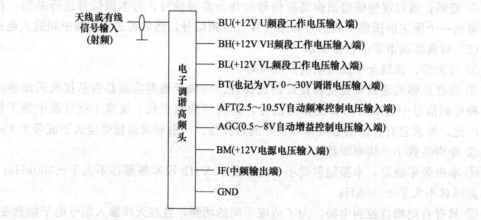

图 3-12　TDQ 型高频头各引出端口名称及参数

需要说明的是，不同型号的电调谐高频头的端口电压值不尽相同，现在市场上相当一部分电调谐高频头供电电压为 +5V，相应的其 BU、BH、BL 等工作电压也为 +5V。

① 频段转换口 BU、BH、BL　U、H、L 三个波段的转换是靠控制 BU、BH、BL 输入端口的电源电压来实现的。电路保证三个端口中每次仅有 1 个端口接通电源。当 U 波段工作时，BU 等于电源电压，BH、BL 电压为 0，此时，U 高放、U 本振、U 混频、U 中放（即 V 混频）工作，U 混频级输出的中频信号经 V 头放大后从输出端输出。当 H 频段工作时，BH 等于电源电压，BU、BL 电压等于 0，此时，V 高放、V 本振、V 混频工作，BH 电压打通与槽路连接的开关二极管，接入相应的电感，使槽路调谐在 H 频段。L 频段工作与 H 频段类似。

BU、BH、BL 可以通过 2 选 4 电子波段开关进行电压切换来进行频段转换。

② 电子调谐端 BT　图 3-11 中，电子调谐端 BT 的电压同时加在 U、V 频段各自的输入、高放（双调谐）与本振共 8 个谐振回路的变容二极管上，通过改变变容二极管的反向电压来改变电容量以实现对不同频道的调谐目的。当频段确定以后，每个频道都对应一个具体

的 BT 端电压。通过对 BT 端电压的调节，输出宽度可以变化的脉冲信号，经电压转换器及低通滤波器后形成逐级变化的调谐电压，由此完成对电视频道的扫描搜索。

③ BM、GND 分别为电源和接地端，AGC、AFT 在中放通道中分析。

3.2.6　中放通道的作用及性能

中放通道由预中放、SAWF、中放、检波、预视放及 ANC、AGC、AFT 等电路组成。对中放通道的性能要求如下。

（1）足够的电压放大倍数

图像中频通道的增益是由接收机的整机灵敏度和显像管对调制电压的要求决定的。一般要求显像管视频调制信号峰峰值为 $30\sim80\mathrm{V}$，其值与屏幕大小、偏转角度等有关。在满足信噪比的前提下，中放通道的增益越高，则电视机接收微弱信号的能力越强，灵敏度越高。

通常为保证同步检波器正常工作，中频放大电路输出信号要不小于 1V。中国规定接收机灵敏度为：在 75Ω 输入阻抗下输入不低于 $50\mu\mathrm{V}$，因此天线到中放级输出总增益 $K_\mathrm{V}=1\mathrm{V}/(50\times10^{-6}\mathrm{V})=2\times10^4$（86dB），除去高频头增益 20dB（高频增益 $K_\mathrm{V}\geqslant20\mathrm{dB}$），中放级增益 $K_\mathrm{V}\geqslant66\mathrm{dB}$。

（2）工作要稳定，中放增益要能自动控制

由于天线上接收到的射频电视信号的强度在 $50\mu\mathrm{V}\sim100\mathrm{mV}$ 范围变化，即变化 2000 倍（66dB），这就要求电视接收机应具有 60dB 以上的自动控制能力。对于变化如此大的信号，如果中放增益固定不变，就容易使晶体管放大器产生阻塞，或者中放末级由于信号过强而产生图像失真和同步信号受到压缩，从而影响电视机的正常工作。为此，必须设法使信号增强时，中放的增益也相应地自动下降，保持视频检波输出不变。为保证良好的信噪比和灵敏度的要求，采用延迟式 AGC 方法，即先控制中放级放大倍数（最大 40dB），再控制高放级放大倍数（20dB）。

（3）特殊的幅频特性

中频放大器幅频特性是表征中频放大器对不同频率分量信号放大能力的重要特性。电视机整机频率特性主要由中频放大器的幅频特性决定。中频放大器通道（包括中频滤波及中频放大器）应具有的幅频特性曲线如图 3-13 所示，其中，图 3-13（a）为宽带型，图 3-13（b）

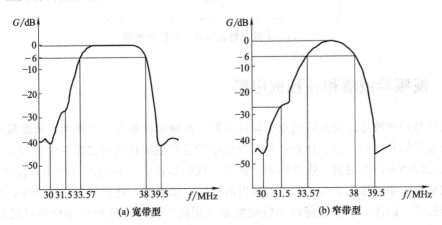

图 3-13　图像中频通道幅频特性

为窄带型。

3.2.7 预中放和 SAWF 电路

由上述可知，中放幅频特性曲线是一支特殊的曲线，在以前的电路中用电感、电容元件组成几种吸收电路对三级中放进行调谐吸收才能达到要求，其结果是费时、速度慢、成本高，质量也不够理想。后来研制出能克服上述缺陷的一种器件——声表面波滤波器（SAWF）。它是用声表面波的传输特性进行滤波的，可以一次性形成所需的中放电路幅频特性，而且有体积小、稳定可靠、不用调试等优点。其主要缺点是插入损耗大。为了弥补声表面波滤波器的插入损耗（一般在 15dB 左右），在其前面加一级增益为 15dB 左右的预中放电路，通常采用低噪声高频管构成共发射极单管放大器。

3.2.8 中频放大器

中频放大器的作用是对中频信号进行放大，放大增益要达 60～70dB。中频放大电路可以由三级或四级分立件选频放大器构成。目前彩色电视机都用集成宽带双差分放大电路，其基本电路为三级高增益宽带放大器，每级都采用双端输入、双端输出电路，通过内部交流反馈来控制电路增益并扩展通频带。

图 3-14 为集成电路一级差分放大电路示意图。

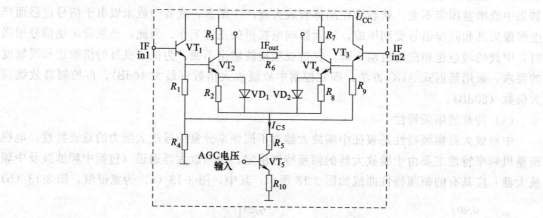

图 3-14 中放电路差分放大电路示意图

3.2.9 视频检波器和预视放电路

中频信号经中放电路放大后送至视频检波器。视频检波器有两个作用：从图像中频信号中检出全电视信号（FBYS）；伴音中频和图像中频进行混频输出第二伴音中频（6.5MHz）。

分立元件的黑白电视机、收音机等，常用二极管检波。这种电路虽简单，但缺点很多，如检波效率低，小信号失真大，输入、输出阻抗低，损耗大，还会产生高次谐波，影响中频放大器稳定等。因此，集成电路内的检波器都采用同步技术。这种同步检波器虽然电路复杂，但效率高，失真小，还能放大，是用途很广的高级检波器。

图 3-15 为同步检波器原理框图。

同步检波器能实现对中频信号的检波，还能起到一定的信号放大作用。

为什么要设置预视放电路呢？

检波后的信号要同时供给亮度通道、色度通道、自动增益控制（AGC）电路、扫描电路、伴音电路和自动噪声抑制电路（ANC）等，为了不影响同步检波器的正常工作，在检波器和负载之间设置预视放电路。预视放级通常使用射极跟随器。预视放级输出信号通常经 6.5MHz

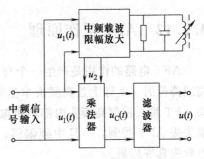

图 3-15 同步检波器原理框图

带通滤波器取出第二伴音中频信号，经 6.5MHz 带阻滤波器（或 6.5MHz 陷波器）取出彩色全电视信号 FBYS。

3.2.10 ANC 电路

ANC 即自动噪声抑制（抗干扰）电路。

噪声是指大幅度的尖脉冲干扰，如火花、雷击、混频产生的高次谐波等。超过消隐电平的干扰叫黑干扰，超过最白电平的干扰脉冲叫白干扰。若不把这些干扰脉冲去掉，将在荧屏上产生黑、白噪波点，黑干扰还会影响扫描的同步，破坏 AGC 正常工作。因此，在预视放级后设置黑干扰和白干扰电路来消除干扰。

自动噪声抑制电路种类较多，有截止式、短路式、抵消式、简易式等。

3.2.11 AGC 工作原理

AGC 即自动增益控制电路。

AGC 电路的作用是当天线接收的高频电视信号有强弱变化时，能够自动调节中放级和高放级的放大倍数（即增益），使检波后的视频信号变化甚微。一般要求输入信号电平变化 1000 倍（即 60dB）时，其检波输出的视频信号电平变化不超过 ± 1.5dB。

AGC 电路由 AGC 检波、AGC 放大、高放延迟 AGC 等电路组成。AGC 电路有多种，如平均值 AGC、峰值 AGC、键控 AGC、延迟式 AGC 以及它们结合的电路。

对中放级和高放级放大倍数的控制方法，实际上是控制中放管和高放管的基极电压，改变晶体三极管的工作点来实现的。晶体管基极电压增大，集电极电流 IC 随之增大，放大倍数也随着增大的方式，叫做反向 AGC 控制方式；晶体管基极电压增大，集电极电流 IC 随之增大，放大倍数却随着减小的方式，叫做正向 AGC 控制方式。

控制过程是先将预视放输出的视频信号送入 AGC 检波器。AGC 检波器的作用是从视频信号中检出同步信号后再积分滤波，得到与视频信号幅度成正比的直流电压 U_{AGC}；用放大后的 U_{AGC} 去控制中放管的放大倍数，使其下降；当中放管放大倍数下降到不能再降时（再降会出现失真等），启动高放 AGC 电路，使高放管的放大倍数下降。这种方式叫做高放延迟 AGC，它有利于提高电视机的信噪比。

3.2.12 AFT 工作原理

AFT 电路的作用是产生一个与图像中频频率高低有关的直流电压 U_{AFT}，当图像中频升高或降低时（实际上是高频头本振频率发生漂移时），U_{AFT} 相应地变化，该变化量送至高频头 AFT 端，控制高频头内部本机振荡器的频率，使其自动修正，达到中频稳定之目的。如果失去 AFT 控制，一旦中频偏移，可能造成伴音失真、伴音干扰图像、图像清晰度下降、色彩失真等后果。

彩色电视机中大都采用鉴相式 AFT 电路。这种电路首先用移相网络将频率变化信号变换成既有频率变化又有相位变化的信号（当然，相位变化反映了频率变化），然后再用鉴相器将相位的变化变换成直流电压的变化，去控制电调谐高频头本振电路中的变容二极管，使本振频率自动稳定在正确值。电路组成框图如图 3-16 所示。

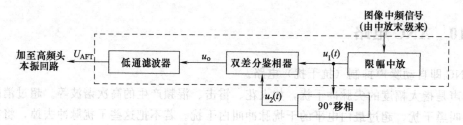

图 3-16　集成鉴相式 AFT 电路

电路的核心是双差分鉴相器，它具有模拟乘法器的功能，可以将两个输入信号的相位差变换成相应的输出电压。AFT 电路的工作原理如下：用中放末级取出一部分中频信号，经限幅放大后，输出一个与图像中频（38MHz 左右）同频同相的等幅正弦信号 u_1，一路送至双差分鉴相器，另一路通过 90° 左右移相网络后，得到与 u_1 同频但不同相位的等幅正弦波信号 u_2，并送到双差分鉴相器。两个信号在鉴相器中进行相位比较。图 3-17 表示了双差分鉴相器鉴相特性。

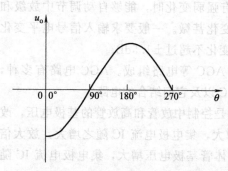

图 3-17　双差分鉴相器鉴相特性

① 图像中频信号的频率正确（38MHz）时，移相网络的移相量 θ 正好为 90°，此时鉴相器输出 u_o 为 0 值，即本振电路频率正确，无需校正。

② 当图像中频信号的频率偏高时，移相网络的移相量小于 90°，此时鉴相器输出的 u_o 经低通滤波器滤波后，输出负的直流控制电压（$-U_{AFT}$），加于高频头的 AFT 端口（设 AFT 端口电压原为 $+7V$），控制本振回路的变容二极管，使其偏压减小，结电容增大，从而使本振频率减小，直到本振频率恢复到正确值。

③ 当图像中频信号频率偏低时，移相网络的相位移 θ 大于 90°，这时鉴相器输出的 u_o 经低通滤波器滤波后，输出正的直流控制电压（$+U_{AFT}$），加于高频头的 AFT 端口，控制本振回程内的变容二极管，使偏压增加，结电容减小，从而使本振频率增加，直到本振频率恢复到正确值。

3.2.13 中放通道电路实例分析

以东芝公司生产的 TA7698AP 集成电路为核心组成的中放通道为例进行分析。

(1) 预中放电路与声表面波滤波器

此部分电路如图 3-18 所示，由高频头输出的中频信号经 C_{161} 耦合至预中放管 VT_{161} 的基极。R_{162}、R_{163} 是 VT_{161} 的偏置电阻，R_{166} 是 VT_{161} 发射极的负反馈电阻，L_{162} 是高频扼流圈，R_{165} 是阻尼电阻，R_{164}、R_{165} 是 VT_{161} 的负载电阻，C_{163} 是输出耦合电容。它们和 VT161 组成并联 RLC 宽带放大器，对中频信号放大 15dB 左右。放大后的中频信号输入到声表面波滤波器 Z_{101}。Z_{101} 的输入、输出的分布电容组成中频谐振回路，减少了插入损耗，提高了图像清晰度。

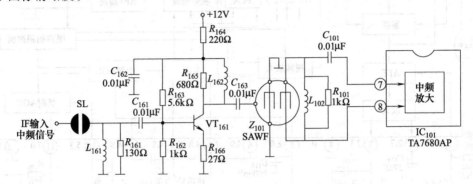

图 3-18 预中放与声表面波滤波器

(2) 中放、视频检波与 ANC 电路

此部分电路如图 3-19 所示。

从图中可以看出，电路由 TA7680AP 集成块及周边分立元件组成。TA7680AP 集成块内包含图像中放、视频检波、视频放大、AGC、AFT 和 ANC 等功能电路，以及伴音中放、鉴频、电子音量控制及伴音前置低放等功能电路。TA7680 各端子的功能见表 3-1。

表 3-1 TA7680AP 各端子功能

端子号	功　能	端子号	功　能
①	音量控制	⑬	AFT 输出
②	音频放大负反馈输入	⑭	AFT 输出
③	音频信号输出	⑮	视频输出
④	伴音接地点	⑯	AFT 移相网络
⑤	中频 AGC 滤波电容	⑰	图像中频谐振电路
⑥	滤波电容	⑱	图像中频谐振电路
⑦	图像中频信号输入	⑲	AFT 移相网络
⑧	图像中频信号输入	⑳	12V 电源
⑨	滤波电容	㉑	伴音中频信号输入
⑩	高放 AGC 延迟	㉒	伴音中频鉴频线圈
⑪	高放 AGC 输出	㉓	去加重电容
⑫	图像中频接地点	㉔	伴音中频鉴频线圈

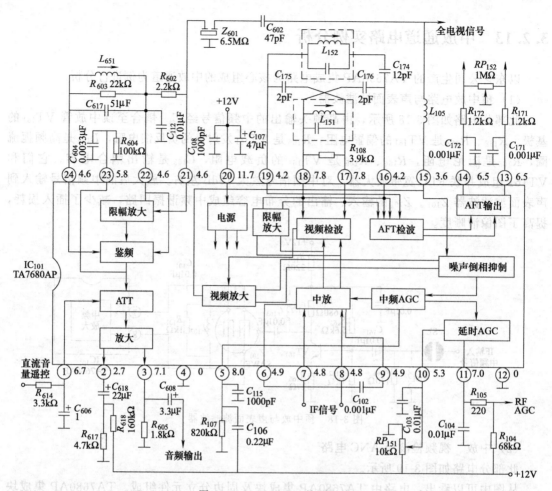

图 3-19　TA7680AP 外围电路

中频电视信号经 C_{101} 耦合，从集成片 IC_{101}（TA7698AP）的端子⑦、⑧加入到中放电路，由声表面波滤波器输出的中频信号经 C_{101} 耦合，输入到 TA7680AP（IC101）的⑦、⑧端，进行中频放大。放大后的信号分两路输出，一路送到视频检波电路（同步检波器），另一路送到图像中频限幅放大器，该放大器输出的等幅 38MHz 信号也送至检波电路。端子⑰、⑱外接 38MHz 选频回路 L_{151}（视频线圈）。视频检波输出的彩色全电视信号 FBYS 与第二伴音中频经集成电路内部视频放大后由端子⑮输出。

（3）自动频率微调（AFT）电路

AFT 电路采用双差分鉴相电路。鉴相器有两路输入信号：一路是图像中频载波限幅放大器送来的 38MHz 左右的中频等幅载波信号，另一路是通过 L_{151} 与 L_{152} 间的耦合，加至 90°移相网络 L_{152} 移相后的图像中频载波信号。

当图像载波为 38MHz 时，移相 90°，鉴相器无相位误差电压输出；当图像中频不等于 38MHz，移相不等于 90°时，鉴相器输出相应的控制电压 U_{AFT}。

AFT 控制电压由 TA7680AP 的端子⑬、⑭输出，外接电容器 C_{171}、C_{172} 用来滤除鉴相器输出的高频成分。接于端子⑬、⑭之间的电位器 RP_{152} 可调整，使端子⑬、⑭的静态电位一致，以克服 AFT 电路输出端差分放大器的静态误差。

（4）AGC 电路

由图 3-19 可看出，视频放大输出的图像中频信号和第二伴音中频信号分两路输出：一路由端子⑮输出，另一路经噪声倒相抑制电路加至中频 AGC，控制中放级增益，当中放增益下降（36dB）至不能再降时，打开延迟 AGC（即高放延迟 AGC），由端子 11 输出经 R_{105} 加至高频头的 AGC 端口。调节 RP_{151} 可改变高频 AGC 的延迟量。端子 11 输出的高频 AGC 电压是反向 AGC 电压，当高频信号增强时，端子 11 的 U_{AGC} 下降。

伴音通道电路原理与分析

伴音通道的作用是对第二伴音中频信号进行放大、鉴频、功放，还原成伴音。

伴音通道原理示意图如图 3-20 所示。

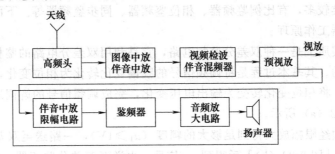

图 3-20　伴音通道原理示意图

伴音通道包括第二伴音中频放大器（伴音中放）、鉴频器、音频放大器和扬声器。

3.3.1　伴音中频限幅放大电路

伴音中频限幅放大器的作用是向鉴频器提供幅度足够的（≥1V）、等幅的第二伴音中频调频信号（6.5MHz）。图 3-21 为伴音中频限幅放大器基本电路图。

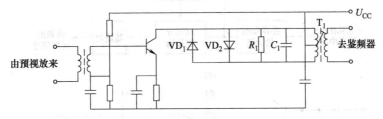

图 3-21　伴音中频限幅放大器基本电路

第一级中放是普通的宽频带阻容耦合放大器，第二级中放是单调谐放大器，在并联谐振回路上并有两只彼此反接的开关二极管，如图 3-21 中的 VD_1、VD_2。它是双向限幅器，当谐振回路两端电压超过开关二极管的导通电压时，二极管导通，回路电压限制在 ±0.7V 之间。其目的是消除寄生调幅干扰，防止伴音失真和产生蜂鸣音（当伴音中频 31.5MHz 的幅度不是小于图像中频 38MHz 的幅度时，第二伴音中频可能是调频调幅波，便会产生蜂鸣音）。T_1 的初级电感和 C_1 组成谐振频率为 6.5MHz 的调谐电路，取出放大后的第二伴音中频送给鉴频器。R_1 是回路的阻尼电阻，降低 Q 值，扩展回路的频带宽度，保证伴音中放频带 $f_B \geqslant 250\text{kHz}$；有的电视机采用三级带恒流源的差分放大器组成伴音中放，效果更佳。

3.3.2 鉴频器

鉴频器又叫调频检波器，其作用是从第二伴音中频中解调出调制信号（音频信号）。
对鉴频器的功能要求如下。
① 鉴频灵敏度要高。
② 非线性失真小。
③ 具有"S"形幅频特性曲线，为保证在一定频偏下，不失真地输出音频电压，要求鉴频器的幅频特性曲线具有 S 形。

鉴频器的种类较多，有比例鉴频器、相位鉴频器、同步鉴频器等。下面介绍集成电路中常用的同步鉴频器工作原理。

同步鉴频器实质上是一种双差分鉴相电路，它是利用双差分电路的鉴相特性来完成调频信号的检波功能的。其基本过程是将调频信号的频偏变化转化为相位变化，再利用双差分鉴相器的鉴相特性，将相位变化转变为输出电压变化，完成调频信号的解调过程。同步鉴频器组成框图如图 3-22 （a）所示。

第二伴音中频经限幅放大得到足够大的幅度（$u_1 \geqslant 1\text{V}$），一路送至双差分鉴相器，另一路经 90°移相网络 ［图 3-22 （b）］后得到 u_2 信号，也送至双差分鉴相器。由于 90°移相网络设计在伴音中频为 6.5MHz 时移相正好是 90°，如图 3-22 （c）所示，而频率偏离 6.5MHz 时偏离 90°，即移相大于 90°或小于 90°。因此，通过 90°移相网络，就把频偏变化转换为相位变化。然后利用双差分鉴相器的鉴相特性，如图 3-22 （d）所示，当频率为 6.5MHz、移相为 90°时，鉴相器输出电压 $u_o = 0$，当频率偏移 6.5MHz、移相偏离 90°时，鉴相器输出电压 u_o 为正电压或负电压，实现了伴音中频信号的解调。

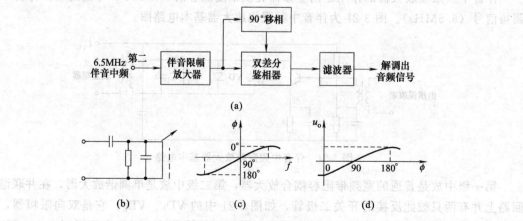

图 3-22　同步鉴相器框图

3.3.3　音频放大电路

音频放大器的作用是将鉴频输出的伴音信号进行电压放大和功率放大，推动扬声器发出声音。一般由前置级、推动级和功放级组成。

音频放大器的功能要求如下。

① 足够的输出功率。我国电视标准规定，电视接收机伴音电路的不失真输出功率：甲级机≥1W，乙级机≥0.5W。因此，要求音频放大器具有足够的增益和输出功率，以保证有相当的音量输出。

② 频率响应宽，非线性失真小。为保证伴音的音质清晰、悦耳，要求音频放大器具有一定的频率响应范围，且非线性失真要小。

音频放大器基本电路如图 3-23 所示，也有部分彩电将其集成在芯片内部。

互补推挽式音频放大器的工作过程如下。

设输入正弦波信号正半周，经 VT_1、VT_2 放大后，VT_2 集电极电位在正半周变化，VT_3 导通，VT_4 截止，U_{CC} 中电流经 VT_3、C_2、R_L 到地，使正半周电流流入扬声器而使扬声器发声，同时电流对 C_2 充电，使 C_2 左边电压升至 $U_{CC}/2$。当输入正弦波信号负半周时，经 VT_1、VT_2 后，VT_2 集电极电位向负半周变化，VT_3 截止，VT_4 导通，通过 C_2 正极、VT_4 集射极、地、R_L、C_2 负极放电，使负半周电流

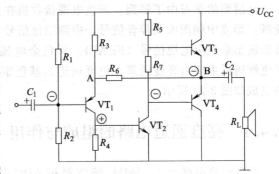

图 3-23　互补推挽音频放大器基本原理

流入扬声器而使扬声器发声，完成一个正弦波形的发声过程。

3.3.4　伴音通道实例分析

图 3-19 中，TA7680AP 的端子⑮输出的中频信号（FBYS 和 6.5MHz 中频）经高通 L105、C602 滤除 31.5MHz 等中频后，进入 Z_{601} 陶瓷滤波器，取出 6.5MHz 伴音中频，从端子㉑输入 IC_{101} 内部的第二伴音中频限幅放大器。限幅放大器用带有恒流源的差分放大器，是三级直流耦合，限幅特性好，增益高。C_{112} 的作用是对 6.5MHz 伴音中频没有负反馈，而对音频和直流有较深负反馈，稳定放大器的静态工作点。

第二伴音信号经 TA7680 内部限幅放大、鉴频、ATT 控制（电子音量控制）和放大后，从 TA7680 第③端子输出的伴音信号，由 VT_{601}、VT_{602}、VT_{603}、VT_{604} 等三极管放大电路进行电压放大和功率放大，推动扬声器发出声音。

VT_{690} 为静噪管，当电视机开、关机产生冲击电流时，使之饱和导通，将 VT_{601} 输出的伴音信号短路，达到消除噪声的目的。

静噪电路的原理及应用如下。

（1）伴音静噪

电视机开、关电源或切换频道时，扬声器中因有较大冲击电流流过，而发出"扑、扑"

声，当响声过大时，扬声器的可靠性降低。若设静噪电路能在开、关电视机或切换频道瞬间，伴音无输出，扬声器中则无"扑、扑"声，可有效地实现伴音静噪。

（2）AFT 静噪

因为 AFT 引入范围宽，为了避免选台时误将伴音载波引入 AFT，所以必须设有 AFT 静噪电路。

任务3-4　亮度通道电路

从前面的学习中了解到，彩色电视接收机在接收到电视信号后，先经高频调谐器放大及变频，形成中频图像及伴音信号，中频图像信号又经图像中频通道进行处理，然后从视频检波器输出彩色全电视信号（FBAS）。彩色全电视信号（FBAS）检波以后送往彩色解码器。彩色解码器主要由亮度通道、色度通道、基色矩阵和副载波恢复电路级成。PAL 制解码器的组成如图 3-24 所示。

3.4.1　亮度通道电路的组成与作用

亮度通道电路由 4.43MHz 陷波器和 ARC 电路、放大电路、勾边电路、箝位电路、自动亮度限制电路、射极跟随器等组成。

亮度通道的作用是从彩色全电视信号中取出亮度信号和辅助信号，进行放大（增益≥34dB，频带为 0～6MHz）处理，以满足彩色显像管对激励电压的要求。

3.4.2　4.43MHz 陷波器与 ARC 电路

由于色度副载波是插在亮度信号频谱高端间隙处发送的，为了减小色度信号的干扰，在亮度通道输入端设置了一个 4.43MHz 陷波器，以滤除 4.43MHz±1.3MHz 的频率。

陷波器处也加入了 ARC（自动清晰变化控制）电路，如图 3-25 所示。

3.4.3　放大器与勾边电路（轮廓校正电路）

在图像中常有从白色突变为黑色或黑色突变为白色的现象，如图 3-26（a）所示的亮度信号将变为图 3-26（b）的形状。处理方法是在亮度信号波形的前、后沿各加一个上冲和下冲的脉冲，如图 3-26（c）所示，这就是轮廓校正电路的基本原理。

3.4.4　亮度延时电路

由于色度信号经过的通道比亮度信号经过的通道环节多，实际测量色度信号比亮度信号

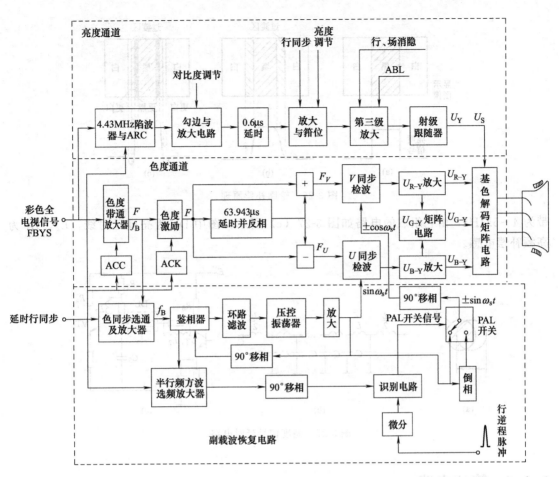

图 3-24　PAL 解码器框图

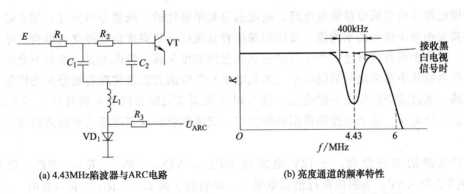

(a) 4.43MHz陷波器与ARC电路　　(b) 亮度通道的频率特性

图 3-25　4.43MHz 陷波器与 ARC 电路及相应亮度通道的频率特性

晚到达基色矩阵 $0.6\mu s$ 左右。这样会使荧屏上图像的彩色滞后于黑白图像的轮廓，如图 3-27 (a) 所示。为了使色度信号和亮度信号同时到达基色矩阵，在亮度通道设置一个延时 $0.6\mu s$ 的亮度延时线。

　　亮度延时线有分布参数和集中参数两种，现在都采用集中参数的，如图 3-27 (b) 所示。改变 LC 网络的节数可调整延时时间，节数一般取 18～20 节，特性阻抗为 $1.5\text{k}\Omega$，频

项目 3

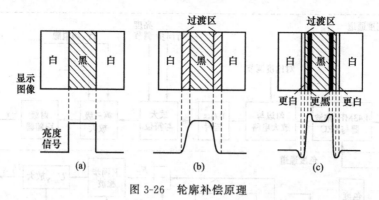

图 3-26　轮廓补偿原理

带为 4～5MHz，由它组成的电路如图 3-27（c）所示，图中 DL 为亮度延时线，L_2、L_3 为高频补偿电感。

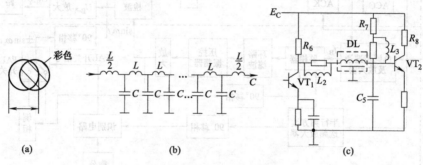

图 3-27　亮度信号延时电路

3.4.5　箝位电路

　　箝位电路又叫直流分量恢复电路。亮度信号是单极性的。既然是单极性，那么必有直流分量，其大小等于信号的平均值，反映图像的背景亮度。当亮度信号经交流耦合（电容器耦合）时，就会丢失直流分量而产生灰度失真和色饱和度失真、色调失真，这是不允许的。目前，彩色电视机中都采用对消隐电平（黑色电平）箝位的方法来实现直流分量的恢复，称为箝位电路。通过改变箝位电平的高低，还可以达到调节荧屏亮度大小的目的。图 3-28 所示是实用的箝位电路。这个电路的作用是使经 C_{304} 交流耦合后的亮度信号中的消隐电平恢复直流分量。

　　箝位电路的工作原理：＋12V 电源经 RP_{321}、VD_{306}、R_{322}、R_{323}、RP_{324} 分压，使 VT_{304} 的 U_e 为 9.6V。为箝位在行消隐电平上，将行同步经 L_{305}、R_{318}、R_{319} 延时 4.7μs，出现在行消隐后肩上，称为箝位脉冲。当无箝位脉冲时，VT_{304} 截止，电源＋12V 经 R_{311}、VT_{302} 发射极向 C_{304} 充电；当有箝位脉冲时，VT_{304} 饱和导通，C_{304} 通过 VT_{304} 放电。VT_{304} 称为箝位三极管。由于放电时间很小，C_{304} 右端迅速放电至 9.7V。箝位脉冲过去后，VT_{304} 又截止，C_{304} 又被充电，充电时间由 VT_{302} 输入电阻 $R_i=(1+\beta)R_{311}$、r_{be} 和 C_{304} 的乘积决定，其值远大于行周期 64μs，所以在一行时间内，C_{304} 右端电位变化很小，使 Y_{in} 的消隐电平钳位在 9.7V。

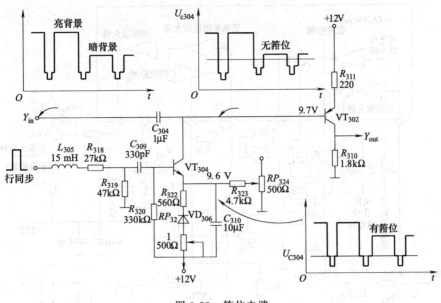

图 3-28　箝位电路

3.4.6　自动亮度限制（ABL）电路

图 3-29 所示为 ABL 基本电路原理。

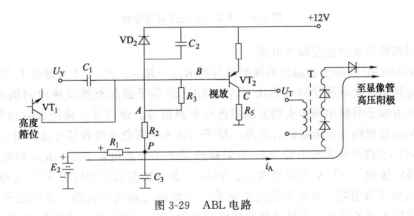

图 3-29　ABL 电路

彩色显像管束电流 i_A 超过一定值时，会使高压负载过重而下降，易使荧光粉老化而缩短显像管的寿命。ABL 的作用是自动限制显像管的束电流，延长显像管的使用寿命等。

3.4.7　亮度通道实例电路分析

以西湖 54CD6 型彩色电视机亮度通道电路作为实例。西湖 54CD6 型彩色电视机属 TA 两片机芯，即采用 TA7680AP 和 TA7698AP 这两片集成芯片完成绝大部分中频、低频信号的处理。其中，TA7698AP 包括亮度通道、色度通道和行场小信号处理电路，其亮度通道电路如图 3-30 所示。

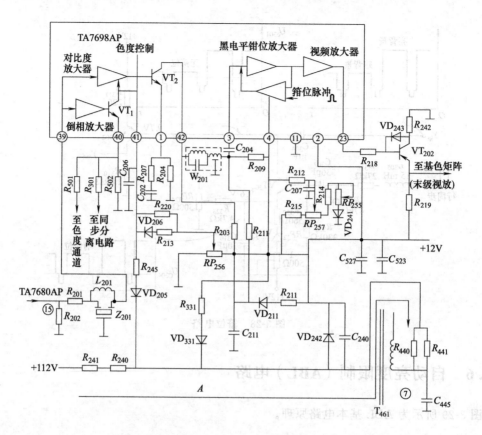

图 3-30　TA7698 亮度通道电路

（1）倒相放大及对比度调节电路

由 TA7680AP 的端子⑮输出的视频信号经 R_{201}、R_{202}、Z_{201}、L_{201} 滤除 6.5MHz 第二伴音中频，得到彩色全电视信号，再由 TA7698AP 的端子㊴加至集成块内的倒相放大电路。倒相放大后由端子㊵输出同步头朝上的彩色全电视信号。该信号一路经 R_{501} 加到色度通道，另一路经 R_{301} 加到同步分离电路。另外，端子㊴输入的彩色全电视信号还加至对比度放大电路。TA7698AP 内部放大输出管 VT_2 发射极经端子①外接电阻 R_{204}、R_{207} 和电容 C_{202}（组成勾边电路）接地。+12V 电压经 R_{211}、VD_{211}、R_{203} 加至端子㊷内的 VT_2 集电极。R_{203} 是 VT_2 的集电极负载电阻。对比度放大电路是一个增益可调的放大器，改变端子㊶的直流电位，可改变放大器的增益，也就达到对比度调节的目的。端子㊶电位可在 2～10V 范围内变化。RP_{256} 是对比度调节电位器。西湖 54CD6 机中的 RP_{256} 为遥控控制电路代替。R_{213}、C_{206} 等组成退耦电路。

（2）4.43MHz 陷波电路、0.6μs 延时电路和亮度调节电路

TA7698 的端子㊷输出的彩色全电视信号，经 W_{201} 中的 LC 带阻滤波器将 4.43MHz 的色度信号和色同步信号滤除，又经 0.6μs 延时，得到的亮度信号经 C_{204} 耦合加至端子③内的黑电平箝位放大器，恢复亮度信号在传输过程中丢失的直流成分。箝位放大后的亮度信号经视频放大器放大后由端子㉓输出，经 R_{218} 送至亮度信号放大管 VT_{202}，由发射极输出，送至基色解码矩阵电路。TA7698 的端子④外接 R_{212}、C_{207}、RP_{257}、R_{215}、R_{214}、RP_{255}、VD_{241} 组成的亮度调节电路，改变端子④的直流电位，即改变箝位亮度的目的。RP_{257} 是亮度调节

电位器，西湖 54CD6 机中被遥控控制电路代替，CPU 送来的亮度电压信号从 TA7698 第④端子输入，RP_{255} 是副亮度调节电位器。R_{212}、C_{207} 组成退耦电路。端子④和端子③外接电阻 R_{209}，用来控制视频信号的直流恢复能力。

（3）自动亮度限制（ABL）电路

ABL 电路由行输出变压器 T461 的端子外接 R_{440}、R_{441}、R_{240}、R_{241}、VD_{242}、C_{240} 和 TA7698AP 的端子④外接 R_{331}、VD_{331} 等元件组成。行输出变压器不接地而经 R_{440}、R_{441}、R_{240}、R_{241} 接至 +112V 电源。当显像管电子束流较小时（对于 18 英寸彩色电视机小于 $600\mu A$），取样电阻 R_{240}、R_{241} 上压降小于 +112V，箝位二极管 VD_{242} 导通，VD_{242} 正极箝位在 12.7V（VD242 的管压降约 0.7V）。端子④电位不受电子束流大小变化的影响，ABL 不起作用。

当显像管电子束流大于额定值时（约 $600\sim800\mu A$），取样电阻 R_{240}、R_{241} 上压降大于 +112V，箝位二极管 VD_{242} 截止，VD_{242} 正电位下降，通过 VD_{331}、R_{331} 使端子④电位下降，从而引起显像管阴极电位上升，显像管束电流下降，达到了自动亮度限制的目的。

任务3-5 色度通道电路

3.5.1　色度带通放大器与 ACC 电路

图 3-31 是色度带通放大器与 ACC 电路。

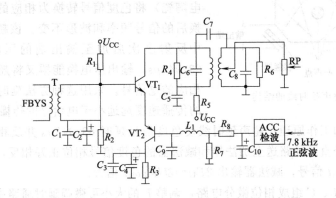

图 3-31　带 ACC 的色度带通放大器

色信号是色度信号和色同步信号的合称。色度带通放大器的作用是从彩色全电视信号中选出色信号并放大，它的频带为 2.6MHz，中心频率为 4.43MHz。自动色饱和度控制（ACC）电路的作用是根据色度信号的强弱控制带通放大器的增益，色度信号弱时增益高，色度信号强时增益低，以保证信号放大时不产生失真。

3.5.2 色度激励与 ACK 电路

因为在 4.43MHz±1.3MHz 范围内有亮度信号，它会被当作色度信号进行放大和处理，在荧屏上形成杂波干扰。为此，在色度通道中设置自动消色（ACK）电路，它可以在彩色信号微弱时或接收黑白图像信号时自动将色度通道关闭。图 3-32 是色度激励与 ACK 电路。

3.5.3 梳状滤波器

梳状滤波器又叫延时解调器。它由色度延时线、加法器、减法器等组成，如图 3-33 所示，其作用是从 F 中分离出 F_U、F_V 分量。

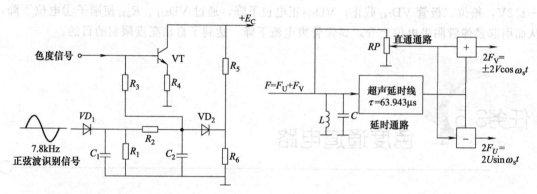

图 3-32　ACK 电路　　　　图 3-33　梳状滤波器的组成

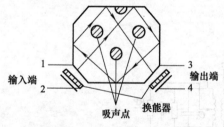

图 3-34　超声延时线的结构

梳状滤波器的核心器件是色度延时线，又叫超声延时线。其作用是将色度信号延时 63.943μs 并反相。超声延时线用玻璃片和压电陶瓷制成，如图 3-34 所示。在输入端，压电换能器（压电陶瓷）将色度信号转换为相应的超声波信号，转换后的信号频率和波形不变。该超声波在玻璃介质中反射多次后加至输出端的压电换能器，延时 63.943μs。输出压电换能器又将超声波信号还原为相应的电信号。采用这种方法延时的原因是超声波的传播速度远远小于电信号的传播速度。

梳状滤波器的工作原理：超声延时线使色度信号延时 63.943μs 并反相送至加法器和减法器，与下一行经直通通路送至加法器和减法器的色度信号相位正好相反，因此，加法器输出 $2F_V = \pm V\cos\omega_s t$ 信号，减法器输出 $2F_U = 2U\sin\omega_s t$ 信号。

图 3-33 中的 L、C 组成相位微分电路，调整 L 的大小可微调延时通路中色度信号的相位或延时时间，以保证延时通路输出的色度信号与直通通路输出的色度信号相位正好相反。色度信号经超声延时线后会产生衰减，为了保证直通通路输出的色度信号与延时通路输出的色度信号幅度的绝对值相等，在直通通路中加入电位器对直通通路的色度信号进行适当的衰减。

梳状滤波器有一个输入端，两个输出端。加法器输出端与输入端形成频率特性，如图 3-35 （b）所示。减法器输出端与输入端形成的频率特性，如图 3-35 （c）所示。

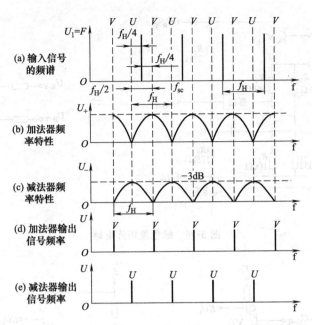

图 3-35　梳状滤波器的频率特性及其输入、输出信号的频谱

3.5.4　同步检波器

U 同步检波器的作用是从平衡调幅波 FU 中解调出 U 信号，V 同步检波器的作用是从平衡调幅波 FV 中解调出 V 信号。

由图 3-24 可以看出，输入同步检波器的是两个信号。同步检波器实质上是乘法器。

需要注意的是，U、V 信号是压缩后的色差信号，对解调出的 U、V 信号进行放大才能还原。

3.5.5　绿色差矩阵电路

绿色差矩阵电路如图 3-36 所示。其作用是将红色差和蓝色差信号按一定比例合成为绿色差信号。

3.5.6　基色解码矩阵电路

基色解码矩阵电路的作用是将色差信号 U_{R-Y}、U_{G-Y}、U_{B-Y} 和亮度信号 Y 合成得到三基色信号 R、G、B，供给彩色显像管。图 3-37 为基于绿基色的解码矩阵电路，红基色、蓝基色电路与其基本相同。

3.5.7　副载波恢复电路

副载波恢复电路的作用是给色度通道的同步检波器提供所需的副载波和给 ACK、ACC、

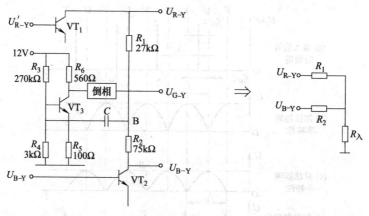

图 3-36 绿色差矩阵电路

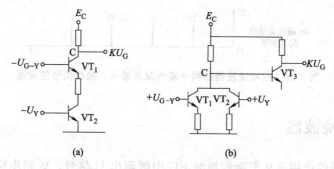

(a)   (b)

图 3-37 绿基色解码矩阵电路

ARC 电路提供能反映色度信号强弱或有无的半行频正弦波。

作为 R-Y、B-Y 同步解调器所必须的基准副载波信号由压控振荡器、APC 鉴相器和 PAL 开关等产生。TA7698AP 的⑬、⑭、⑮端子外接的晶振 X_{501} 等元件与内部电路一起构成 4.43MHz 压控振荡器。4.43MHz 振荡信号与同步选通后的色同步信号进行 APC 鉴相，鉴相电压由⑯、⑱端外接的阻容元件组成的低通滤波器平滑后获得，以控制压控振荡器的频率和相位，使再生副载波与基准副载波一致。

3.5.8 色度通道实例电路分析

仍以西湖 54CD6 型彩色电视机作为实例，分析其色度通道相关电路。

（1）色（度）带通放大器

TA7698AP 的端子㊵输出的负极性彩色全电视信号经 C_{501}、C_{502}、L_{501} 色带通滤波器滤除亮度信号 Y，所得色信号加至端子⑤内色带通放大器。色带通放大器受 ACC 控制电压的控制。同步分离电路输出的行、场复合同步信号与 TA7698AP 的端子㊳输入的行逆程脉冲同时送至选通脉冲发生器，经选通脉冲发生器将色度信号与色同步信号分离。色同步信号经 ACC 检波（即 ACC 检测）电路检波放大后，获得 ACC 直流控制电压至色带通放大器。端子⑥的 C_{504}、R_{504} 是 ACC 检波的滤波电路。色度信号经色度放大，色饱和度控制（ACC）和色度、对比度调节电路控制后，由端子⑧输出。端子⑦外接色饱和度调节电路，改变端子

⑦的电位，可改变端子⑧输出的色度信号的幅度，达到调节色饱和度之目的。端子⑦电位越高，色饱和度越强。西湖 54CD6 彩电色度由遥控电路控制，CPU 送来的色度控制电压信号从 TA7698 第⑦端子输入。

（2）梳状滤波器，同频检波器与绿差矩阵电路

TA7698AP 端子⑧输出的色度信号分两路：一路是直通电路，R_{507}、RP_{551}、R_{506}、R_{509} 分压，再经 C_{510} 加至⑰端子内的矩阵电路；另一路是色度信号延迟电路，经 C_{507} 耦合，X_{502} 延迟，再经 C_{509} 加至端子⑲内的 PAL 矩阵电路。L_{502}、L_{551} 与 X_{502} 的输出电容组成 4.43MHz 并联谐振电路，调节 L_{551} 可微调移相，R_{510} 是阻抗匹配电阻，RP_{551} 是直流通路信号调节电位器。

在 PAL 矩阵内，完成直通与延迟信号相邻两行色度信号相减、相加的任务，并将其 FU 与 FV 分离，分别送至 U 同步检波器（即 B−Y 解调器）和 V 同步检波器（即 R−Y 解调器）。

（3）副载波恢复电路实例分析

TA7898AP 集成块内由"第一级色度信号带通放大"框图分离的色同步信号，经色调控制电路（PAL 制时它不起作用）后分两路：一路加至消色识别检测电路；另一路加至 APC 检测电路（即鉴相器）。端子⑩外接的 L_{552}、C_{512} 组成 4.43MHz 并联谐振电路，它有滤除干扰和移相的作用。

（4）基色解码矩阵电路

从 TA7698AP 的端子⑳、㉑、㉒输出三个色差信号 U_{G-Y}、U_{R-Y}、U_{B-Y}，经低通滤波器滤除其高频成分后，经 R_{525}、R_{523}、R_{527} 加至三个三极管 VT508、VT506、VT510 的基极。同时，亮度信号由 VT202 集电极输出也加至 VT508、VT506、VT510 的发射极。三个三极管组成绿、红、蓝基色解码电路，最终合成三基色电压信号从集电极输出，分别经过 VT507、VT505、VT509 末级视放后，其峰峰电压幅度达到 100V 左右，加至彩色显像管的三个阴极，控制其电子束流，还原成彩色图像。VT507、VT505、VT509 构成共基极放大，可以扩展频带，进行高频补偿。RP_{557}、RP_{558}、RP_{559} 为暗平衡调节电位器，RP_{553}、RP_{554} 为亮平衡调节电位器。R_{560}、R_{561}、R_{562} 为缓冲电阻。S_{501} 为电视暗、亮平衡调节时维修开关。

任务3-6 显像管及附属电路原理与分析

3.6.1 黑白显像管的结构和基本原理

（1）黑白显像管的构造

黑白显像管是一种特殊的电真空器件，其结构如图 3-38 所示。它主要由电子枪和荧光屏两大部分组成。显像管管颈外套行、场偏转线圈。

电子枪由灯丝（钨丝）、阴极（金属圆筒，顶上涂有氧化钡、氧化锶等材料，在高温下

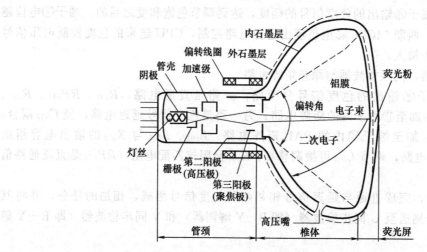

图 3-38 黑白显像管内部结构

能大量逸出电子）K、栅极（又叫控制极）G、加速极（第一阳极）A1、第二阳极（又叫高压极）A2、第三阳极（又叫聚焦极）A3、第四阳极（又叫高压级）A4 组成。第二阳极和第四阳极由金属线相连。

荧光屏最外层是玻璃，玻璃内表面均匀沉积 $10\mu m$ 左右厚的荧光粉。荧光粉是由银激活的硫化锌镉和硫化锌混合物，在高速电子轰击下能发出荧光。在荧光粉附着厚约 $1\mu m$ 的铝膜。铝膜具有以下 4 种功能。

① 便于在荧光屏上均匀地加上高压以便吸引电子束。

② 高速电子束轰击荧光粉发光时，可将射向反方向的光反射向观众，提高亮度。

③ 能吸收高速电子束轰击荧光粉时产生的二次电子。

④ 能阻挡管内负离子撞击荧光屏，延长荧光屏寿命。

电子枪和荧光屏制成后一起封装在玻璃壳内，在玻璃壳锥体部位内、外涂上石墨粉层，然后抽成真空。石墨粉层的作用：一是防止管外杂散磁场干扰电子束，另一个是内、外石墨层和玻壳制成耐高压的电容器。电容器容量视石墨层面积大小而定，一般在 1300pF 左右，用于对阳极高压进行滤波。

显像管制成后在管颈部位套上行、场偏转线圈。

（2）黑白显像管工作原理

黑白显像管的工作原理如下。

① 将显像管各极上加上适合的电压后，管内形成电子束流轰击荧光屏，屏上产生一个亮点。此时，栅极与阴极之间是直流电压，电子束电流保持恒定，亮度不变。

② 在偏转线圈中通上合适的行、场锯齿波电流，在管颈部位产生线性变化的磁场。当电子束通过磁场时，由于电磁力的作用，控制电子束左右、上下高速扫描荧光屏，形成亮度均匀的"光栅"。

③ 在显像管的阴极 K 与栅极 G 之间叠加上图像电压信号，控制电子束中的电子数量，使电子束流的变化与发送端被摄景物的亮度变化一致，保证电子束以与电视摄像管中相同的规律扫描荧光屏（即同步），这样，荧光屏上的像素信息与发送端对应像素的信息一致，由此即可重现电视图像。

3.6.2 彩色显像管的结构

彩色显像管和黑白显像管在结构上有三点不同，其余相同。不同点如下。

① 黑白显像管电子枪射出的是一注电子束，而彩色显像管电子枪射出的是三注电子束。

② 黑白显像管荧屏上涂的是一种荧光粉，在高速电子束轰击下发白光，而彩色显像管荧屏上涂的是红、绿、蓝三种荧光粉，在三注电子束分别轰击下显示红、绿、蓝三种基色光。

③ 彩色显像管在荧光屏后面约 10mm 处设置一块金属板，金属板上有规律地打满小孔——这种金属板称为荫罩板，又叫分色板，而黑白显像管内不设此板。荫罩板的作用是使红、绿、蓝三注电子束只能轰击与之对应的荧光粉。

下面以自会聚彩色显像管为例介绍彩色显像管结构的特点。图 3-39 为自会聚彩色显像管结构图。

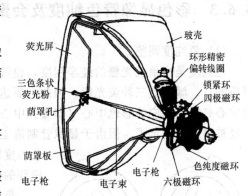

图 3-39 自会聚彩色显像管结构图

(1) 采用一字形一体化电子枪

一字形是指 R、G、B 阴极排列成水平一字形；一体化是指除电子枪的 R、G、B 阴极各自独立外，其余电子极都三个连成一体形成一个整体结构。电子枪的公共控制栅极、加速极、聚焦极和高压极构成大口径电子透镜，保证电子束有良好的会聚。一字形一体化电子枪示意图如图 3-40 (a) 所示。

(2) 选色机构采用开槽式荫罩板

在荧光屏后面的 10mm 处设置一块荫罩板，如图 3-40 (b) 所示。

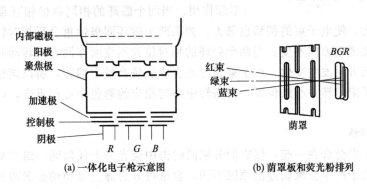

(a) 一体化电子枪示意图   (b) 荫罩板和荧光粉排列

图 3-40 自会聚彩色显像管原理图

荫罩板由 0.15mm 厚的薄钢板制成，上面有规律地排列着约 44 万个槽孔（荫罩孔），每个荫罩孔对应着一组 R、G、B 三基色荧光粉点。荫罩孔按"品"字规律交错排列，使荫罩板的机械强度及抗热变形性能增强。荧光粉为条状点，可改善色纯度（单色光的纯净程度叫色纯度），减小磁场的影响。在没有荧光粉的空隙处涂上黑色石墨，以吸收杂散光，提高图像对比度。这一技术称为黑底技术。

（3）采用快速启动阴极

灯丝与阴极间距离缩短，并改进了阴极材料，灯丝加热阴极速度快，开机后5s之内出现图像。

（4）采用精密特殊磁场偏转线圈

自会聚彩色显像管的偏转线圈是特制的环形精密线圈，其中行偏转线圈产生枕形分布磁场，场偏转线圈产生桶形分布磁场，这种特殊扫描磁场可实现R、G、B电子束在整个屏幕上的良好会聚。在生产自会聚彩色显像管时，厂家将偏转线圈和一些调整用的磁环套在显像管管颈外面，经过调整，用橡皮楔子、固定胶带和锁紧环一起将它固定住，形成一个整体，这样就免去了使用中的会聚调整。

3.6.3 彩色显像管色纯度及会聚调整

（1）色纯度调整

色纯度是指单色光栅的纯净程度，也就是要求红、绿、蓝三注电子束只能分别轰击与其对应的红、绿、蓝三种荧光粉。因此，要达到色纯度好的必要条件是三注电子束的每一个偏转中心必须与相应的彩色中心（即曝光中心）重合。当彩色显像管制成后，彩色中心的位置已经被精确地确定了。但由于显像管制造工艺的误差，会造成三注电子束位置不准确，以致色纯度不良。解决色纯度不良的办法是调整色纯度调节磁环的位置。

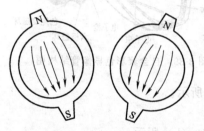

图 3-41 色纯度调节磁环

色纯度调节磁环由两片圆环组成，如图 3-41 所示。

圆环的凸耳作为极性的标志，一个表示 N 极，一个表示 S 极。改变两片凸耳的相对位置，就可以改变这两片圆环在管颈内产生合成磁场的方向和大小。当两个磁环的不同磁极相互重叠时，其合成磁场为 0，对电子束不起作用；当两个磁环的相同磁极相互重叠时，其合成磁场强度为最大，使电子束的偏移也最大；如果两个磁环同极性重合后相对转动，其合成磁场由大变小，而磁场方向不变；当两个磁环的相对位置不变而作同方向转动时，其合成磁场的大小不变，而方向发生变化。电子束通过此合成磁场会发生偏转，所以调整色纯度调节磁环可以调整电子束偏转中心的位置，使偏转中心与相应的彩色中心相重合，以保证色纯度的良好。

（2）会聚调整

将三条电子束会合在一起，使它们分别同时击中荧光屏上任何同一组三基色荧光粉的方法称为会聚。由于产生会聚误差的原因不同，会聚可分为静会聚和动会聚两种。

在无偏转情况下的会聚称为静会聚；偏转过程中的会聚称为动会聚。静会聚也即荧光屏中心部位会聚。静会聚不良是由于电子枪在管内安装有偏差造成的。通常采用静电场和静磁场使电子束产生位移来实现屏幕中心区域的会聚。动会聚指屏幕中心以外的会聚，它主要是由电子束偏转扫描引起的。

动会聚调整是采用非均匀磁场分布的方法来实现的，即采用特殊的偏转线圈，使行偏转线圈产生枕形磁场，场偏转线圈产生桶形磁场，它们的合成磁场能使三注电子束在荧光屏上自动会聚。静会聚可通过调整四极磁环与六极磁环来实现。

3.6.4　彩色显像管的附属电路及调整

（1）彩色显像管供电电路

图 3-42 给出了彩色显像管各极供电的示意图。彩色显像管是电真空器件，为使其正常工作，出现扫描光栅，必须由外围电路给其各电极提供额定工作电压。彩色显像管各电极所需电压的大小和种类基本相似，一般可分为灯丝电压、阴栅电压、加速极电压、聚焦极电压及阳极高压等，以上电压均由行输出变压器经整流提供。为使图像效果最佳，行输出变压器还设有加速极电位调节器和聚焦极电位调节器。阴极电位越低，光栅越亮。

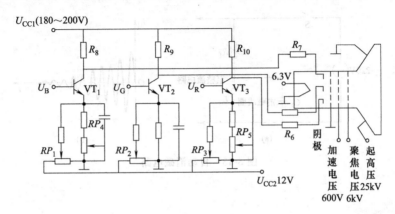

图 3-42　彩色显像管的供电示意图

（2）亮暗平衡调整

亮暗平衡调整是指彩色电视机在接收黑白图像或接收彩色图像的黑白部分时，图像应为标准的黑白图像，而不带任何颜色。在理想情况下，要求红、绿、蓝阴极对电子束的调制特性完全一致，三种荧光粉的发光效率完全相同，输入到显像管的三基色信号幅度完全相同，这时，屏幕图像达到理想的亮暗平衡。但是实际情况并非如此，由于工艺上的误差，显像管红、绿、蓝电子束调制特性并不完全一样，红、绿、蓝荧光粉的发光效率也不相同，这时，即使输入到显像管的三基色信号幅度完全相同，也会出现亮暗不平衡现象。为此，必须设立亮暗平衡调整电路。亮暗平衡调整又分为两步进行，即暗平衡调整和亮平衡调整。

暗平衡调整就是要在低亮度条件下，调整使三基色电子束的截止点趋于一致。在图 3-42 中，调节 RP_1、RP_2、RP_3 来改变绿、蓝、红三个阴极的静态工作点，因此，RP_1、RP_2、RP_3 称为暗平衡电位器。

亮平衡调整在暗平衡调整基础上进行。通过暗平衡调整，已使红、绿、蓝三电子束的截止点趋于一致。在亮度区域，由于电子束调制特性的斜率不同，再加上荧光粉发光效率在不同亮度时也不一致，因此仍会使荧光屏带有某种颜色。因而，在高亮度条件下调整三个电子束，使其相等，称为亮平衡调整。因为电子束调制特性斜率是无法更改的，一般彩电是通过调整 R、G、B 三个激励信号幅度的大小比例，使显像管在高亮度区获得正确的亮平衡的。

在图 3-42 中，以绿基色信号为激励基准，调节 RP_4、RP_5 来改变蓝、红基色信号的激励大小，通过调整，使黑白图像在高亮度区也获得良好的亮平衡。因此，RP_4、RP_5 称为亮平衡电位器。

（3）自动消磁电路

在彩色显像管内部，电子束的运动轨迹是经过精确设计的。但是显像管在工作时，电子束运动轨迹常常由于杂散磁场（如地磁场等）的影响而受到干扰，产生失聚和出现杂色现象。为了防止地磁场和显像管内、外杂散磁场对显像管内电子束的偏转产生的影响而使会聚和色纯度不良，可在彩色显像管锥体的外部设置磁屏蔽罩。但由于磁屏蔽罩本身和电视机外部周围的铁制构件，在使用中会由内、外磁场的作用产生剩磁并积累增加，严重影响显像管的电子会聚和色纯度，因此，必须对显像管及其周围的铁制件进行消磁。

图 3-43 所示是一种自动消磁电路。它由消磁线圈 L、电容 C_1 和正温度系数的热敏电阻 R_1 组成。

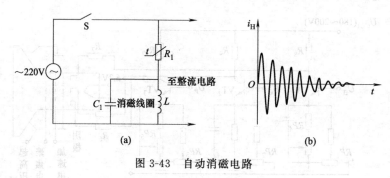

图 3-43　自动消磁电路

任务3-7　扫描电路原理分析

彩色电视机扫描电路的作用是产生线性良好、幅度足够的行、场锯齿波电流，经放大送给行、场偏转线圈；另外行扫描电路的行输出级产生显像管和末级视放电路所必需的供电电压。扫描电路主要由同步分离电路、行扫描电路和场扫描电路组成。扫描系统框图如图 3-44 所示。

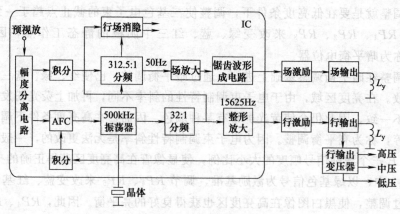

图 3-44　扫描系统框图

3.7.1　扫描电路的性能要求

①　光栅的非线性失真和几何失真要小。

②　行、场扫描电路同步性能要好，对干扰信号的抑制能力强。场扫描电路和隔行扫描性能好，不产生并行现象，清晰度高。行扫描电路的同步引入范围和保持范围要适当，一方面保证温度变化和电源电压波动时，同步良好；另一方面又要保证抗干扰能力优良，不产生图像顶部扭曲。

③　振荡频率稳定，受环境温度、电源电压变化的影响小。

④　电路效率高，损耗小。行、场扫描电路的效率主要决定于行、场扫描电路的输出级。

⑤　行、场扫描电流的周期，正、逆程时间要符合国家现行电视制式标准。

3.7.2　同步分离电路原理

同步分离电路的作用就是从全电视信号中取出行、场同步信号，用它们去控制电视机的行、场振荡器，以使电视图像实现同步扫描。

先利用幅度分离法，从图像视频信号中分离出复合同步信号，然后再用脉冲宽度分离法从复合同步信号中区分出行、场同步信号。

复合同步信号占有全电视信号中 $75\%\sim100\%$ 的电平，因此可用幅度分离的方法将其取出。

由于场同步信号和行同步信号的脉冲宽度不同（场同步为 $160\mu s$，行同步为 $4.7\mu s$），可用脉宽分离法将它们分开。

（1）幅度分离电路

图 3-45 所示是典型的幅度分离电路。

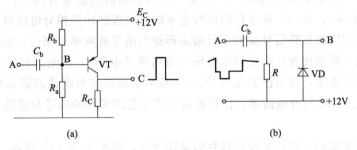

图 3-45　幅度分离电路

（2）宽度分离电路

图 3-46（a）为宽度分离基本电路，实际是积分电路。

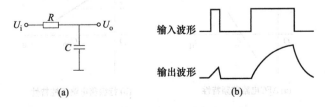

图 3-46　宽度分离电路基本电路

将复合同步头输入积分电路，在 $t_1 \sim t_2$ 期间，电容两端电压 u_C 是按指数规律上升的，其数学式为

$$u_C = E(1 - e^{\frac{1}{RC}})$$

式中，RC 为时间常数；t 为输入脉冲的宽度。复合同步头中行同步头宽度是 $4.7\mu s$，场同步宽度是 $160\mu s$，经积分后场同步的积分电压要比行同步积分电压大很多，如图 3-46（b）所示。这样，场同步头就从复合同步头中分离出来了。尽管波形失真很大，经过整形还可以接近原波形。再者，控制振荡器的信号用的是幅度大小而不是波形好坏。在实际电路中，为尽可能抑制行同步头而减小场同步幅度，一般使用二级积分电路。

（3）行自动频率控制（AFC）电路

行 AFC 电路实际上是以行鉴相器为主的行自动频率控制电路，过程是：同步分离出来的行同步信号和行输出级反馈过来的行逆程脉冲同时加至鉴相器，由鉴相器根据当前行频的实际情况，输出行 AFC 控制电压给行振荡器。图 3-47 为行 AFC 电路控制原理。

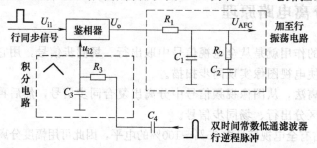

图 3-47　行 AFC 电路

鉴相器有两个输入端，一个输出端，它可以根据两个输入信号的相位差 θ，输出不同的电压 U_o。当相位差变化时，输出电压 U_o 也随之变化。当两个频率稍有差别时，它们的相位差也会随之变化，所以鉴相器也有鉴频功能。输入鉴相器的信号有两个：一是行同步信号（实际是复合同步头），另一个是由行输出级送来的行逆程脉冲经积分电路得到的负向锯齿波比较信号。负向锯齿波比较信号反映了行振荡器输出信号的频率和相位。鉴相器将这两个信号进行相位比较与频率比较，产生输出电压（也叫误差电压），该电压经低通滤波器滤除二次谐波并平滑输出电压，得到控制电压 U_{AFC}（基本原理请参照副载波恢复电路中的鉴相器原理等），用 U_{AFC} 去控制行振荡器，使行振荡器产生的矩形脉冲信号与发送端同频同相，即同步。

为了实现上述控制，要求鉴相器具有的鉴频特性，如图 3-48（a）所示。

行振荡器应是一个压控振荡器，其压控特性应如图 3-48（b）所示。当行振荡频率 f_H

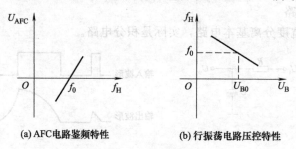

(a) AFC电路鉴频特性　　　　　(b) 行振荡电路压控特性

图 3-48　AFC 电路的工作原理

等于行同步频率 f_0 时，鉴相器输出 U_{AFC} 为 0，行振荡管基极电压 U_B 等于静态偏置电压 U_{B0}。当行振荡器频率 f_H 与行同步频率 f_0 不等时，有：

$f_H > f_0$ 时，$U_{AFC} > 0$，$U_B > U_{B0}$，导致 $f_H \downarrow$；

$f_H < f_0$ 时，$U_{AFC} < 0$，$U_B < U_{B0}$，导致 $f_H \uparrow$。

3.7.3　行扫描电路

（1）行扫描电路的组成和作用

行扫描电路组成如图 3-49 所示。

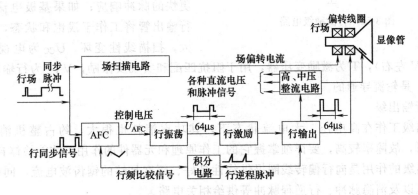

图 3-49　行扫描电路的组成

行扫描电路的作用如下。

① 供给行偏转线圈以线性良好、幅度足够的锯齿波电流，使电子束在水平方向作匀速扫描，行锯齿波电流的周期、频率应符合行扫描的要求，且能与电视台发射的行同步信号同步。即 $f_H = 15625\text{Hz}$，$T_H = 64\mu s$，其中，行正程时间 $T_s = 52\mu s$，行逆程时间 $T_r = 12\mu s$，如图 3-50 所示。

② 给显像管提供行消隐信号，以消除电子束回扫时产生的回扫线的影响。

③ 将行脉冲信号控制行输出管，使行输出级产生显像管所必需的供电电压，包括阳极高压、加速极电压，聚焦极所需电压以及视放输出级所需电源电压。

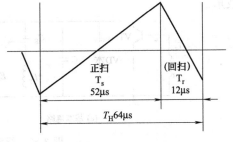

图 3-50　行锯齿波电流

（2）行振荡器

不同时期的电视机扫描系统是大同小异的，但实现的电路与采取的器件却是有很大的不同。早期的电视机行、场采用各自单独的振荡器。近期电视机绝大多数采用晶振，通过分频依次获得行频和场频。

行振荡器的作用产生脉宽为 $18 \sim 20\mu s$、幅度为 $2 \sim 4V$、周期为 $64\mu s$ 的矩形脉冲波（为什么要求这样的脉冲波将在行输出级说明）。这种脉冲波是先由晶体振荡器产生 500kHz 左右的振荡频率的信号，经 32∶1 分频器分频得到 15625Hz 左右的行频脉冲，再经整形放大获得的。

（3）行激励级

行激励级的作用是把行振荡器送来的脉冲电压进行功率放大并整形，用以控制行输出级，使行输出管工作在开关状态。

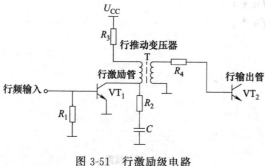

图 3-51 行激励级电路

行激励级一般由分立元件构成，如图 3-51 所示。

行输出管 VT_1 导通时，要求工作于充分饱和状态。这就要求激励级提供足够大的增益，VT_1 采用过激励工作方法，这是为了提高状态的转换速度，以便得到速度更快的脉冲响应；如果基极电流不足，则行输出管将工作于浅饱和状态，使管耗增大，扫描线性变坏。U_{CC} 为电视机主电源电压（110V 左右），T 为激励变压器，用于阻抗匹配和实现反激励，VT_2 为行输出三极管，VT_1、VT_2 是轮流导通的。

（4）行输出级

行输出级工作在高电压、大电流状态下，其功率消耗也很大，约占整机消耗功率的 $60\%\sim70\%$，故障率较高，要详细掌握它的工作原理和元器件的作用，才能检修自如。

行输出级的作用是向行偏转线圈提供线性良好、幅度足够的锯齿波电流，同时产生高、中、低电压以及消隐脉冲、行逆程脉冲等供给相关电路。

图 3-52 是行输出级的基本电路，图中 T1 是行激励变压器，VT 是行输出管，VD 是行逆程二极管，C 是行逆程电容，C_S 是行线性 S 形失真校正电容，L_y 是偏转线圈，T_2 是行输出变压器，L_p 是行输出变压器初级绕组。图 3-53 为行输出级电路各关键点电压电流波形。

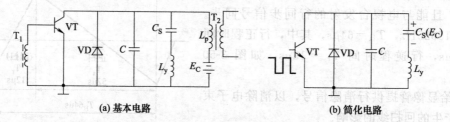

(a) 基本电路　　　　　　　　　　　　　(b) 简化电路

图 3-52 行输出基本电路与简化电路

（5）行扫描的线性失真原因及补偿

① 行扫描正程右半段失真的原因及其补偿方法　图 3-54 和图 3-55 所示分别为行扫描正程右半段失真的现象原因及补偿方法。

补偿的方法就是在行偏转线圈支路中串入一个行线性调节器 L_T。

② 行扫描正程左半段失真的原因及其补偿方法　行扫描正程左半段失真会造成图像中间被压缩，故障现象及原因如图 3-56 所示。这主要是由于行输出电路的逆程二极管 VD 内阻引起的，补偿的方法是使加到行输出三极管的基极的矩形脉冲电压前移。

③ 延伸性失真及补偿方法　由于显像管荧光屏不是球面的，而接近于平面。造成电子束偏转中心至荧屏各点的距离是不等的，如图 3-57 所示，在电子束偏转角速度不变的情况下，造成图像两边拉伸的失真，且离屏幕中心越远，拉伸越严重。

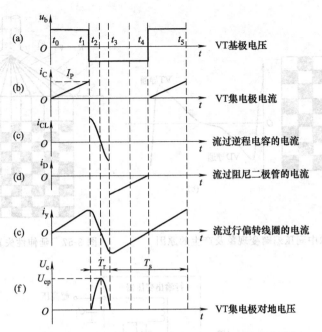

图 3-53　行输出级电路关键点波形

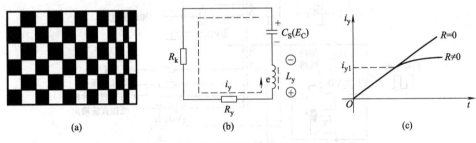

图 3-54　图像右边压缩畸变现象及产生的原因

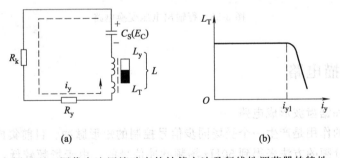

图 3-55　图像右边压缩畸变的补偿方法及行线性调节器的特性

　　补偿的方法是在偏转线圈支路中串一只较大的电容器 C_S，使 C_S 和 L_y 产生串联低频振荡，使原线性电流 i_y 变成 S 形电流。C_S 也称为 S 校正电容。

　　（6）行输出变压器电压变换电路

　　前面分析过，行扫描在逆程时会产生 8 倍于电源的高频（15625Hz）高压。人们利用高频高压特性设计电压变换电路，很方便地提供给显像管所需的高压（25kV 左右）、加速极电压、聚焦极电压、灯丝电压以及视放级供电电压（200V 左右）等。其电路如图 3-58 所示。

项目 3

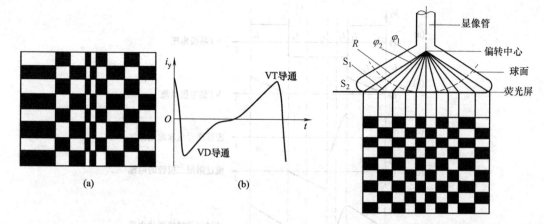

图 3-56　图像中间压缩畸变现象及产生的原因　　　　图 3-57　延伸性失真及其产生的原因

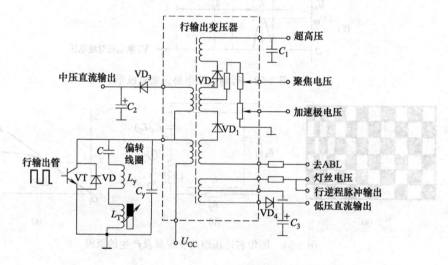

图 3-58　行输出电压变换电路

3.7.4　场扫描电路

（1）场振荡和锯齿波形成电路

场振荡电路的作用是产生一个受场同步信号控制的矩形脉冲。目前集成电路电视机都是采用晶体振荡再分频的方法来得到 50Hz 场频脉冲信号的。由于场频较低，周期较长，场同步脉冲较大，可以直接控制场振荡电路。

频率为 50Hz 左右（周期 $T=20\text{ms}$）的锯齿波形成电路是用电子开关和积分电路组合而成的，如图 3-59 所示。

图中，S 为电子开关，一般由三极管构成。开关脉冲就是经场同步信号同步的场频脉冲。当场频脉冲为高电平时，S 闭合；为低电平时，S 断开。R_1、R_2 和 C 组成积分电路。当 S 闭合时，电源 U_{CC} 经 R_1 对 C 充电，当 S 断开时，电容 C 通过 R_2 放电，设计时，使充电时间常数 $\tau_1=R_1C\ll$ 放电时间常数 $\tau_2=R_2C$，这样，在输出端可得负向锯齿波电压。一般

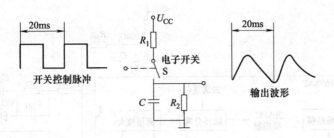

图 3-59　锯齿波形成电路

情况下，设计 $\tau_1 = 1ms$，$\tau_2 = 19ms$。

（2）场推动级与场输出级

场推动级又叫场激励级，它的作用是将锯齿波电压适当放大，能足够推动场输出级，同时起着缓冲隔离作用。用一般的共发射极放大电路就可以实现这种目的。

场输出级的主要作用是向场偏转线圈提供线性良好、幅度足够的锯齿波电流。场输出一般采用 OTL 放大电路，图 3-60 是 OTL 简化电路，VT_1、VT_2 是互补对称管，工作于甲乙类状态，VT_3 是场激励管。

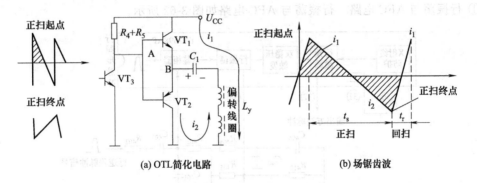

(a) OTL简化电路　　　　　　　　　(b) 场锯齿波

图 3-60　场输出级 OTL 工作原理

（3）场扫描线性失真的原因及补偿

场扫描电路由场振荡与锯齿波形成电路、场激励和场输出管组成。锯齿波形成电路中的积分电路、场激励三极管的非线性、级与级之间的耦合电容等均会引起上凸形失真。也存在偏转线圈几何失真等。由于上述原因，引起场扫描非线性，使图像出现上面拉伸下面压缩，或上面压缩下面拉伸，或上、下面压缩中间拉伸等畸变，像个"哈哈镜"式的变形，必须补偿校正。

场扫描线性失真的补偿方法一般有两个：一个是在场输出级与锯齿波形成电路之间加负反馈电路，另一个是采用"预失真"方法。所谓"预失真"，就是输入场激励级的锯齿波不是线性的，而是下凹的锯齿波，经几种上凸失真，达到校正线性的目的。一般从输出级取出一基准锯齿波经 RC 积分电路可得到下凹形锯齿波。

3.7.5　扫描电路实例分析

（1）同步分离电路

同步分离电路如图 3-61 所示，由 TA7698AP 部分电路及外围电路组成。

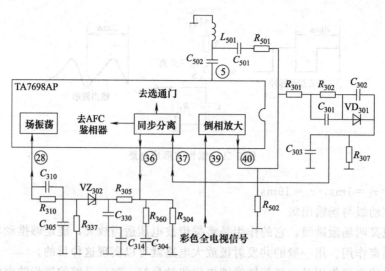

图 3-61　同步分离电路

(2) 行扫描电路

① 行振荡与 AFC 电路　行振荡与 AFC 电路如图 3-62 所示。

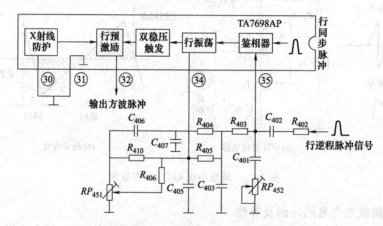

图 3-62　行振荡与 AFC 电路

图中，TA7698AP 的端子㉞内接的振荡器实际上是电子开关电路，外接的是积分电路。积分电路由 R_{410}、R_{406}、RP_{451} 和 C_{405} 组成，RP_{451} 是用来调整行振荡频率的，实行同步调整。行振荡器输出的是二倍行频脉冲信号，即 31250Hz，经 2：1 分频后得到行频，再经过激励放大、射极跟随，由端子㉜输出。这样的振荡器可以提高行扫描的准确性，还可以减少行、场扫描电路的相互干扰，提高扫描的稳定性。

TA7698AP 第㉟端子外接元件及内部鉴相器组成行 AFC 电路。

② 行激励级、行输出电路及电压变换电路　行激励级、行输出电路及电压变换电路如图 3-63 所示。

图中，T461 为行输出变压器，也称回扫变压器或高压包，是彩色电视机中较为重要一体化器件。

行输出电路主要是以行输出三极管 VT_{404} 为核心的三极管放大电路，其工作于开关状

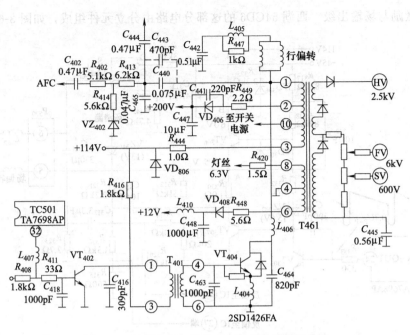

图 3-63　行激励级、行输出电路及电压变换电路

态，工作频率为 15625Hz 行频频率，V_{404} 集电极 c 直流工作电压由开关电源 +114V 通过 R_{444}、T_{461}③①绕组、L_{406} 回路提供。由 T_{461} 输出的 HV、FV、SV 和灯丝电压均为显像管供电，第⑥端子输出的电压经 R_{448} 限流，VD_{408}、C_{448} 半波整流，L_{410} 滤波后得到直流 +12 电源，给电视机 TA7680、TA7698 集成电路及其他电路供电。

（3）场扫描电路

① 场振荡、锯齿波形成与场预激励等电路　场振荡、锯齿波形成与场预激励等电路如图 3-64 所示。经场同步信号控制的场振荡信号经放大后从 TA7698 集成电路第㉔端子输出。RP_{351} 用于场频调节，RP_{352} 用于场幅调节。

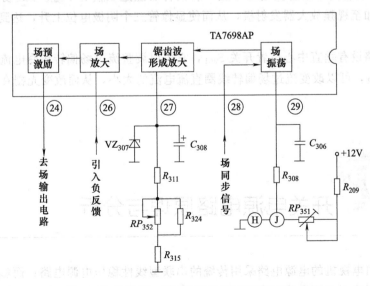

图 3-64　场振荡、锯齿波形成与场预激励等电路

② 场激励与场输出级　西湖 54CD6 的这部分电路由分立元件组成，如图 3-65 所示。

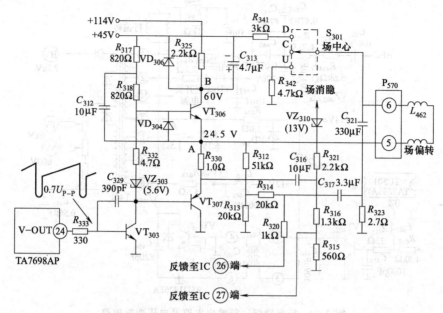

图 3-65　场激励、场输出电路

图中，VT$_{30}$、VT$_{307}$ 构成双电源的供电的推挽 OTL 电路，开关电源输出的 +45V（不同机型略有不同，一般为 +38～+50V）作为电路的低压供电，开关电源输出的 +114V（不同机型略有不同，一般为 +102～+118V）作为场输出电路逆程时的高压供电。

③ 场线性补偿电路　为改善场扫描线性，由场输出引出两路反馈：一路从电阻 R_{323} 上取出锯齿波电压，经 C_{317}、R_{320} 耦合，负反馈至 TA7698AP 端子㉖内的场放大器；另一路是将 VT$_{307}$ 发射极输出的锯齿波电压，经 C_{316} 耦合，再经 R_{316}、R_{315}、R_{324}、R_{311}、C_{308} 积分，正反馈至 TA7698AP 的端子㉗，进行积分预失真补偿。

VT$_{307}$ 发射极输出的锯齿波电压，经 C_{316} 耦合后经过 R_{321}、VZ$_{310}$ 形成场消隐信号与行消隐信号一起加至视频放大器发射极，从而使显像管三个阴极电位上升，达到消除回扫线的目的。

场输出电路设有垂直中心位置开关 S$_{301}$，它可以调整流过场偏转线圈电流的方向，调节电阻 R_{341}、R_{342}，可以改变流过场偏转线圈直流电流的大小，从而改变光栅在垂直方向上的位置。

任务3-8 开关电源电路原理与分析

通常，黑白电视机的电源电路采用传统的串联型线性稳压电源电路；而彩色电视机则采用新颖的开关型稳压电源电路。在 35cm（14 英寸）以下的黑白电视机中，其电源电路的输

出电压 U_o 一般为 $+12V$ 左右，可给负载提供 $1.2A$ 左右的电流；而在 $40cm$ 以上的黑白电视机和所有的彩色电视机中，其电源电路的输出电压 U_o 一般为 $+110V$ 左右，可给负载提供 $0.4\sim0.6A$ 的电流。

3.8.1　开关式稳压电源概述

(1) 开关式稳压电源的特点

开关式稳压电源（也称开关稳压电源）的基本结构框图如图 3-66（a）所示。由图可以看出，$220V$ 电网电压直接整流滤波后得到直流电压 $U_i = E_1$，E_1 加至开关调整管 VT。调整管工作在开关状态，输出脉冲电压为 U_o，经换能器滤波获取平滑的直流电压 E_1。调整脉宽 T_{ON} 与周期 T 之比，即可实现稳压控制，如图 3-66（b）所示。

开关式稳压电源具有以下优点。

① 效率高、功耗小。效率约为 $80\%\sim95\%$，功耗是串联式稳压电源的 60% 左右。例如，21 英寸彩色电视机采用开关式稳压电源时功耗为 $60W$ 左右，而采用串联式稳压电源时功耗为 $100W$ 左右。

② 允许电网电压变化范围宽。当电网电压在 $110\sim260V$ 范围内变化时，开关式稳压电源仍能获得稳定的直流电压输出。串联式稳压电源允许电网电压变化范围一般为 $190\sim240V$。此外，开关式稳压电源允许电网电压波动的范围大小与电路效率基本无关。

③ 具有不使用电源变压器、滤波电容较小、体积小、重量轻、机内温升低、稳定性与可靠性高等优点，还容易加入过压、过流保护电路，保护电路灵敏、可靠。

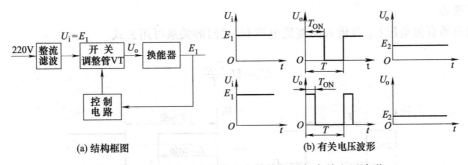

图 3-66　开关式稳压电源的基本结构框图与有关电压波形

(2) 开关式稳压电源的分类

① 按负载与储能电感的连接方式划分，可分为串联型与并联型开关（式）稳压电源。负载电阻 R_L 与储能电感 L 串联的开关稳压电源叫串联型开关稳压电源，其基本电路如图 3-67（a）所示。负载电阻 R_L 与储能电感 L 并联的开关稳压电源叫并联型开关稳压电源，其基本电路如图 3-67（b）所示。

串联型开关稳压电源与并联型开关稳压电源相比，具有以下特点。

• 对开关调整管最大集电极电流和 c-e 极间耐压要求低（因 VT 与 L 串联后还与 R_L 串联）。

• 输出的直流电压稳定性能好。

• 波纹系数小（因在整个周期内对 C_2 充电，C_2 与 L 组成滤波电路）。

• 电路简单。

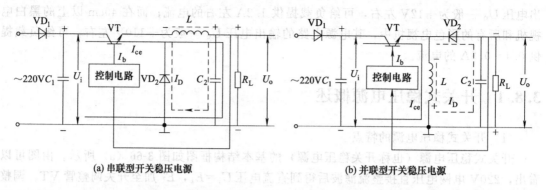

(a) 串联型开关稳压电源　　　　　(b) 并联型开关稳压电源

图 3-67　串联型与并联型开关稳压电源的基本电路

•电网高频窜扰小。

串联型开关稳压电源与并联型开关稳压电源相比，具有以下缺点。

•接成变压器耦合式，变压器次级辅助直流电源的负载不能太大，而且当主电源负载因故障断开时，辅助直流电源也无输出。

•当开关调整管击穿短路后，U_i 直接加至负载，会造成负载元件损坏。

•主电源负载电路的接地端会与市电的火线相连，不够安全。

② 按不同的控制方式划分，可分为调宽型［图 3-68（a）］与调频型［图 3-68（b）］开关稳压电源。开关稳压电源输出电压的调整是通过改变开关调整管导通时间与导通、截止变化周期的比值来实现的，或者通过改变开关调整管基极脉冲信号的脉宽 T_{ON} 与周期 T 的比值来实现的。

输出的直流电压 U_o 与输入的直流电压 U_i 之间的关系可用公式

$$U_o = U_i \frac{T_{ON}}{T}$$

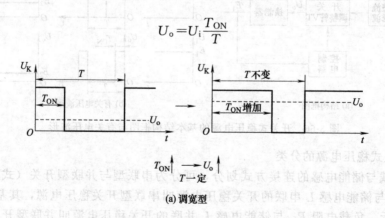

(a) 调宽型

(b) 调频型

图 3-68　调宽型与调频型开关稳压电源波形图

来表示。由式可看出，当 T 一定时，调节 T_{ON} 的大小可改变输出的直流电压 U_o 的大小，如图 3-68（a）所示。

③ 按不同的激励方式划分，可分为自激式与他激式开关稳压电源。由开关管和脉冲变压器正反馈绕组等组成间歇振荡器。产生脉冲电压，使开关调整管饱和、截止的开关稳压电源叫自激式开关稳压电源。除开机后一小段启动时间外，其余时间靠外来脉冲信号使开关调整管饱和、截止的开关稳压电源叫他激式开关稳压电源。前者，开关调整管参与振荡；后者，开关调整管不参与振荡。实际电路中多用自激式开关稳压电源。

3.8.2　开关式稳压电源实例电路分析

西湖 54CD6 型彩色电视机采用串联调宽自激式开关稳压电源。其电路见图 3-69。

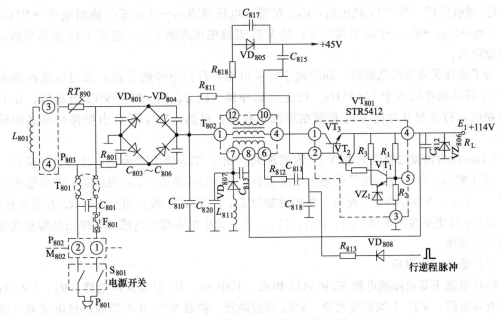

图 3-69　西湖 54D6 串联型开关电源

（1）整流滤波与自动消磁电路

电网电压经电源插座 P_{801}、电源开关 S_{801}、保险丝 F_{801} 送到电网电源滤波电路。C_{801}、T_{801} 滤除串入电网中的高频工业干扰脉冲，同时也滤除串入电网的开关电源高次谐波。R_{801} 是缓冲降压电阻。$VD_{801} \sim VD_{804}$ 组成桥式整流电路，$C_{803} \sim C_{806}$ 用于旁路整流二极管两端的高频干扰脉冲，也保护整流二极管。C_{810} 是滤波电容，产生 +300V（实际测试时为 +280 ~ +300V）左右的直流电压。

由 RT_{890} 热敏电阻、L_{901}（L_{801}）组成消磁电路。在开机瞬间，RT_{890} 阻值很小（冷阻），消磁线圈 L_{901} 中流过较大（安培级）的电流，产生变化磁场，随后 RT_{890} 发热阻值迅速增大，消磁线圈中的电流迅速衰减到近乎为零，磁场也阻尼式地消失，达到消磁的目的。

（2）开关管工作过程

由 T_{802} 和 VT_{801}（STR-5412）组成开关振荡器及基准取样稳压电路，振荡有以下几个阶段。

① 脉冲前沿阶段　由整流滤波电路提供的＋300V 电压经 T802 的①④绕组加至 VT_3 的集电极 c，同时＋300V 经启动电阻 R_{811} 加至 VT_3 的 b 极，使 VT_3 导通，强烈正反馈使 VT_3 饱和导通，完成前沿阶段。

VT_3 饱和之后，＋300V 经 T_{802}①、④端→VT_3→C_{812}∥R_L，对负载供电，同时对 C_{812} 充电，也同时使 T_{802} 的①④绕组、T_{802} 的⑥⑧绕组的电感储存磁能。

② 平顶阶段　VT_3 饱和之后，T_{802} 的⑥⑧绕组释放磁能，电路为 T_{802}⑥端子→R_{812}→C_{811}→R_{beVT_3}∥R_{ceVT_2}→T_{802}⑧端子（其中 R_{ce} 为发射极与集电极间电阻），同时对 C_{811} 充电，电压方向是左正右负。随着 C_{811} 充电，VT_3 基极电位逐渐下降，直至 VT_3 退出饱和，完成平顶阶段。对 C_{811} 充电时间常数为 $\tau_充=C_{811}$（$R_{812}+R_{beVT3}$∥R_{ceVT2}）。

③ 后沿阶段　VT_3 退出饱和状态，进入放大状态。随着 C_{811} 继续充电，使 VT_3 基极电位继续下降，出现强烈正反馈使 VT_3 迅速截止，完成后沿阶段。

④ 间歇阶段　当 VT_3 截止后，C_{811} 左端正电压经 R_{812}→T_{802}⑥⑦绕组端子→VD_{807}→L_{811}→地→C_{810}→R_{811}→C_{811} 右端放电，使 VT_3 基极电压逐渐上升，直至 VT_3 重新导通，完成间歇阶段。

为了使开关电源性能提高，同时减小开关电源对行扫描等的干扰，采用行逆程脉冲强迫 VT_3 振荡频率同步于 15625Hz。行逆程脉冲经 VD_{808}、R_{813} 加至 VT_3 的基极。在 C_{811} 放电期间，行逆程脉冲使 VT_3 提前结束截止状态。显然，VT_3 的自由振荡频率必须低于行频。

VD_{807} 称为续流二极管，在 VT_3 饱和期间，由于 T_{802} 端子⑦为正，故 VD_{807} 截止。在 VT_3 截止期间，由于 T_{802} 端子⑦感生电压为负，故 VD_{807} 导通，T_{802} 绕组⑦、⑧的感生电压经 C_{812}、L_{811}、VD_{807} 给 C_{812} 充电，释放磁能给 C_{812}，使 VT_3 截止期间负载 R_L 有能量补偿，使＋114 电压更平滑。电路 C_{820}、C_{813}、C_{818}、L_{811} 为小电容或小电感，其作用是抑制或吸收行频高次谐波。

（3）稳压工作原理

稳压电路主要由厚膜电路 STR-5412 构成，其中 R_1、R_2 组成取样电路，R_3、VZ_1 组成基准电压电路，VT_1 为误差放大管，VT_2 为控制管。控制 VT_3 开关管的基极电流就可以控制 VT_3 饱和期长短。如果 VT_2 电流大，则对 VT_3 饱和期的分流也大，VT_3 饱和期缩短，输出电压将下降；反之，若 VT_2 电流小，则对 VT_3 饱和期基极分流作用也小，VT_3 饱和期将延长些，输出电压将升高。

当输出电压 E_1（正常时为＋114V）上升时，电路稳压过程如下：E_1↑→$U_{STR⑤}$↑→U_{bVT1}↑→U_{ceVT1}↓→U_{bVT2}↓→U_{bVT3}↓（即 T_{ON}↓）→U_{cevT3}↑→E_1↓

（4）保护电路

该开关稳压电源用的是破坏性保护电路。在输出电路中加一个稳压二极管 VZ_{806} 作为过压保护元件。当直流电压超过＋130V 时，VZ_{806} 击穿，将＋114V 输出对地短路，强迫开关稳压电源停止工作。这种保护电路，一旦 VZ_{806} 击穿就必须更换新的。

（5）场输出电源供电电路

由开关变压器 T_{802} 第⑩、⑫端子产生，经 R_{818} 限流、VD_{805}、C_{815}、C_{817} 半波整流得到直流＋45V 给电视机场输出电路供电。电视机具体型号不同，场输出电源略有不同，一般在 38～50V 之间。

任务3-9 红外线遥控电路分析

3.9.1 红外线遥控的基本原理

　　红外线遥控方式是以红外线为媒介来传送反映某一控制功能的遥控信号。电视机遥控采用的红外线波长为940nm，由红外发光二极管产生。红外发光二极管的结构、工艺、原理与一般 LED 发光二极管基本一样，只是所用的半导体材料不一样，发光的波长不一样。红外发光二极管具有体积小、寿命长、耐振动、发热少、响应速度快、调制容易、耗电少、可靠性高和驱动电路简单等优点。它的伏安特性与一般二极管的伏安特性相似，只是反向击穿电压 U_g 较小，一般大于 5V，小于 30V。它的峰值电流（即短时间流过管子的最大允许电流）可以是工作电流（即长时间不间断地流过管子的最大允许电流）的十几倍。

　　红外线遥控系统的基本结构如图 3-70 所示。图中，遥控发射器"键盘"上每个按键代表一种控制功能。按下一个按键，则在"遥控器微处理器"中产生一组有规律的编码数字脉冲指令信号。它们由两种状态不同的脉冲组成，功能不同，数字脉冲指令信号也不同。数字脉冲指令信号调制在 38kHz 的载波上，由遥控微处理器输出，经激励放大管 VT 放大后，使红外发光二极管发出调制的红外线脉冲信号，通过空间传送到彩色电视机的遥控接收器的红外线光敏二极管。

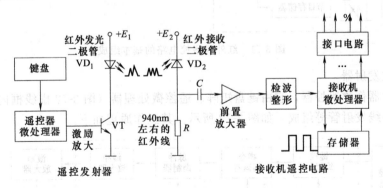

图 3-70　红外遥控系统的结构图

　　红外线光敏二极管能将红外线遥控信号转换为相应的 38kHz 调制电信号。该信号经过放大、检波、整形等处理后，得到相应的数字脉冲指令信号，送至电视机遥控电路控制中心（微处理器）。微处理器对输入信号进行解码，识别出控制的种类，并发出相应的控制信号，经接口电路转换输出，控制电视机的相应电路，实现各种功能操作，达到遥控的目的。如果进行变换接收频道操作，微处理器会从存储器中读取相应的数字信息，并通过接口电路改变高频头等的工作状态。

红外遥控方式具有以下优点：遥控发射器造价低，体积小，功耗小；遥控功能多，反应速度快；抗光线干扰好，工作稳定可靠；红外线指向性好，但不会穿透墙壁形成干扰；对人无伤害。

3.9.2 红外线遥控电路的组成及各部分的作用

红外线遥控电路的基本组成如图 3-71 所示，主要由以下几部分组成。

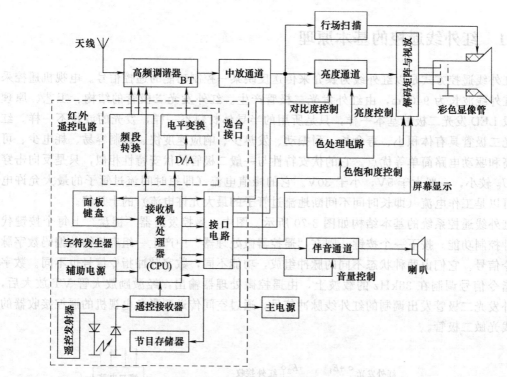

图 3-71 红外线遥控电路的基本组成

（1）遥控发射器

遥控发射器俗称遥控器，它由键盘矩阵、遥控微处理器（图 3-72 虚线框内部分）、激励放大器和红外线发射管等组成，如图 3-72 所示。其工作原理如下。

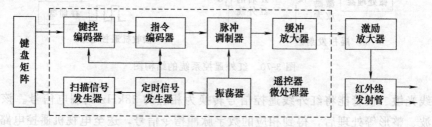

图 3-72 遥控发射器电路的方框图

振荡器先产生 455kHz 的脉冲信号，经分频器 12：1 分频后得到 38kHz 的脉冲信号，其周期为 26.3ms，脉宽为 8.8ms，分别送到定时信号发生器和脉冲调制器。定时信号发生器控制扫描信号发生器，使扫描信号发生器依次产生脉宽为 2μs 的扫描脉冲信号，对键盘矩阵进行扫描。按下键盘的某个按键后，键盘矩阵输出信号在键控编码器中产生一个二进制键位码，并送至指令编码器。指令编码器中有一个只读存储器（ROM），预先存储（在工厂制造时）了各种功能指令的控制码（简称功能码）。该存储器根据送来的键位码输出相应的功能码。功能码与指令编码器产生的系统码、引导码等合成，形成遥控编码脉冲信号（即数字脉冲指令信号）并送至脉冲调制器，对 38kHz 信号进行调制，然后，调制信号经缓冲放大器放大后输出。遥控微处理器输出的脉冲调制信号经激励放大器放大后加至红外线发射管（红外发光二极管），使之发出调制的红外线脉冲信号，即红外遥控信号。

红外遥控信号是由引导码（用于标志编码脉冲开始）、系统码（用于指示遥控系统种类）、系统反码、功能码（规定相应的控制功能）、功能反码等组成的一组数据码，宽度在 67.5ms 左右。数据码与数据码之间有 40.5ms 的低电平时间间隔。

（2）遥控接收器

遥控接收器俗称接收头，它由光敏二极管（也叫光电二极管），专用集成电路与一些电感、电容元件组成。集成电路内有前置放大器、限幅放大器、自动偏置控制（ABLC）电路、峰值检波器和整形电路等，如图 3-73 所示。

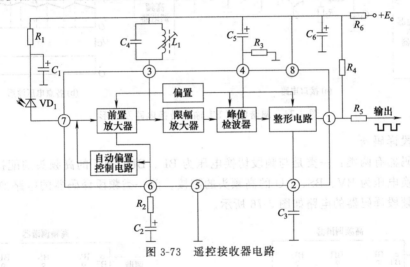

图 3-73　遥控接收器电路

（3）微处理器（CPU）

电视机中的微处理器通常由一片大规模集成电路组成。它的型号种类较多，内部电路非常复杂。它由运算器、累加器、寄存器、时钟发生器、程序控制器、指令译码器等组成。

当微处理器接收到接收头（或面板键盘）送来的编码脉冲信号后，将其中的功能码信号通过数据缓冲器送到暂存寄存器，以供微处理器中的识别程序进行功能识别（也叫解码）。识别程序由生产厂家在制作微处理器时写入其中的只读存储器（ROM）中。不同的厂家写入的程序不同。识别时，微处理器将 ROM 中的识别程序调入内部的随机存储器（RAM）中暂存，然后运行该程序。

微处理器发送的控制信号主要有两种：一种是只有高低电平的开关信号，如电源控制信号；另一种是模拟信号，实际上是 PWM 脉宽可调的方波信号，经 D/A 转换后得到模拟电压，如音量、亮度、对比度等调节信号。

（4）接口电路

接口电路由数/模（D/A）转换电路、低通滤波器和电平移动电路组成。数/模转换电路将微处理器输出的数字信号转换为相应的脉冲个数不同、脉宽不同的脉冲调制（PWM）信号。目前大多数 D/A 转换器放置在电视机微处理器中，从而使外接的接口电路大大简化。低通滤波器用来将脉冲调制信号平滑滤波，得到相应大小的直流电平。电平移动电路用来将 PWM 信号或直流电压进行放大提高，使之符合受控电路对控制电压变化范围的要求。例如，高频调谐器内的调谐电压一般为 0～30V，而微处理器输出的脉冲调制信号最大值为 5V，经低通滤波器后可获得 0～5V 电压，因此要通过电平移动电路将 0～5V 变化的电压转换为 0～30V 变化的电压。图 3-74（a）给出了微处理器输出的 BT 调谐电压与高频头 BT 输入端之间的接口转换电路。电路中，L_1、C_1、R_5、R_6、C_2、C_3、C_4 组成低通滤波器，VT_1、R_1、R_2、R_3 组成电平移动电路，图 3-74（b）给出接口电路关键点的电压波形。

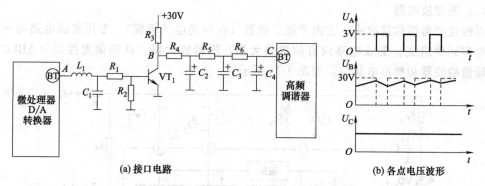

图 3-74　调谐电压 BT 输出转换电路及波形

（5）频段译码器

频段译码器有两类：一类是与频段切换电压为 BL、BH、BU 的高频头的配接，另一类是与频段切换电压为 BV、BS、BU 的高频头的配接。前一类频段译码器的电路如图 3-75 所示，后一类频段译码器的电路如图 3-76 所示。

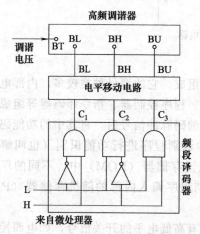

图 3-75　与频段切换电压端脚为 BL、BH、BU 的高频调谐器配接的频段译码器

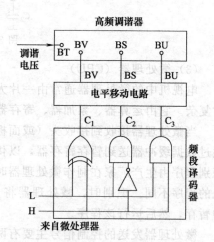

图 3-76　与频段切换电压端为 BV、BS、BU 的高频调谐器配接的频段译码器

（6）节目存储器

节目存储器用来将用户调试时所接收的电视节目频道的调谐电压、频段切换电压、自动

频率微调（AFT）接入状态以及音量、亮度、色饱和度、定时时间、开关状态等数字信息存储，以保证再次开机时这些信息不丢失，而且可以随时修改存储的各种信息。

（7）字符显示器

字符显示器用来在电视屏幕上显示频道存储位置（即节目编号）和频段、音量、亮度、色饱和度等模拟量控制等级以及定时关机的剩余时间等字符。字符显示电路一般都集成在微处理器内部。

在进行音量控制等操作时会伴随着字符显示操作，这时从微处理器的只读存储器（ROM）中调出字符的尺寸、位置、显示时间是否加黑边等控制信息（在集成块出厂时由厂家已写入 ROM），并存入相应的存储器中。位置信息加至垂直、水平显示位置控制器，同时行、场扫描脉冲也加至显示位置控制器，以确定字符在屏幕上的垂直和水平位置。当行、场扫描到字符预定的显示位置时，产生时钟脉冲，从字符存储器中读出字符编码，经放大后加至显示控制电路。

3.9.3　红外线遥控系统的主要控制功能

（1）选台

选台就是变换接收频道。为了达到选台的目的，与微处理器相接的选台接口电路应输出两类信号，如图 3-71 所示。一类是信号频段转换电压，以确定接收的频段；另一类是调谐电压，通常是 0～32V 可调电压。为了便于选台，应先进行节目预置。预置节目（频道）的方式有三种：一是电位器预置方式，二是 PLL 频率合成预置方式，三是电压合成预置方式。目前绝大多数采用电压合成预置方式。

电压合成预置方式是将各电视节目的频段转换电压和频段调谐电压等数字编码信号依次储存在节目存储器（EAROM）中，收看电视节目时，只需根据频道存储位置号（即电视节目号）将节目存储中相应的数字选台数据读出来，并转换为频段控制电压与调谐电压，加至电调谐高频头，就可以收看相应的电视节目。预置节目可有三种调谐方式：第一种是全自动调谐方式，即按下相应按键后，遥控电路便可将当地所能接收到的电视节目信息自动地依次存储在节目存储器中，对应由小到大的节目号码；第二种是半自动调谐方式，即每按一次相应的按键，只将一个电视节目信息存储在节目存储器中，并赋给指定的节目号码；第三种是手动微调方式，即需要不断按动"频率增加"（＋）或"频率减少"（－）键来选出要预置的电视节目。

为了选台方便，一些遥控器电路具有交换功能与跳转功能。交换功能是当用户观看一个电视节目时，按下 SWAP 键，即可方便地转去观看另一电视节目，如果再按此键，又可以收看原来的电视节目。

选台的方式有两种：一种是任意选台方式，一种是顺序选台方式。任意选台也叫直接选台，是根据频道存储位置号直接选台。红外遥控系统通常设有几十个频道存储位置号，键盘按键上标有频道存储位置号。当按下遥控器上的某一个频道按键或几个按键的组合时，就可以收看到与预置时相对应的电视节目。顺序选台又叫步进选台。在遥控器键盘上标有"节目升"（CH＋或∧）和"节目降"（CH－或∨）的两个按键。当按下 CH＋键时，微处理器会自动按节目从低到高选台；当按下 CH－键时，微处理器会自动按节目号从高到低选台。

（2）模拟量控制

所谓模拟量控制，就是接近线性的直流电压控制。从前面图 3-74 可看出，这种电压的级数越多，越接近线性，级数的多少取决于代码的位数。例如，选台的调谐电压控制是一种模拟量控制，它的代码有 14 位，有 $2^{14}=16384$ 级控制（0～32V 之间）。音量、亮度、对比度、色饱和度等控制也是模拟量控制，它的代码用 6 位，有 $2^6=64$ 级控制（0～10V 之间）。

① 音量控制：一般设有"音量增"（VOL＋）和"音量减"（VOL－）两个键。当按下 VOL＋或 VOL－键时，微处理器会产生相应的 6 位数字控制电压，通过数/模（D/A）转换器变成分级变化的控制电压，用来控制直流音量控制电路的增益，达到提高或降低音量的目的。

② 对比度控制：按下"对比度增"（CON＋）或"对比度减"（CON－）按键时，微处理器产生相应的 6 位数控电压，通过 D/A 转换器变成分级变化的控制电压，控制视频信号放大电路的增益，达到调节图像黑白对比度的目的。

③ 亮度控制：按下"亮度增"（BRI＋）或"亮度减"（BRI－）时，微处理器与 D/A 转换器可以产生分级变化的控制电压，控制亮度通道中钳位电平的大小，达到调节亮度的目的。

④ 色饱和度控制：按下"色饱和度增"（COL＋）或"色饱和度减"（COL－）按键时，微处理器与 D/A 转换器可以产生分级变化的控制电压，控制色度信号放大器的增益，达到调节色饱和度的目的。

（3）状态控制

① 开关机和定时控制：这里的开机、关机和定时控制是指对主机板电源的开启和断开的控制。遥控器键盘上"电源开关"（POWER ON）一般由双稳态电路组成，按下该按键可以使主机板电源开启，全机工作；再按一下该键，则使主机板电源关闭，全机停止工作。

"定时"键也叫"睡眠"开关，可用来锁定定时关机的时间。按下此键，微处理器便对时钟脉冲进行分频计数，当到达预定时间（30min、60min 或 90min）时，微处理器便发出控制信号，关闭主机电源。

控制主机板电源通断的信号是持续保持高电平（正电压）或低电平（0V）的电平信号。应该注意的是主机板电源关闭后，辅助电源仍供电，遥控系统仍工作。这种主机板电源关闭，遥控系统仍工作的模式叫直流关机。目前市场上彩色电视机多用交流关机。所谓交流关机，是当按下遥控器的"电源"（POWER）键，微处理器发出的控制电压直接断开市电源对全机的供电，使全机停止工作。要使电视机重新工作必须人工启动。

② 伴音静音控制：按下此键后，遥控电路输出的音量控制电压迅速为零，使伴音消失，以便听到他人谈话。再按此键，伴音恢复。

③ TV/AV 转换控制：按下 TV/AV 键可将电视机接收电视广播改为接收音频和视频信号。视频信号应从视频输入插孔（VIDEO）输入，同时还将伴音信号从音频输入插孔（AUDIO）输入。再按此键，又可将视频接收状态转为电视广播接收状态。

④ 无信号时自动关机：电视广播结束后，电视机在无信号状态下持续数分钟，微处理器发出信号使主机板电源自动关闭。

（4）屏幕控制显示

按下此键，遥控电路便将电视机所处状态（节目号、音量等级、定时剩余时间）在电视屏幕上以数字、字符或符号的形式显示出来。再按此键，显示的内容消失。

3.9.4　M50436-560SP 红外线遥控系统实例分析

M50436-560SP 是日本三菱公司开发的红外线遥控系统，其组成框图如图 3-77 所示。

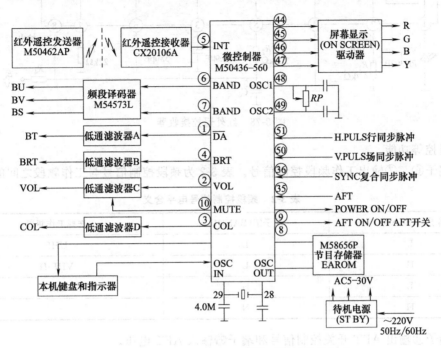

图 3-77　三菱 M50436-560SP 彩电遥控系统的组成

（1）遥控发射器

遥控发射器电路由键盘矩阵、M50462AP 处理器、驱动放大器 V_1 和红外发光二极管 VD_1、发射指示二极管 VD_2 等组成。它的作用是发出各种红外遥控信号，以完成各种遥控操作。

红外遥控发射器的振荡器由 50462AP 端子②和端子③内的振荡电路与外接陶瓷谐振器（陶瓷振子 C_F、C_1、C_2）或 LC 电路组成，振荡频率为 455kHz（或 480kHz），由外接电路来决定。时钟信号发生器将 455kHz 进行 12：1 分频，得到 38kHz，作为定时信号和遥控载波信号。

（2）红外线遥控接收器

红外线遥控接收器由集成电路 CX20106A 和光电二极管 VD_1 等元件组成，如图 3-78 所示。CX20106A 具有低功耗（U_{CC}＝5V 时约 9mW）、低电源电压（5V）；带通滤波器在集成块内，无电感，可防止电磁干扰，用外加电阻改变中心频率；可直接与光电二极管相接；输出端可与 CMOS 集成电路直接相接等优点。

（3）微处理器 M50436-560SP

M50436-560SP 是专门为采用电压合成方式的数字调谐系统研制的一个单片微处理器。它含有一个电压调谐用的 14 位脉宽调制（PWM）输出电路，三个 7 位 PWM 输出电路，一个计时计数器和一个 48 字符屏幕显示电路。它与节目存储器 E^2PROM（M58655P）组合构成具有各种特性的遥控系统，具有自动/半自动预置、屏幕字符显示、自动关机、定时关机、

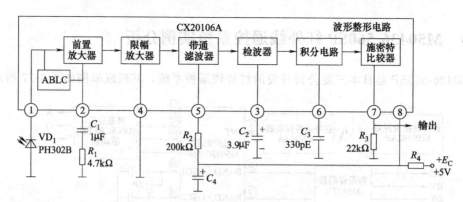

图 3-78 红外遥控接收器

模拟量遥控等功能。

- 端子⑥、⑦输出工作频段控制信号。表 3-2 为频段控制信号与工作频段之间的关系。

表 3-2 频段控制信号电平含义

端子⑥（BAND2）	端子⑦（BAND1）	选择工作频段
L	L	UHF
H	L	VHF-H
L	H	VHF-L
H	N	—

- 端子⑧输出 AFT 开关控制信号和端子㉟输入 AFT 电压。

中放通道的 AFT 电路输出的 AFT 电压加至 M50436-560SP 的端子㉟。M50436-560SP 端子⑧输出 AFT 开关控制信号。当预置节目时，该端输出高电平，控制 AFT 电子开关，使 AFT 电压不能加至高频头，而加至 M50436-560SP 的端子㉟；正常接收节目时，该脚输出低电平，控制电子开关，使 AFT 电压加至高频头。

- 端子⑨输出电源开关控制信号。M50436-560SP 的端子⑨输出的控制信号可以控制主电源的开启与关闭（处于待机状态）。当该端子输出为高电平时，电视机主电源接通；当该端子输出为低电平时，电视机主电源被切断，电视机处于待机状态。主电源开关的状态随时记忆在节目存储器中，从而在总电源再接通后使主电源仍保持总电源断开前的主电源状态。

- 端子⑩输出静音控制信号与端子㊸输出消噪控制信号。M50436-560SP 的端子⑩输出静音（MUTE）控制信号。当微处理器收到消音信息（按下消音键）时，端子⑩输出低电平，自动关闭伴音通道。再按消音键可使端子⑩输出高电平，伴音通道恢复工作。

M50436-560SP 的端子㊸输出消噪控制电压信号。当电视机接收不到电视信号时，端子㊱无同步信号输入，在微处理器控制下，使端子㊸输出低电平，关闭伴音通道。当电视机收到电视信号时，微处理器使端子㊸输出高电平，使伴音恢复正常。

部分电视机上述 2 个端子没有用，静音、消噪直接用端子⑫音量输出来控制实现。

- 端子⑪外接频段译码器。M50436-560SP 有音量、色饱和度和亮度三个模拟量控制，如果外接频段译码器 μPC6326C 和相应的低通滤波器，可使模拟量的控制增加到 9 个，即亮度（BRT）、音量（VOL）、色饱和度（COL）、对比度（CON）、清晰度（SHAR）、高音（TRE）、低音（BASS）、平衡（BALAN）和色度（TITT）控制。外接 μPD6326C 时，该端经一个二极管接至 D/A 转换器 μPD6326C 的端子④（LOAD），以实现对 μPD6326C 的控制。不进行控制时该脚输出低电平。

• 与节目自动搜索有关的端子。M50436-560SP 的端子㉟是一个 3 位模/数转换器（即 AFT 比较器）的输入端，输入主机中放通道送来的 AFT 控制电压。3 位模/数转换器将输入的模拟电压转换为 3 位的数字量，以确定最佳调谐点，完成自动搜索的功能。

• 与屏幕字符显示有关的端子。M50436-560SP 的端子㊽、㊾分别是显示控制器中时钟脉冲振荡器的振荡输出与输入端。外接网络可产生 6～7MHz 的振荡，改变 RC 时间常数可改变振荡频率，使显示的字符大小与位置发生变化。M50436-560SP 的端子㊿、(51)分别是场逆程脉冲与行逆程脉冲输入端。显示控制器根据输入的行、场逆程脉冲来确定字符的显示位置，并实现同步显示。

M50436-560SP 的端子㊹～㊼输出 Y、R、G、B 四种屏幕显示信号。该信号经屏幕显示器放大和电平转换后，使屏幕特定的位置处显示相应的字符（可以显示六种颜色）。无信号时，四个端子为低电平；有信号时，四个端子为高电平。

• 端子㉗为复位端。电视机要上电工作，M50436-560SP 的㉗端子外接电路必须使此端为低电平（0V），此时 M50436-560SP 内部的复位电路工作，对内部的所有电路进行初始化，使其进入待命工作状态。在约 1ms 之后，端子㉗应变为高电平（$\geqslant 0.9U_{CC}$，当 $U_{CC}=5V$ 时，此端电平应≥4.5V）状态并一直保持下去，于是复位作用解除，M50436-560SP 进入正常工作状态。为了防止复位电路发生误动作，端子㉗内部有一个施密特电路，当端子㉗电位大于 4.5V 后，施密特电路翻转，输出高电平；只有当端子㉗电位小于 1.5V 时，施密特电路才会又翻转，输出低电平，进行复位。因此，端子㉗电位波动时，只要不小于 1.5V，就不会产生复位动作，电路也不易受到干扰。

(4) 频段译码器

西湖 54CD6 彩色电视机红外遥控系统的频段译码器是由分立元件组成的。它们是 VT_{910}、VT_{911}、VT_{906}、VT_{703}、VT_{704}、VT_{705}、VD_{906}、VD_{907} 及有关的电阻电容等元器件。

接收 VHF-L 频段时，M50436-560SP 端子⑥为低电平，端子⑦为高电平，VT_{910} 截止，VT_{911} 导通。由于 VT_{911} 导通，使 VD_{907} 负端为 0V，VT_{705} 导通，VD_{906} 截止，VT_{704} 截止。由于 VD_{907} 导通，使 VD_{907} 负端为 0V，VT_{705} 导通，VD_{906}、VT_{704} 截止。由于 VD_{907} 导通，使 VT_{906} 基极为 0V，VT_{906} 截止，从而使 VT_{703} 截止。因而，BH=0，BL=12V，BU=0。

接收 VHF-H 频段时，端子⑥为高电平，端子⑦为低电平，VT_{910} 导通，VT_{911} 截止。由于 VT_{910} 导通，使 VD_{906} 负端为 0V，从而使 VD_{906}、VT_{704} 导通，VD_{907}、VT_{705} 截止。由于 VD_{906} 导通，使 VT_{906} 基极为 0V，VT_{906} 与 VT_{707} 截止。因而，BH=12V，BL=0V，BU=0V。

接 UHF 频段时，M50436-560SP 的端子⑥、⑦都为低电平，VT_{910}、VT_{911} 都截止，使 VD_{906}、VD_{907} 也截止，从而使 VT_{906} 导通。因 VT_{910}、VT_{911} 截止，VT_{704}、VT_{705} 也截止；因 VT_{906} 导通，VT_{703} 也导通。因而 BH=0，BL=0V，BU=12V。

(5) 选台遥控系统

在进行节目搜索时，在 M50436-560SP 的控制下，由 14 位 D/A 转换器输出脉冲宽度调制（PWM）的数字调谐信号由 M50436-560SP 的端子①输出，经 VT_{912} 倒相放大在集电极输出峰峰值为 30V 的调宽脉冲信号，再经 C_{923}、R_{914}、C_{910}、R_{913}、C_{909} 低通滤波器滤波，得到 0～30V 直流调谐电压加至高频头的 BT 端。M50436-560SP 的端子⑥、⑦输出频段切换信号。

进行节目搜索预置时，先按下预置开关，再按"AUTO SEARCH"键，则调谐电压从 0V 逐渐向 30V 增加。当接收到电视信号，集成电路 TA7698AP 的同步分离由端子㊱输出行同步信号，经 VT_{918} 倒相、放大，加至 M50436-560 的端子㊳。端子㊳内接 HS 计数器，通过对行同步脉冲的计数判断确定是否接收到电视信号。如果没有接收到电视信号，微处理器使调谐电压快速上升；如果接收到电视信号，微处理器使调谐电压上升速度变慢。

（6）音量、色饱和度、亮度模拟量输出电路

当红外遥控发射器的音量键被按压发出音量控制信号时，信号经红外接收头和微处理器，在 M50436-560SP 的端子②输出正极性脉冲信号（64 级 PWM 脉宽调制信号），再经 VT_{913} 放大、倒相、R_{934}、C_{911}、R_{614}、C_{606} 低通滤波后，得到 3.6～6V 范围变化的直流控制电压，加到 TA7698AP 的端子①。端子①的电压为 6V 时，音量最小，为 3.6V 时，音量最大。

依照音量控制系统的分析方法，色饱和度（彩色输出 COL）控制信号由 CPU 的端子③输出，经 D/A 转换和滤波后由线号"50"进入电视机主板，最终形成的亮度控制电压送入 TA7698 第④端子，实现亮度控制。亮度（BRT）控制信号由 CPU 的端子④输出，经 D/A 转换和滤波后由线号"51"进入电视机主板，最终形成的色度控制电压送入 TA7698 第⑦端子，端子⑦电位越高，色饱和度越强，实现色度控制。

（7）电源遥控系统

分析电源遥控系统。当再按下遥控器上的"电源开关"键时，微处理器收到"开机"指令，使 M50436-560SP 端子⑨的电平恢复为高电平，使 VT_{908} 饱和、VT_{909} 截止。这时，开关电源工作，发光二极管熄灭，电视机处于正常收看状态。

当按下遥控器上"电源开关"键时，微处理器收到"关机"指令，M50436-560SP 的端子⑨由高电平变为低电平，使 VT_{908} 截止，VT_{908} 集电极变为高电平，使 VT_{801}、VT_{909} 饱和。VT_{801} 的饱和可使开关稳压电源厚膜电路 STR-5412 的端子②的振荡反馈信号短路，使开关电源不工作，电视机处于待机状态。VT_{909} 饱和可使发光二极管 VD_{935} 发光，用来指示"待机"状态。

技能训练

任务3-10　高频调谐器性能检测与 TA7680 外围电路测试

3.10.1　实训内容与目的

① 掌握对高频调谐器端口电压的检测方法，通过高频调谐器端口电压的检测进一步理解高频调谐器自动调谐的过程及频段切换的工作原理。

② 掌握对高频调谐器端口在线电阻测量方法。

③ 认识 TA7680 集成电路外围元件，理解主要元件的特性及工作原理，掌握对 TA7680

集成电路在线电阻测量方法，通过检测进一步掌握中放电路、伴音电路的工作原理。

④ 能通过对高频头、TA7680端口的检测分析公共通道、伴音通道的基本故障。

3.10.2 实训仪器与工具

实训仪器与工具见表3-3。

表3-3　实训仪器与工具

设备工具名称	参考型号	数　量
彩色电视机	TA 两片机芯或 LA 单片机芯彩色电视机	1 台/组
万用表	数字万用表、指针式万用表	2 台/组
彩色电视信号发生器		2 台
电视信号源	VCD 或有线信号或天线	1 个信号源/组
工具箱	"一"字、"十"字螺丝刀，尖嘴钳，镊子，焊锡丝，松香，吸锡器等	1 套/组
电烙铁(烙铁架)	25W	1 套/组
图像中频、伴音中频处理集成电路	TA7680	1 片/组

3.10.3 实训步骤与要求

（1）高频调谐器的结构观察

① 拆开电视机后盖，寻找高频头安装位置，观察其外部结构，在 PCB 板焊盘层找到各引出端子的焊接点。

② 将一个已经拆下来的高频头，打开其金属盒，观察高频头内部结构。

（2）高频调谐器的电压、电阻测试

① 在实训用电视机的原理图上找到中央微处理器 VT 的输出端，高频调谐器的 BT 输入端，高频调谐器的 BH（VH）、BL（VL）端口，并在印刷电路板上找到对应位置。

② 在 VHF-L、VHF-H、UHF 三种波段状态下，测量 CPU 输出的波段信号 BAND1、BAND2 的电压值；测量高频头 BH（VH）、BL（VL）、BU 各端子电压。将相关电压测试数据填入到表 3-4 中。

③ 使电视机工作在自动搜索状态，用示波器观测 CPU 输出的调谐电压控制脉冲的波形，同时用表观测高频调谐器 BT 端的直流电压的变化情况。将相关电压测试数据填入到表 3-4 中。

④ 在路测试高频头各引出端子对地的电阻值。将测试数据填入到表 3-5 中。

表3-4　波段控制信号电压测试

测试点或测试项目	对地的电压值/V		
	VHF-L 频段	VHF-H 频段	UHF 频段
BAND1(CPU 输出的波段信号)			
BAND2(CPU 输出的波段信号)			
高频头 BL(VL)端口			
高频头 BH(VU)端口			
高频头 BU 端口			
高频头 BT 端口电压变化情况			

表3-5 高频头各引出端电阻测量

高频头端口名称	万用表类型 _____ 挡位 _____	
	对地电阻值（红笔接地）	对地电阻值（黑笔接地）
IF		
BM		
AFT		
AGC		
VL(BL)		
VH(BH)		
BU		
TU(BT)		

（3）TA7680及外围元件的观察

① 对照电路原理图，找到TA7680芯片及相关电路；打开电视机后盖，在PCB板上寻找TA7680芯片，并清楚每个端子的端子号及功能。

② 查看预中放电路及声表面波滤波电路原理图，在PCB上找到VT_{161}、R_{164}、Z_{101}、L_{151}、L_{152}、L_{651}、C_{107}、C_{108}、Z_{601}等元件，掌握每个元件的基本测试方法及在电路中的作用。

③ 打开电视机电路，边调节电视机音量大小，边测量TA7680AP①端音量控制电压。

④ 在无信号和接收彩条信号两种情况下，分别测量TA7680AP第⑮端的电压或波形。

（4）TA7680AP集成芯片在路电阻的测量

在电视机关机状态下，分别用万用表测量TA7680AP各端子对地电阻。先用红笔接地测量，再用黑笔接地测量，分析说明电阻变化的原因。将测试数据填入到表3-6中。

表3-6 TA7680AP各端子对地电阻

万用表类型 _____	挡位 _____				
端子号	对地电阻值（红笔接地）	对地电阻值（黑笔接地）	端子号	对地电阻值（红笔接地）	对地电阻值（黑笔接地）
1			13		
2			14		
3			15		
4			16		
5			17		
6			18		
7			19		
8			20		
9			21		
10			22		
11			23		
12			24		

3.10.4 实训分析与讨论

① 在自动搜索过程中，如果微处理器VT端的输出波形在改变，而高频调谐器的调谐

电压却不变化，问题可能在什么地方？

② 在路电阻测量时，对于同一个测试点，用不同的万用表或用同一个万用表的不同挡位，测量结果一样吗？为什么？

行场扫描电路与 TA7698 外围电路测试

3.11.1 实训内容与目的

① 加深理解扫描电路工作原理，熟悉扫描电路实际结构，训练扫描电路的测试与检修方法。

② 熟悉 PAL 解码实际电路结构；训练亮度通道、彩色解码电路的电压和波形的测试方法；训练常见故障判别与检修方法。

③ 熟悉扫描系统电路的主要部件。

④ 能通过对 TA7698 端子的检测分析亮度通道、色度通道和行场扫描电路的基本故障。

3.11.2 实训仪器与工具

实训仪器与工具见表 3-7。

表 3-7 实训仪器与工具

设备工具名称	参考型号	数 量
彩色电视机	TA 两片机芯或 LA 单片机芯彩色电视机	1 台/组
万用表	数字万用表、指针式万用表	2 台/组
彩色电视信号发生器		2 台
电视信号源	VCD 或有线信号或天线	1 个信号源/组
工具箱	"一"字、"十"字螺丝刀，尖嘴钳，镊子，焊锡丝，松香，吸锡器等	1 套/组
电烙铁（烙铁架）	25W	1 套/组
行、场偏转线圈（旧）		2 套
行、场小信号及色度处理集成块	TA7698	1 片/组

3.11.3 实训步骤与要求

（1）行、场扫描电路部件的认识和观察

① 在原理图上找到行输出管、行输出变压器、行激励管、行激励变压器、S 校正电容与行逆程电容，并在印刷电路板上找到对应器件。

② 在原理图上找到场输出电路，场线性、场幅、场中心位置调节可变电阻，场输出耦

合电容，并在电路板上找到对应器件。

③ 在原理图上找到行、场偏转线圈，观察套在显像管颈部的偏转线圈，区分行、场偏转线圈。

（2）亮度通道、色度通道相关元件的认识和观察

对照原理图说出亮度通道信号流程，找到与亮度通道相关的 TA7698 各引线端子、V_{202}、D_{201}、RP_{552}、D_{502}、RP_{255} 等元件，并在印刷电路板上找到对应器件。

（3）相关元件及 TA7698 端子电阻测量

① 测量行输出管的 b、c 极对地电阻，填入到表 3-8 中。

② 行、场偏转线圈直流电阻测试，填入到表 3-8 中。

③ 在电视机关机状态下，分别用万用表测量 TA7698AP 对地正、反向电阻。先用红笔接地测量，再用黑笔接地测量，分析说明电阻变化的原因。将测试数据填入到表 3-8 中。

表 3-8　测试数据

万用表类型 ＿＿＿＿＿＿＿＿＿　　　挡位 ＿＿＿＿＿＿＿＿

端子号	对地电阻值（红笔接地）	对地电阻值（黑笔接地）	端子号	对地电阻值（红笔接地）	对地电阻值（黑笔接地）
1			22		
2			23		
3			24		
5			25		
6			26		
7			27		
8			28		
9			29		
10			30		
11			31		
12			32		
13			33		
14			34		
15			35		
16			36		
17			37		
18			38		
19			39		
20			40		
21			41		
			42		
行管 b			行管 c		
行偏线圈			场偏线圈		

（4）信号测试及常见故障演示与分析

① 当屏幕出现稳定彩色图像后，用示波器测试 TA7698AP 中的 ㉘、㊱、㊲ 端有关同步分离波形。

② 直流电压测试。测量 TA7698AP 有关扫描引脚对地电压值；测量场扫描输出级各三

极管引脚对地电压值。

③ 亮度、对比度、色饱和度调整测试。边调节对比度，边测量 TA7698AP 第⑪端电压变化范围，并观察屏幕对比度变化情况。边按遥控器亮度控制钮，边测量 TA7698AP 第④端电压变化范围，并观察屏幕亮度变化情况。边按遥控器色饱和度控制钮，边测量 TA7698AP 第⑦端电压变化范围，并观察屏幕彩色浓淡变化情况。

④ 场扫描不同步、行扫描不同步故障现象、原因和分析方法。

⑤ 水平一条线的故障现象、原因和分析方法。

3.11.4　实训分析与讨论

① 行、场偏转线圈在外形上有哪些区别？

② 如果光栅只有一条水平亮线，是什么电路出了故障？应如何找到故障部位？

显像管及附属电路的检测调试

3.12.1　实训内容与目的

① 熟悉和认识显像管电路的结构和基本器件。

② 学会显像管电路的测试方法，进一步理解显像管电路的工作原理。

③ 学会静会聚调节的方法。

④ 熟悉白平衡不良对黑白或彩色图像的影响；训练白平衡调整步骤与方法；进一步掌握末级视放电路原理。

3.12.2　实训仪器与工具

实训仪器与工具见表 3-9。

表 3-9　实训仪器与工具

设备工具名称	型号或要求	数　量
彩色电视机	TA 两片机芯或 LA 单片机芯彩色电视机	1 台/组
万用表	数字万用表、指针式万用表	2 台/组
电视信号源	VCD 或有线信号或天线	1 个信号源/组
工具箱	"一"字、"十"字螺丝刀，尖嘴钳，镊子，焊锡丝，松香，吸锡器等	1 套/组
电烙铁(烙铁架)	25W	1 套/组
彩色显像管(旧)		1 个
电位器	5kΩ、200Ω	2 个/组

3. 12. 3　实训步骤与要求

（1）显像管及附属电路主要器件的识别和观察

① 在电视机上找到视放输出电路板，仔细观察视放板上与原理图对应的各种器件。

② 在显像管管颈上找到四极与六极磁环，绘出它们的外形。

③ 在显像管管座上找到与原理图对应的电极。注意，面对管座时，管端子按顺时针方向编号。

（2）显像管主要供电电压的测试

① 测量灯丝电压　用示波器测量灯丝两端电压的波形，绘出波形形状，标出幅值与周期，进而找出灯丝电源的供电方式。

② 测量显像管各电极对地电压　用万用表测量显像管阴极、加速极对地电压。注意，测量加速极电压时应将万用表的电压量程置直流 2500V 挡。

（3）显像管静会聚的调整

① 用彩色电视信号发生器给电视机送入方格信号，将电视机的色饱和度电位器旋钮调在最小位置，亮度和对比度调在适中的位置，预热 10min。

② 观察屏幕中心部分的垂直、水平线是否呈白色。如有彩色镶边，则说明静会聚不良，必须采用后续步骤进行调整。

③ 改变显像管颈上两片四极磁环间的夹角，使垂直红、蓝线条重合成紫色。

④ 同时转动两片四极磁环（夹角不变），使水平红、蓝线条重合成紫色。

⑤ 改变两片六极磁环之间的夹角，使垂直紫线与绿线重合成白色。

⑥ 同时转动两片六极磁环（夹角不变），使水平紫线与绿线重合成白色。

⑦ 若重复上述步骤③～⑥仍不能得到良好的会聚时，可将色纯会聚磁环在前后 2mm 范围内移动一下，再重复调节，直至调好为止。

注：本项为选作，是以绿电子束为中束的彩色显像管进行调节，无静会聚调整磁环的显像管不需调整。

（4）白平衡的调整

① 暗平衡调整。

先接收某电视频道节目，然后把色饱和度控制调至最小，并开机工作 15min。

把 R、G、B 截止电位器 RP_{557}、RP_{558}、RP_{559} 调到中间位置，并把 G、B 激励电位器 RP_{553}、RP_{554} 也调到中间位置。

逆时针旋转附于行输出变压器上的加速极电位器，并旋到最小位置。把维修开关 S_{501} 拨到维修位置。再用一条跨接线暂把主板上的⑨、⑩端点短接，以便使 TA7698AP 第㉙端场振荡停振，屏幕出现水平一条亮线。

顺时针慢慢转动加速极电位器，直到屏幕上刚刚出现水平一条颜色线为止。如果出现的是 B（蓝色）水平线，则调整 RP_{557}、RP_{558} 以增加 R、G 电子束，这样可得到一条水平白线。如果出现的是 R（红色）水平线，则调整 RP_{558}、RP_{559} 以增加 G、B 电子束，以得到水平一条白线。如果出现的是 G（绿色）水平线，则调整 RP_{557}、RP_{559} 以增加 R、B 电子束，以得到水平一条白线。

② 亮平衡调整。

拆掉主板⑨、⑩端点之间的跨接线，使场扫描恢复正常。把维修开关拨到正常位置，将亮度与对比度调到正常画面位置。

调整 RP_{553}、RP_{554}，使屏幕最亮部分有良好的白平衡。

将亮度和对比度控制调至最大位置去观察高亮度下的白平衡，将亮度和对比度控制调至最小位置去观察低亮度下的白平衡。若出现白平衡不理想，则可重复调整 RP_{557}、RP_{558}、RP_{559} 截止电位器或 RP_{553}、RP_{554} 激励电位器，使屏幕上无论高低亮度均保持良好的白平衡。

3.12.4　实训分析与练习

① 显像管及附属电路有哪些常见故障？分析原因及处理方法。

② 读图训练，将实训所用的显像管座板实物图画成电路原理图。

③ 根据实物画出自会聚彩色显像管结构示意图，并在图上标出主要部件名称。

思考与练习

3-1　画出彩色电视接收机电路组成框图，并简述其电路工作原理。

3-2　公共通道由哪些电路组成，各有什么作用？

3-3　画出高频头各引出端子图，并简述各端子的功能。

3-4　中放通道由哪些电路组成，各有什么作用。

3-5　预中放和声表面波滤波电路有什么功能，画出其电路图并说出主要元件的作用。

3-6　画出行激励级和行输出级的基本电路，试述其工作原理。

3-7　行输出变压器有什么作用？西湖 54CD6 型彩色电视机的行输出变压器电源变换电路输出哪些电源？

3-8　试叙电子调谐原理为什么？为什么要分段？

3-9　室外天线与高频调谐器输入回路间为什么采用阻抗变换器？

3-10　绘图说明高频头的内部基本电路结构。

3-11　画出高频头输出与输入电压的频谱（以 2 频道为例）？

3-12　对中频放大电路的增益、幅频特性、通频带有什么要求？

3-13　视频检波和第二伴音中频检波（鉴频）有什么不同？

3-14　二极管包络检波器与同步检波器电路结构基本形式、作用和特点是什么？

3-15　检波输出电路有什么重要特点和功用？

3-16　AGC 电路的原理是什么？为什么需要延时 AGC？有何主要特点？

3-17　说明峰值 AGC 电路各元件作用和控制过程，画出其高、中放增益控制特性。

3-18　同步分离电路的作用有哪些？

3-19　幅度分离电路中切割动作是怎么发生的？箝位作用是哪部分电路实现的？为什么需要箝位？

3-20　为什么对扫描电流的线性要求严格？又为什么扫描要收、发端同步？不同步的现象是什么？

3-21　行扫描电路的任务是什么？

项目 3

3-22 简述行频自动控制（AFC）电路的作用及工作过程。

3-23 比较行、场扫描电路的异同。

3-24 场输出应当是一种什么类型的电路？电视机中常用的场输出级电路有哪几类？

3-25 行、场扫描电流非线性失真的原因、现象及补偿方法有哪些？

3-26 行扫描锯齿波电路由哪些部分形成？如果阻尼管开路或逆程电容开路，对扫描电流波形有何影响？对行输出管有何影响？

3-27 查阅资料，详述 TA7698AP 的行、场扫描集成电路的构成及作用，并指出其应用上的特点。

3-28 画出 PAL 解码器的原理框图，并叙述其各部分的作用。

3-29 亮度信号和色度信号在什么电路中依据什么原理被分离开？

3-30 亮度通道为什么要设置勾边电路、箝位电路、ABL 电路和亮度延时线？

3-31 简述轮廓校正电路的工作原理。

3-32 中放通道包括哪些电路？各有什么作用？写出 TA 两片机芯彩电的中放通道信号流程。

3-33 伴音通道包括哪些电路？写出 TA 两片机芯彩电中放通道信号流程。

3-34 亮度通道包括哪些电路？各有什么作用？写出 TA 两片机芯彩电亮度通道信号流程。

3-35 色度通道包括哪些电路？各有什么作用？写出 TA 两片机芯彩电色度通道信号流程。

3-36 彩色显像管的基本结构和原理有哪些？

3-37 简述 APC 鉴相器的工作过程。

3-38 ACC、ACK 电路有何异同？

3-39 什么叫白平衡？什么叫亮平衡？什么叫暗平衡？

3-40 开关型稳压电源与串联型线性稳压电源相比具有哪些特点？

3-41 试用波形说明脉宽控制方式和频率控制方式两类开关电源的稳压调节原理。

3-42 试分析西湖 54CD6 型彩色电视机开关稳压电源输出电压降低时，稳压电路的调节过程。

3-43 画出西湖 54CD6 型彩色电视机开关电源电路的组成框图。

3-44 红外线遥控系统由哪几部分组成？各有何作用？

3-45 彩电红外线遥控一般具有哪些功能？

3-46 彩电遥控微处理器（CPU）正常工作应具备哪三个基本条件？

3-47 试分析三菱 M50436-560SP 遥控系统音量接口电路，并说明它是如何实现无信号静噪功能的。

3-48 试分析三菱 M50436-560SP 遥控系统的频段接口电路。

3-49 试分析三菱 M50436-560SP 遥控系统是如何控制机芯主电源开关的。

项目4

电子产品典型电路的检修与调试

任务4-1 组合音响设备电路结构与音源电路的检修

4.1.1　组合音响设备的结构特点

组合音响设备是常见的电子产品，它是将多种音响产品组合成一套统一控制、动作协调一致的音响设备。例如，将收音、录放音、CD 机、功放等组合为一体的音频设备被称为组合音响设备。如图 4-1 所示的是双体组合型音响设备，它最主要的特点是统一由控制电路进行控制，共用电源电路，共用音量、音调调整电路，共用音频功率放大器和音箱等。

在组合音响设备中，主要电路可以分为三类：一类是作为信号源的电路，它们主要是收音电路、CD 播放系统、磁带录放系统、MD 录放系统；另一类是音频信号的切换电路、音频处理电路和系统控制电路，它们又是各种信号源的衔接电路；第三类是由音频功放、电源供电构成的组合音响共同的输出电路。这些电路中都融入了数字技术。

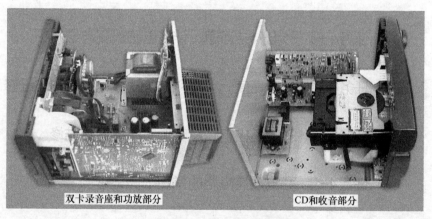

双卡录音座和功放部分　　　　CD和收音部分

图 4-1　松下 CH40 组合音响设备

4.1.2　收音电路的检修与调试

收音电路是组合音响设备的音源之一，用于接收无线电广播节目的电路。它有 FM 收音电路、中波收音电路、短波收音电路等，在收音电路中主要是调谐和记忆电路采用了数字技术。如果广播节目的播出系统都采用数字技术，收音电路的主体电路也都可以数字化。如图 4-2 所示的是收音电路的主电路板。

收音部分包括 FM、AM 中波（MW）、短波 1（SW1）和短波 2（SW2）等四波段收音电路，FM、AM 中放电路，检波、AM 频段的本振和混频等集成一体（IC_1）。

如图 4-3 所示的是 FM 立体声解码电路，经 FM 中放和解调后的 FM 音频信号由 2 端送

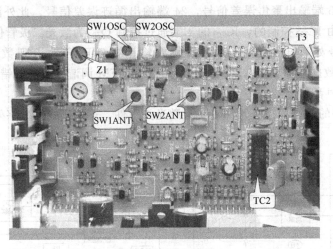

图 4-2　收音电路板

入解码电路 IC_3，经立体声解码后由 IC_3 第 4、5 端分别输出立体声信号（L、R）。

收音电路的调试和检修元件主要有"中周"、解码电路、可调电容。

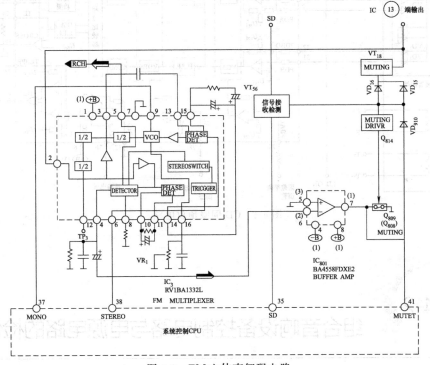

图 4-3　FM 立体声解码电路

4.1.3　典型 CD 播放电路

如图 4-4 所示的是组合音响中的 CD 伺服预放电路，由图可见，IC_{701} 是 CD 机中处理 CD 光盘信号的电路，激光头的输出送入 IC_{701} 中进行 RF 放大和伺服误差检测。IC_{701} 第 9 端

项目 4

输出 RF 信号，25 端输出聚焦误差信号，24 端输出循迹误差信号。此外激光头中的激光二极管的供电也是由 IC_{701} 控制的，IC_{701} 的 4 端通过控制 Q_{701} 为激光二极管供电。

　　CD 数字信号处理电路由构成伺服预放输出的 RF 信号送到数字信号处理电路 MN66271，进行数据限幅（DSL），经锁相环电路、EFM 调谐和解码纠错电路，最后经D/A 变换后输出立体声音频信号。

　　CD 播放电路的调试和检修元件主要有激光头组件、连接排线和数字处理芯片等。

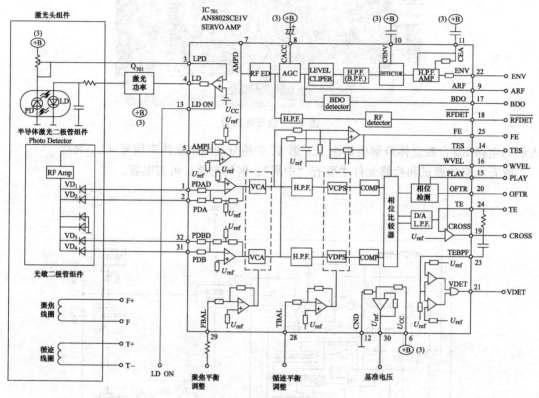

图 4-4　CD 伺服预放电路

任务4-2

组合音响设备控制电路与电源电路的检修

4.2.1　收音和 CD 的控制电路

　　如图 4-5 所示的是收音和 CD 的控制电路方框图，图 4-6 为复位及总线电路。IC_{901} 是控制微处理器，它分别对收音电路和 CD 部分进行控制，调试和检修的重要元件有复位芯片、数据及时钟总线、连接排线等。

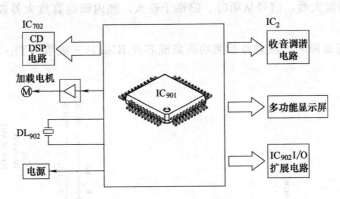

图 4-5　收音和 CD 的控制电路方框图

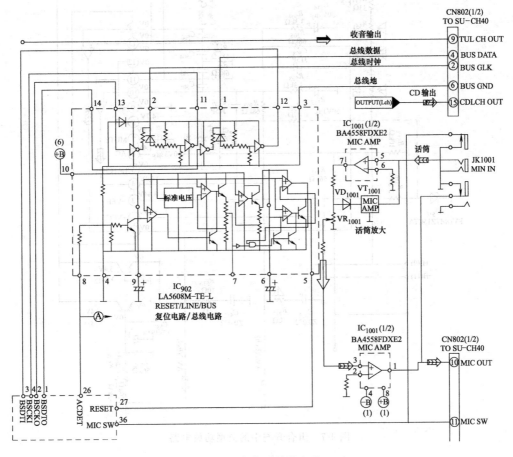

图 4-6　复位及总线电路

4.2.2　典型功放电路控制电路的检修

图 4-7 为典型组合音响中的功放电路，它是 CD、收音外部输入、录放音部分的共用音频功率放大器。IC$_{501}$ 是音频功放的主要电路，它将两个通道的功率放大电路集成于一体。

123

SV13101D 为功率放大器，信号从第⑪、⑬端子输入，经内部运算放大器放大后从第④、①端子输出。

当功放电路有故障时，应重点检测功放集成芯片 IC$_{501}$，三极管 VT$_{512}$、VT$_{513}$，功放电源电路等。

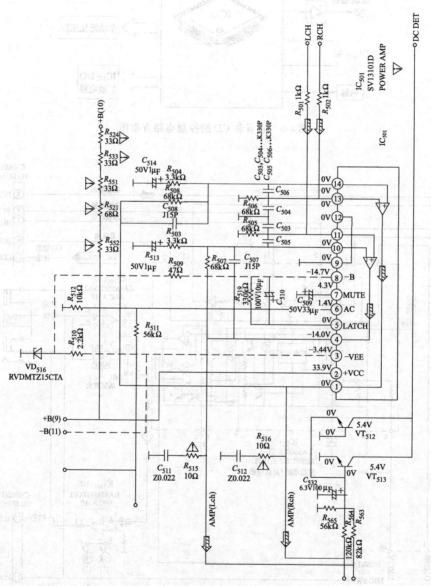

图 4-7　组合音响中的典型功放电路

4.2.3　组合音响中典型稳压电源的检修

图 4-8 所示的是组合音响中的稳压电路。图中 T$_{501}$ 为电源变压器，有 2 个副边绕组，VD$_{511}$、VD$_{512}$、VD$_{513}$、VD$_{514}$ 为构成桥式全波整流电路，VD$_{503}$、VD$_{504}$ 构成半波整流电路。由变压器 T$_{501}$ 将 220V 交流电变成低压电，再分别由全波整流滤波输出＋34V、－34V、

＋14.6V、－7.6V 直流电压，由半波整流滤波和稳压输出＋12V 电源。

当组合音响发生故障不能工作时，首先应测各电路电源是否正常，如果无电压输出，应查是否有直流短路现象，重点查整流二极管、三极管功率元件等。

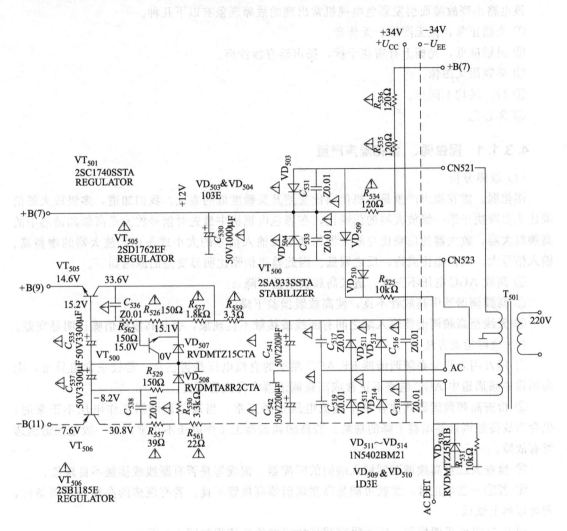

图 4-8　组合音响中典型稳压电源

任务4-3

彩电公共通道、 伴音电路检测与维修

彩色电视机及电子产品的维修既要注重基本理论、基本原理的学习，更要加强实践技能和经验的积累，本任务以 TA 两片机芯彩电为例，具体介绍电视机故障实例的故障原因、分析思路及检修步骤或解决方法。

项目

4

4.3.1 公共通道常见故障检修

该电路出现故障而引发彩色电视机常出现的故障现象有以下几种。

① 光栅正常，但无图像、无伴音。

② 灵敏度低，光栅上有雪花干扰，扬声器有沙沙声。

③ 某频段无图像。

④ 行、场均不同步。

⑤ 无彩色。

4.3.1.1 图像弱、雪花噪声严重

（1）故障分析

图像弱、雪花噪声严重是整机信噪比变差及灵敏度低的表现。我们知道，多级放大器信噪比主要取决于第一级放大器的信噪比，在彩色电视机中最先对信号放大是高频调谐器中的高频放大器，放大器的信噪比与放大器的增益及输入信号的大小成正比，放大器的增益高、输入信号大，则信噪比就高；反之则低。因此整机信噪比明显变差的原因如下。

① 高放 AGC 电压不正常，造成高放级增益下降。

② 高频调谐器中高放管不良，使高放级增益下降。

③ 天线至高频调谐器输入端之间有断线或接触不良现象，引起高放级信噪比明显变差。

（2）故障检查方法

① 用万用表测量高频调谐器 RF AGC 端子的直流电压是否正常。若较正常值异常，则为图像中频通道中 AGC 电路不正常或高频调谐器中高放管不良。

② 检查高频调谐器其他各端子直流电压是否正常。当高频调谐器工作电压不正常时，也会造成高频调谐器增益下降的现象。若高频调谐器上工作电压不正常，则一般是频道预选器有故障。

③ 检查天线至高频调谐器输入端间的匹配器、馈线等是否有断线或接触不良现象。

④ 若①～③均正常，那就可能是高频调谐器高放管不良。若有现成的高频调谐器备件，则可以换上试试。

西湖 54CD6 机图像弱、雪花噪声明显故障的检修流程如图 4-9 所示。

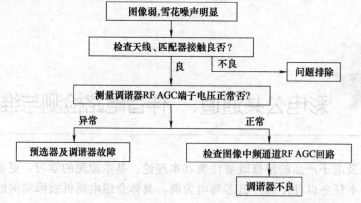

图 4-9　西湖 54CD6 机图像弱、雪花噪声明显故障的检修流程

4.3.1.2 有光栅、无图像、无伴音

(1) 故障分析

有光栅，说明电视机的电源及扫描电路工作正常。既无图像又无伴音，一般来讲是公共通道阻塞。这有两种可能：一是高频调谐器包括频道预选器工作不正常；二是图像中频电路工作不正常。

(2) 故障检查方法

① 判断故障部位。判断故障部位是高频调谐器、频道预选器还是图像中频电路。

② 高频调谐器及频道预选器部分的检查。高频调谐器上各端子直流电压正常与否是判断这部分故障范围的重要依据。RF AGC 电压为零或很低时，应重点检查图像中频集成电路的 RF AGC 部分的外围电路，特别是 RF AGC 滤波电容。高频调谐器高放级有故障也会使 RF AGC 电压为零或很低。如果高频调谐器 +12 V 工作电压为零，应检查频道预选器电路。检查调谐电压 U_T 时，应一边选台，一边看 U_T 电压是否有变化。U_T 为零或不变化时应检查 33 V 稳压电路或 CPU 及预选器。

③ 图像中放电路的检查。

用万用表 $R \times 1k$ 挡瞬间接触图像中频集成块输入端与地线，观察荧光屏上光栅是否有闪烁。若光栅无变化，则为集成块及其外围元件故障，应检查集成块各端子直流电压及有关元件；反之，则为预中放或声表面波滤波器故障。

4.3.1.3 某频段无图像

(1) 故障分析

VL、VH 及 U 频段中只有某一频段收不到电视信号，说明图像中频通道及以后的部分工作都正常，故障出在频道预选器及高频调谐器上。频道预选器输出的高频调谐器工作电压 BL、BH 及 BU 中有一个不正常时，就会使高频调谐器在对应的频段得不到工作电压而停止工作，造成收不到该频段的电视信号。当高频调谐器中 VL、VH 及 U 三个频段中有一个频段的通路发生故障时，也会造成对应频段收不到电视信号的现象。

(2) 故障检查方法

① 用万用表测量高频调谐器 BL、BH 及 BU 端电压是否正常。需要注意的是，不同的高频调谐器，测得的工作电压不同。在检查时必须首先了解彩色电视机的高频调谐器正常工作时 BL、BH 及 BU 的值。现以 TDQ-3 高频调谐器为例，BL、BH 及 BU 正常工作电压如表 4-1 所示。

表 4-1　TDQ-3 高频调谐器 BL、BH 及 BU 正常工作电压

调谐器端子	调谐器端子电压/V		
	VL	VH	U
BL	11.5	0	0
BH	0	11.5	0
BU	0	0	11.5

② 当测得频道预选器的输出电压正常时，表明故障在高频调谐器上。这种故障多半是频道转换二极管损坏所致。由于现在的电子高频调谐器内部的元器件都是无引线的贴片元

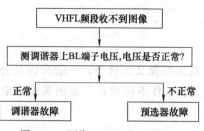

```
VHFL频段收不到图像
        ↓
测调谐器上BL端子电压,电压是否正常?
   ↓正常          ↓不正常
调谐器故障        预选器故障
```

图 4-10　西湖 54CD6 机 VHF-L
频段无图像故障的检修流程

件，检修时比较困难。在无替换高频调谐器的情况下，可以打开高频调谐器盖子，仔细地检查对应频道直流电压，也能很快找出损坏的元器件。但是拆装时必须十分小心，否则很容易损坏其他元器件。替换电阻电容时可以用的 1/16W 的电阻代替无引线电阻，用小型瓷片电容代替无引线电容。

③ 当测得的频段控制电压不正常时，应重点查 CPU 到高频头各频段电压输入脚的电路。

西湖 54CD6 机某频段无图像（假设 VHF-L 频段收不到电视信号）故障的检修流程如图 4-10 所示。

4.3.2　伴音电路常见故障检修

伴音电路（包括伴音静噪电路）发生故障比较简单，一般常见故障如下。

① 有图像、无伴音。

② 伴音失真且音轻。

③ 音量失控。

4.3.2.1　接收电视信号时，图像及彩色都好，但无伴音

（1）故障分析

有图像、无伴音说明图像通道、扫描电路均正常，故障位于伴音电路。发生故障的部位可能有三处：一是伴音中放级，二是伴音静噪电路，三是伴音功放电路。

（2）故障检查方法

检查有图像、无伴音故障较方便的方法是：用万用表 $R \times 100$ 挡触碰伴音通路中有关点，听扬声器中有无"咯咯"声来判断故障的部位。

一般彩电伴音电路的组成有两种形式。其中一种是由伴音中放集成电路及功放电路组成。功放电路有的采用分立元件组成 OTL 电路，检查伴音电路时应先用万用表 $R \times 100$ 挡触碰伴音低放输入端，以判断故障在伴音中放级还是后级或是伴音静噪电路。然后再缩小范围，检修故障部位。

应该注意的是，由伴音静噪电路故障而引起的无伴音是人们所容易遗忘的。当用万用表 $R \times 100$ 挡触碰伴音低放输入端时，若扬声器内有"咯咯"声，可能是低放部分故障，也可能是伴音静噪电路故障使伴音低频信号被短路。因此，需断开伴音静噪电路的输出端，再进行上述检查。

西湖 54CD6 电视机有图像、无伴音故障的检修流程如图 4-11 所示。

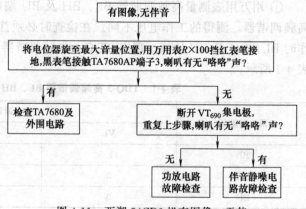

```
有图像,无伴音
      ↓
将电位器旋至最大音量位置,用万用表R×100挡红表笔接
地,黑表笔接触TA7680AP端子3,喇叭有无"咯咯"声?
  ↓有                    ↓无
检查TA7680及        断开VT690集电极,
外围电路           重复上步骤,喇叭有无"咯咯"声?
                      ↓无          ↓有
                   功放电路      伴音静噪电
                   故障检查      路故障检查
```

图 4-11　西湖 54CD6 机有图像、无伴
音故障的检修流程

4.3.2.2 接收电视台信号时，图像及彩色均好，但声音失真且音量轻

（1）故障分析

伴音失真且音量轻的故障一般出现在功放电路为分立元件电路的彩电中，而在功放级为集成电路的彩电中很少出现。此故障多半原因是由于功放级负反馈电阻开路或阻值变大，使6.5 MHz 中频偏移所致。

（2）故障检查方法

检查 L651 是否偏移。用万用表测量功放 VT_{602}、VT_{603}、VT_{604} 有关点的直流电压，很容易判断故障的所在。

4.3.2.3 接收电视台节目时图像及彩色均好，但声音不受音量电位器控制

（1）故障分析

目前彩色电视机的音量控制电路一般都采用增益可控的差分放大电路，外接 CPU 控制。CPU 通过控制电平变换成直流电位的变化来达到音量控制的作用。因此，故障主要在CPU 与伴音中放之间或 CPU 与伴音中放自身。

（2）故障检查方法

对于西湖 54CD6 电视机，在遥控音量时用万用表测量 CPU（M50436）端子 2、VT_{913}、TA7680AP 相关电位端子来判断故障部位（见遥控部分）。

任务4-4 彩电亮度、色度和末级视放电路检测与维修

4.4.1 亮度通道常见故障检修

亮度通道是传送亮度信号的通路。彩色电视机亮度信号放大器各级一般为直流耦合，亮度通道故障必然会引起输出信号的直流电位的变化，从而使光栅失控，出现亮度很亮或很暗现象。亮度通道常见的故障如下。

① 伴音正常，无图像，而光栅很亮。

② 无光栅，有伴音。

③ 光栅暗，图像模糊，缺乏对比度。

④ 图像有彩色镶边。

4.4.1.1 伴音正常、无图像、光栅很亮不带颜色

这种故障表现为：接收电视台信号时，出现光栅很亮、无图像、伴音正常的现象，调节亮度电位器及对比度电位器均不起作用。有些彩色电视机内设有截止型 ABL 保护电路，当显像管束电流超过一定值时，保护电路动作，使行扫描停止工作，在这些彩电中出现光栅很

亮、伴音正常、无图像这种故障,但这种现象仅在开机几秒内出现,过后截止型 ABL 保护电路就动作,从而出现无光栅、有伴音的故障现象。

(1) 故障分析

伴音正常说明图像通道正常,而光栅很亮一般来说是彩色显像管阴极电位低造成的。现在光栅不带颜色,则说明彩色显像管三个阴极电位较低。出现这种故障现象可能性较大的部位是亮度通道。亮度通道输出信号的直流电位低,使彩色显像管三支枪的阴极电位都低,三支枪的束电流都大,从而使光栅呈很亮的白光栅。

(2) 故障检查方法

用万用表测量亮度通道输出端的直流电压是否偏低,就可判断是否是亮度通道故障。然后,再由亮度通道后级依次向前逐级检查直流电压。由于直流耦合放大器前级会影响后级的工作点,故要查至直流电压正常级,故障范围就在直流电压正常级与不正常级之间的元器件上。特别要注意外围元件的漏电或短路。对于亮度通道为集成电路的彩色电视机,只需测量其亮度通道引出端的直流电压就可以确定故障的范围。

4.4.1.2　接收电视台信号时伴音正常,荧光屏上无光栅

(1) 故障分析

无光栅、有伴音这种故障的原因较多。扫描电路、显像管及亮度通道中发生故障都可能产生无光栅、有伴音的故障。通常可以从显像管灯丝是否亮来鉴别故障是否出自于亮度通道。如显像管灯丝亮,一般说来无光栅、有伴音故障出于亮度通道,因为一般彩电显像管灯丝电压由行扫描电路供给;反之,则故障位于扫描电路或显像管电路。

亮度通道输出信号的直流电压太高,会使显像管三个阴极电位同时升高,从而使显像管三支枪都截止,而产生无光栅现象。亮度通道中的直流耦合放大电路元器件的损坏会造成其直流电位变化,使亮度通道输出信号的直流电压上升。

(2) 故障检查方法

① 通电开机后,观察显像管灯丝是否亮:若灯丝不亮,则为扫描电路或显像管电路有故障;若灯丝亮,则为亮度通道故障或显像管供电电路故障。

② 亮度通道故障引起无光栅、有伴音现象的检查方法与光栅很亮(白光栅)、伴音正常的检查方法相似,也是通过用万用表测量直流电压的方法来确定故障的部位的。也可用短路法,人为地产生一个低电压,看光栅是否能出现来判断故障的范围。

③ 查显像管供电电路,应重点查找的部分有:行输出变压器、主板到显像管视放板的接插件、显像管管座等。

4.4.1.3　光栅暗、图像模糊、缺少对比度

这种故障表现为:接收电视台信号时,能收到彩色图像,但图像模糊,特别是黑白部分更为模糊不清;将色饱和度调节旋钮调至色饱和度最小位置时,图像消失;调整亮度电位器时背景亮度有变化,调节对比度电位器不起作用。

(1) 故障分析

图像黑白部分模糊不清,对比度电位器不起作用,将色饱和度电位器旋钮旋至最小时图像消失,都表明了图像亮度信号的丢失。这种故障现象在各级均为直流耦合的亮度通道中是不会发生的,因为亮度信号丢失的同时会伴随着输出直流电位的变化,光栅亮度会有较大的

变化。因此，这种故障一般发生在前级为交流耦合的亮度通道中。在交流耦合的前级电路中常见的是某些元器件开路或短路造成的这种故障。

（2）故障检查方法

① 用示波器顺次观察亮度通道各级的波形，找出故障部位。

② 在没有示波器的情况下，可以用简易低频信号发生器（输出峰峰幅度为 $1.5 \sim 2 \mathrm{V}$，信号频率为 $400 \sim 1000 \mathrm{Hz}$）从亮度通道前级依次耦合至后级，观察荧光屏上是否出现黑白横带，找到故障部位。

③ 应急修理时，也可在交流耦合的亮度放大级的输入与输出端跨接 $0.47 \mu\mathrm{F}$ 的电容器，观察荧光屏上图像是否有改善来确定故障的部位。

4.4.2 色处理电路常见故障检修

色处理电路的作用是处理图像的色度信号，使其还原成三基色信号，从荧光屏上的图像来看，是给图像恢复原来的色彩。若色处理电路发生故障，会使图像的色彩不正常。常见故障有：有图像、无色彩、缺色、转换频道时不能立即出现彩色或彩色消失等。

4.4.2.1 有图像、无色彩

（1）故障分析

① 首先应分清是电视机本身毛病，还是电视信号弱的缘故。由于用户电视信号接收条件差，也会产生无彩色现象，收到的黑白图像粒子较粗，图像不清晰。这种无彩色不属于电视机的故障。当然，天线、高频调谐器及 AGC 电路的故障也会产生这种现象，但不属于色通道电路故障。

② 色同步信号丢失或不正常。色同步信号有两个作用：一是送至 APC 鉴相电路，与副载波振荡器送来的副载波信号进行比较，产生电压去控制副载波振荡器的振荡频率；二是产生半行频正弦波输入至 ACC 与 ACK 检波，以控制色带通放大电路的增益，并控制消色的打开与关闭。当色同步信号丢失时，一方面会使 APC 鉴相电路输出，使晶体振荡器振荡在自由振荡频率上；另一方面 PAL 识别、消色检波电路输出信号使消色门关闭，从而造成无彩色现象。

③ 晶体振荡频率偏离标准值较大。产生这种故障有三个原因：一为晶体不良；二是 APC 电路不正常；三为晶体振荡电路及外围元件不良。

④ 晶体振荡电路停振。晶体振荡电路停振多半是晶体损坏或晶振电路其他元件损坏。

⑤ 色度信号输入电路、带通放大电路及 ACK 电路产生故障。这种故障多半为集成块损坏。不过这种故障在无色彩故障中是较少出现的。

（2）故障检查与处理

从故障分析可知，上述的后四类故障均会引起消色门关闭，从而使不同的故障所产生的现象无法在图像中暴露出来，使要检查的故障范围太大。为此，可以设法先打开消色门，然后再寻找故障，使故障范围缩小。但是不同的电视机 ACK 打开的电平也不一样，有的是低电平开门，有的是高电平开门。西湖 54CD6 彩色电视机是高电平开门，在其 TA7698AP 消色滤波端（21）用 $20\mathrm{k}\Omega$ 左右的电阻跨接于 12 V 电源，可使消色门打开。

消色门打开后，观察荧光屏上的图像，是否出现彩色。

消色门打开后若能出现彩色（此时荧光屏上虽然有彩色但彩色不正确且色不同步），故障则是色同步信号丢失或副载波振荡器频率偏离。可以用万用表测量延迟行同步脉冲输入端的支路电压，看是否正常。在行逆程脉冲作为选通脉冲的电路中，还应测量色度通道集成块的行逆程脉冲输入直流电压，看是否正常，来判别是否是造成色同步信号丢失的原因。若发现不正常，应继续进行寻找。若都正常，则应重点检查晶体振荡电路，很可能是晶体不良造成的，可换一只试试。

消色门打开后图像仍不出现彩色，那就是晶振电路停振或色信号通路的故障了。可以测量晶体振荡器输出电压。晶体振荡电路振荡时，可测得一般大于 0.5 V 的电压；停振时，为 0V。晶体振荡停振可能性最大的是晶体损坏。若晶振输出电压正常，可确定为色度通路故障。

4.4.2.2 图像缺色

这种故障表现为：收看电视节目时，荧屏上图像缺红、绿、蓝中的某一颜色。

图像缺红色时：接收黑白图像时，白色部分变为青色；在接收彩条信号时，原来正确的彩条顺序（白、黄、青、绿、紫、红、蓝、黑）变为：青、绿、青绿、蓝、黑、蓝、黑，特点是红条变黑条。

图像缺绿色时：接收黑白图像时，白色部分变为品紫色；在接收彩条信号时彩条顺序变为：品红、红、蓝、黑、品红、红、蓝、黑，特点是绿条变为黑条。

图像缺蓝色时：接收黑白图像时，白色部分变为黄色；在接收彩条信号时彩条顺序变为：黄、黄、绿、绿、红、红、黑、黑，特点是蓝条变为黑条。

（1）故障分析

缺色现象是由于显像管红、绿、蓝电子枪中有一支枪处于截止状态。原因有三种：一是输入基色矩阵电路的色差信号中与缺色所对应的色差信号输出端直流电压太低或插件接触不好；另一种原因是该色的基色放大级有虚焊或开路现象，使该基色放大管截止；三是显像管某阴极严重老化或损坏。

（2）故障检查与处理

西湖 54CD6 机图像缺红色检修流程如图 4-12 所示。

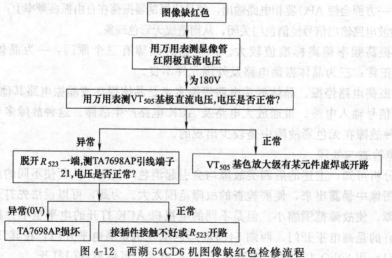

图 4-12　西湖 54CD6 机图像缺红色检修流程

① 用万用表测量彩色显像管三个阴极的电压。与缺色所对应的阴极电压一般为基色放大管的电源电压（由开关电源或行输出变压器输出经整流后得到，一般为 170～190 V）。

② 用万用表测量与缺色对应的基色放大管的基极电压，看是否正常。若很低或为零，

则有两种可能：一是色通道集成块输出至该基色放大管基极的接插件接触不好或元件开路；二是色通道集成块损坏。

③ 若测得对应的基色放大管的基极直流电压正常，则故障在基色放大级，应着重检查元器件，看是否存在虚焊或短路现象，或者基色放大管开路现象。

4.4.3 末级视放电路常见故障检修

末级视放电路有两种情况：一种是只对三基色放大，一种是基色矩阵兼放大。这里讨论后一种情况（西湖 54CD6 彩色电视机是后一种情况）。基色矩阵兼放大电路由红、绿、蓝三个电路组成。一般三个电路不可能同时发生故障，因此某一电路发生故障时，会使红、绿、蓝三色不平衡。常见故障有：光栅呈单色（红或蓝或绿）且有回扫线；光栅缺某基色；白平衡不良等。

下面以光栅呈红色为例，介绍末级视放的故障分析及检查处理方法。

这种故障表现为：开机后，光栅呈红色，很亮且有回扫线。在有显像管 ABL 截止型保护电路中，开机几秒后光栅又消失。

(1) 故障分析

光栅呈红色且很亮，说明红枪束电流很大，红阴极电位很低，而且蓝、绿阴极可能截止；光栅上有回扫线是由于红阴极上电压很低，消隐信号无法使红阴极截止所致。造成红阴极电压低的原因有三种情况。

① 红基色放大管的 ce 结被击穿，造成红基色放大管的发射极电位上升，此电压反应到蓝、绿两放大管的发射极（从电路中可以看出），引起蓝基色与绿基色放大管的发射极电位升高，使蓝基色与绿基色放大管截止，从而使显像管蓝阴极、绿阴极截止。而红阴极电位由于红基色放大管击穿而大大下降，使红枪束电流很大而产生很亮的红色光栅。

② 红基色放大管的 cb 结被击穿，线路分析与 ce 结被击穿相似。

③ 红阴极串联电阻开路或此处铜箔条断，造成红枪阴极极电压为零，使红枪产生很大的束电流，故光栅呈红色。红基色放大管发射极上的消隐信号也无法送到红阴极，故光栅又有回扫线（但在这种情况下，蓝、绿两枪未截止）。

(2) 故障检查与处理

首先检查红基色放大管是否击穿，若正常则应检查线路板上是否有碰脚短路。若都正常，再检查红阴极电阻及附近的铜箔条有否断裂。

任务4-5 彩电扫描电路及电源电路的检测维修

4.5.1 行、场均不同步

现象：接收电视信号时，图像作水平垂直方向移动，调节行、场同步旋钮均无效，伴音正常。

（1）故障分析

行、场不同步说明行、场同步同时受到破坏。这种情况有两种可能：一种是高频调谐器及图像中频电路中的高放 AGC 或中放 AGC 失控，增益太高，顶部被压缩或抑制，使同步头畸变或被切割，无法驱动行、场振荡电路；另一种原因是同步分离发生故障，使复合同步信号没有从彩色全电视信号中分离出来。当然，电视台信号的强弱或接收地点的条件也与故障现象有关。当电视台信号太弱或电视接收机离电视台太远，或电视台信号很强又离接收地点很近时，都会造成同步头被切割，引起行、场同步不良情况。这点可以用其他正常电视机在同样接收条件下作比较判断。

（2）故障检查与处理

① 先检查图像中放集成块预视放输出的直流电位是否正常。这点直流电位与输出信号的大小密切相关，由此可以推断图像中放集成块输出信号是否正常。

② 检查同步分离集成块同步分离端的直流电位。集成块的同步分离端的直流电压在有无同步信号输入时是不相同的。若测得的直流电压为 0 V，则有两种可能：一是集成块内同步分离管损坏；另一是同步信号未加入。如测得的直流电压正常，则为集成块损坏。

4.5.2 一条水平亮线

这种故障表现为：开机后，伴音正常，但屏幕上只有中间一条水平亮线，上下光栅拉不开。

（1）故障分析

光栅出现一条水平亮线，说明行扫描和显像管电路工作正常，只是场偏转线圈内没有电流，是场扫描电路故障所致。从场扫描振荡至场输出电路出现的任何故障都可能产生这种现象。常见原因如下。

① 一般场扫描前级与输出级的所用电源与行输出级的电源部分是分开的，电源丢失时会使场扫描电路无输出而呈现一条水平亮线。

② 场振荡电路或场锯齿波形成电路故障，造成无锯齿波输出。常见的是场振荡定时电容、场锯齿波形成电容严重漏电、短路或开路。

③ 场输出级损坏。

④ 场偏转线圈断开或场偏转线圈与主电路板的连接插座松动。

（2）故障检查与处理

① 首先区分故障位于场输出级或是场扫描前级。由于场锯齿波电路一般都加有场输出级的直流反馈电压，因此场扫描电路的各级直流电压互相有牵连，一旦某级有损坏，会使各级直流电压均不正常，给检查工作带来困难，可采用信号注入法：将场输出电路与场扫描前级断开，用万用表 $R×100$ 挡，红笔接地，黑笔瞬间触碰场输出电路的输入端。若光栅瞬间有闪动，则说明故障位于场扫描前级；若无闪动，则说明故障位于场输出至场偏转线圈。

② 若是场扫描前级故障，用万用表逐级测量各点电压，与正常值相比较，缩小故障范围，直至找出有故障的元件为止。

③ 若是场输出级故障，则通过逐点检查场输出级电压来检查故障元件。

4.5.3 无光栅、无伴音、开机不烧保险丝

这种故障表现为：开机后无光栅，无伴音，机内保险丝未损坏。

（1）故障分析

在图像中频通道及伴音中频电路电源由行输出级产生的彩色电视机中，一般电源或行扫描电路故障都会产生此现象。在图像与伴音中频通道的电源由开关电源供给的彩色电视机内，此故障一般是由开关电源故障或行输出电路等负载短路以及开关电源无输出电压所产生的。

（2）故障检查与处理

① 首先应检查开关电源的负载是否正常。开关电源负载至少有行推动和行输出电路、场扫描输出电路、伴音输出电路，应测量开关电源各个输出端对地的正向电阻（万用表红表笔接地，黑表笔接输出端），重点检查行输出级输出的对地电阻是否正常，最好脱开这一路电源，接上假负载（60W 灯泡），看输出电压是否恢复正常，来区分是负载故障还是开关电源本身故障。

② 对于开关电源本身故障，可以开机后用万用表测量 220V 经整流后的直流电压，然后再测量开关电源内一些关键点的直流电压。由于开关调整管处于高反压、大电流工作状态，因此损坏较常见。由于不同机型彩电开关电源电路各不相同，需根据实际电路来加以分析，得出最佳检修方案。需要注意的是，在隔离型的开关电源中，开关电源的负载与电网电压是隔离的，负载端的地线与开关电源振荡、控制回路的地线是分开的，在电路上无相互联系，所以在测试时应注意地线的接法。

③ 对于行输出电路故障，要重点查行输出管、行输出变压器是否有直流或交流短路情况。

图 4-13 为西湖 54CD6 机无光栅、无伴音故障的检修流程

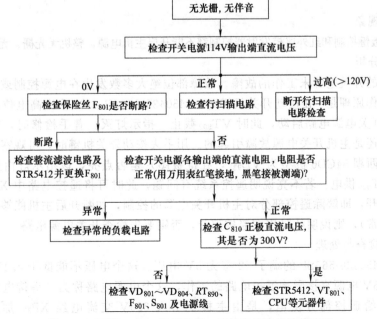

图 4-13　西湖 54CD6 机无光栅、无伴音故障的检修流程

4.5.4　开机烧保险丝

（1）故障分析

开机烧保险丝说明电源中电流很大，一般是开关电源部分元器件损坏造成电网被短路而引起的。

西湖 54CD6 彩电开机烧保险丝故障的常见原因如下。

① 整流二极管或与之并联的消振电容击穿。

② 整流滤波电容击穿。

③ 开关调整管击穿。

④ 消磁电阻故障。

（2）故障检查与处理

开机烧保险丝常用的检查方法是，关机拔去消磁线圈插头，用万用表 $R \times 1k$ 挡测有关点的直流电阻，并与正常值比较，能很快地找到造成短路的元器件。

任务4-6
彩电遥控电路的常见故障检修

4.6.1　无光栅、无伴音（不能开机）

（1）故障现象

用电视面板键控制和红外遥控发射器控制都不能开启主机电源，整机无光栅、无图像、无伴音。

（2）故障分析

这是典型的开关电源未工作的故障。故障部位绝大多数发生在电源控制或主机板的开关电源电路。工作原理是：在按动开关机键时，M50436-560SP（9）输出高电位，VT_{908} 饱和，VT_{801} 截止，开关电源电路启动，此时 VT_{909} 截止，指示灯灭。着手检修时，首先应区分故障是遥控电路还是主机开关电源故障引起的。用手去按动开关机键时，可观察主机面板上的等待指示灯（西湖 54CD6 机型为 VD_{935}，在键板图）是否点亮，该指示灯由遥控系统的电源＋5 V 经 VT_{909} 供电。若不亮说明遥控系统有问题，此时可将遥控电路中 XS-906 端子 14 外接的 R_{817} 断开，即解除遥控部分对主机开关电源的控制，如断开后主机能够启动并正常工作（指光栅正常），则说明故障出在遥控部分，否则要先检查开关电源电路。

（3）故障检查与处理

① 测量 M50436-560SP 的端子 52 有无 5V 电压。这个电压不能低于 4.4V，否则 CPU 工作不正常。5V 电源直接影响遥控电路的工作，这个电源电路称为"等待电源"电路，主机板未启动时给遥控部分供电，是由主板上引入 220V 交流电经 XP_{909} 加到 T_{906} 变压，VD_{930}、VT_{931} 整流以及 VT_{920}、VT_{921} 调整获得的。

② 测量 M50436-560SP 的端子㉘、㉙，以判断 M50436-560SP 的时钟脉冲振荡器是否正常工作，端子㉘应为 0.6 V，端子㉙应为 0 V。

4.6.2　预置搜索节目时不记忆

（1）故障现象

自动预置调谐电视节目时不记忆节目信息，具体表现有两种：一种是自动预置调谐时可以搜索到节目，图像能稳定地停留在屏幕上（若为全自动搜索预置，则节目号能自动加 1，再搜索下一个节目），但不能将搜索到的节目信息存储到节目存储器中；另一种是自动预置调谐时，搜索到的节目画面在屏幕上一闪而过，不能稳定下来，全自动搜索预置时节目号也不改变，其结果是搜索不到节目，也就无法记忆节目信息。

（2）故障分析与处理

M50436-560SP 其搜索预置过程可简述如下：微处理器检测是否有行同步脉冲由同步分离电路送来，如果有则使调谐电压放慢增长速度，并依据中放 AFT 电路送来的 AFT 电压确定准确的调谐点，微处理器将搜索到的节目信息存入节目存储器中。

由上述分析可知，对于第一种节目存储器不记忆的故障现象，其故障部位一般在节目存储器或它的供电电路。对于第二种搜索不到节目而不记忆的故障现象，其故障部位一般在高频调谐器、频段译码器、调谐电压接口电路、中放通道、同步分离电路或微处理器。

对于第一种节目存储器不记忆的故障原因可能如下。

① 节目存储器 M58655P 本身有故障。

② 节目存储器 $-30\mathrm{V}$ 或 $+5\mathrm{V}$ 供电电路有故障。

③ CPU 有故障，CPU 不能向节目存储器送出片选（CS）信号、节目数据信号、工作状态选择信号或时钟信号。

对于搜索不到节目而不记忆的故障原因可能如下。

① 中放通道 AFT 电路的移相电路（L_{152}）失谐，使 CPU 检测不到 AFT 电压的正确点，即 CPU 不能识别节目预置调谐的准确调谐点，误认为没有搜索到电视节目。

② 中放通道同步检波器的中频选频中周（L_{151}）失谐。因为只有它选出的中频载频送至 AFT 电路时，AFT 电路才能正常工作，所以中频选频中周失谐会造成 AFT 工作失常，使 CPU 检测不到 AFT 电压的准确调谐点。

③ 高频调谐器的 $0\sim30\mathrm{V}$ 调谐电压不稳定，使 CPU 检测不到 AFT 电压的准确调谐点，可能是相应的接口电路有故障。

④ 送至 CPU 的行同步脉冲信号丢失或幅度不够，CPU 无法判断是否搜索到电视节目，可能是同步分离电路或相应的接口电路有故障。

⑤ 微处理器（CPU）本身有故障。

（3）故障检修流程

西湖 54CD6 机预置搜索不记忆故障的检修流程如图 4-14 所示。

4.6.3　面板按键能正常控制电视机、遥控失效

（1）故障现象

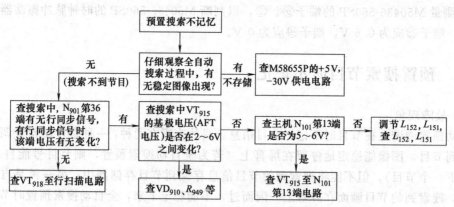

图 4-14 西湖 54CD6 机预置搜索不记忆故障的检修流程

使用遥控彩色电视机面板上的按钮控制工作正常而使用遥控发射器进行各种功能操作均失效。

(2) 故障分析

这类故障产生的原因有二：一是遥控发射器本身故障，二是红外线接收头有故障。为区分故障原因，可换一个遥控发射器对同一台接收机进行遥控，若能控制即表明原发射器有故障，否则为电视机红外接收放大部分（即 M50436-560SP 有关电路）存在故障。

(3) 故障检修方法

红外遥控发射器的检修方法如下。

① 首先检查红外遥控发射器的电池是否有足够的电压、电流输出，可用代换法检查。

② 将红外遥控发射器接收机按下某一按键时，用收音机接收，应发出"嘟嘟"的脉冲调制叫声，从而证明遥控振荡编码电路完好。否则重点检查遥控晶体振荡器（振荡频率为 455 kHz）。

③ 检查红外发光二极管两端电压是否正常；当按下某一按键时，应有 2.5 V 左右的电压。

④ 检查红外发光二极管是否脱焊或损坏。

⑤ 检查红外遥控器各按键的导电橡胶表面与印制板表面，看是否因不清洁或镀金层脱落而造成接触不良。可进行清洁处理或更换导电橡胶片或印制板。红外遥控器的检修流程如图 4-15 所示。

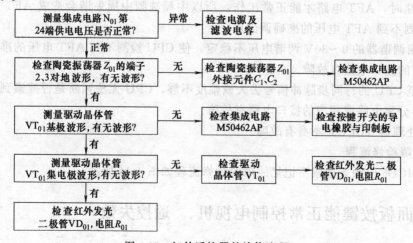

图 4-15 红外遥控器的检修流程

4.6.4　只能记忆部分电视节目

（1）故障现象

在自动搜索预置节目时，只能记忆部分电视节目，一些信号强的电视节目的图像出现瞬间后即消失，不能存储到节目存储器中。

（2）故障分析

产生该故障的原因是加至高频调谐器的调谐电压不正常，在它从 0～30V 的变化过程中，有的地方变化太急剧。故障通常是 M50436-560SP 端子①外接的接口电路中的滤波效果差或是 33V 稳压电路工作不稳造成的。

4.6.5　遥控功能紊乱

（1）故障现象

接收正常的红外遥控信号后，产生误动作，控制功能紊乱。

（2）故障分析

产生这种故障的原因是主机板上的红外遥控接收电路工作不正常，主要原因是增益下降，使接收器输出的信号幅度过小。

（3）故障检修方法

① 红外遥控接收电路采用 CX20106A，其内部前置放大器增益约为 80dB，它的增益大小主要决定于端子②外接的元件 R_{902} 和 C_{960} 的阻值、容值，阻值变大、容值变小均会使增益下降（C_{960} 容值过大会使频率响应变差）。因此应重点检查电阻和电容。

② 集成电路内带通滤波器的频率特性由其端子③外接电阻的阻值决定，通常为 220kΩ，其载波中心频率为 37.92 kHz。若偏高中心频率，带通滤波器的增益会下降。若阻值偏离设定阻值较远，信号通过带通滤波器时衰减较大，引起总增益下降，造成接收电路输出幅度减小。过小的输出信号还常导致微处理器的译码器产生错误译码，造成遥控功能紊乱。

③ CX20106A 的端子③外接的电解电容 C_{961} 是检波电容，其容量变大时为平均值检波，瞬态响应灵敏度会变低；其容量变小时，则为峰值检波，虽瞬态灵敏度高，但检波输出脉冲的脉宽变动大，易造成遥控误动作。端子⑥外接的电容 C_{962} 为积分电容，其容量变大时，抗外部噪波干扰能力增强，但使输出脉冲的低电平持续时间增加，遥控距离变短。另外，外接收器的电源要求恒定，事实上＋5V 电源引入要通过较长的导线连接，这样必然引起传导性电源干扰。由于接收器的输入端工作于小信号状态，电源中稍有脉冲就会导致工作不稳定，造成遥控系统产生误动作。所以在电源输入电路中加接电容作为平滑滤波。若容量减小或开路，会导致滤波不良，进而引起遥控误动作。

项目
4

单片机芯彩电整机电路组装与调试

LA76810A（LA76818A）集成电路是三洋公司开发成功的大规模单片集成电路，主要用于 PAL/NTSC 制彩色电视信号处理电路，可完成图像伴音的解调、色解码、亮度处理、同步及行/场小信号的处理任务。用该芯片配合 LC86××× 系列微处理器生产的机芯，通常被称为 A12 机芯。LA76810A 集成度高，外围元器件少，用于替代三洋 A6 机芯的 LA7687A 单片集成电路。LA76810A 具有以下特点：单片、多制式、适用于处理 PAL/NTSC 视频信号，配合免调试 SECAM 解码电路，可实现全制式解码；采用 PLL 图像和伴音解调，采用单晶体振荡器就可以完成 PAL、NTSC 制式信号解调；内含基带延迟线和亮度延迟线；不需外接各种带通滤波器、陷波器；内置伴音和视频选择开关；50Hz/60Hz 场频自动识别；I^2C 总线控制等。芯片还内置了清晰度改善电路、机芯降噪处理电路、黑电平延伸电路及对比度改善电路等。用该机芯生产的彩色电视机整机线路比较简单，外接元器件较少，便于生产与维修。

4.7.1 LA76810 单片机芯彩电整机电路构成

下面介绍采用 LA76810A 集成电路构成的彩电机芯的工作原理。三洋 LA76810 单片机芯彩电整机电路，机型采用集成电路完成小信号解码/处理、微处理器控制、行/场扫描、伴音功放及视/音频选择开关等功能，各集成电路功能与型号如表 4-2 所示。

表 4-2　集成电路功能与型号

功　能	型　号	功　能	型　号
多制式中频解码及行/场小信号处理电路	LA76810A（LA76818A）	场功放输出电路	LA78040（LA78041）
微处理器电路	LC863524	视/音频选择开关电路	GL3812（HEF4053）
存储器	AT24C08	伴音功放电路	AN5265（TDA2003）

彩电整机的中频/信号处理电路主要由 1 片集成电路 LA76810A 及其外围电路构成，所以称为单片机芯。LA76810A 内部除具有解码电路外，还有峰化清晰度改善电路、降噪处理电路、黑电平延伸电路及对比度改善电路等电路。LA76810A 的各端子功能如表 4-3 所示。

表 4-3 LA76810A 的各端子功能

端子	标识符号	功 能	端子	标识符号	功 能
①	AUDIO OUT	音频电平输出	㉛	VCC(CCD)	1 行延迟线的 V_{CC}(5V)端
②	FM OUT	FM 检波输出	㉜	CCD FIL	1 行延迟线升压电路的输出端
③	PIF AGC	中频 AGC 滤波器	㉝	GND(CCD/N)	1 行延迟线及扫描电路的地线
④	RF AGC	RF AGC 输出	㉞	SECAM B-Y IN	SECAM 信号的输入端
⑤	PIF IN1	PIF 的输入端 1	㉟	SECAM R-Y IN	SECAM 信号的输入端
⑥	PIF IN2	PIF 的输入端 2	㊱	AFC2 FIL	色度 VCO 的 AFC 滤波器的连接端
⑦	GND(IF)	IF 的地线			
⑧	VCC(VIF)	IF 电路+5V 直流电源	㊲	FSC OUT	SECAM INTERFACE 与 LA7642N 的接口端
⑨	FM FIL	FM 检波器的滤波连接端			
⑩	AFT OUT	AFT 输出	㊳	XTAL	4.43MHz 晶振输入端
⑪	DATA	数据总线	㊴	AFC1 FIL	色度 VCO 的 AFC 滤波器的连接端
⑫	CLOCK	时钟 IIC 总线			
⑬	ABL	ABL 输入	㊵	SEL VIDEO OUT	被选择信号输出端
⑭	R IN	字符 R 信号的输入端	㊶	GND(V/C/D)	视频/色度/扫描电路的地线
⑮	G IN	字符 G 信号的输入端	㊷	EXT VIDEO IN	外部视频信号的输入端
⑯	B IN	字符 B 信号的输入端	㊸	VCC(V/C/D)	视频/色度/扫描电路的电源
⑰	BL ANKIN	消隐信号输入	㊹	INT VIDEO IN	内部视频信号的输入端
⑱	VCC(GIB)	电源输入端	㊺	BLK STR ETGH FIL	黑电平扩展电路的滤波器连接端
⑲	R OUT	R 输出端	㊻	VIDEO OUT	视频信号输出
⑳	G OUT	G 输出端	㊼	APC PLL	PLL 滤波器的连接端
㉑	B OUT	B 输出端	㊽	VCO COIL	IF PLL 的 VCO 的 L&C 连接端
㉒	SD	同步信号输出	㊾	VCO COIL	IF PLL 的 VCO 的 L&C 连接端
㉓	V OUT	场同步信号输出	㊿	VCO FIL	PLL 电路 APC 滤波器连接端
㉔	RAMP ALC FIL	ALC 回路平滑电容	51	EXT AUDIO IN	外部音频信号输入端
㉕	VCC(H)	行扫描电源			
㉖	H AFC FIL	行 VCO 的 AFC 滤波器连接	52	SIF OUT	伴音中频输出
㉗	H. OUT	行信号输出端	53	SIF APC FIL	伴音 APC 滤波器的连接端
㉘	FBP IN	逆程脉冲输入端	54	SIF IN	伴音中频输入
㉙	VCD IRE	参考电流产生端			
㉚	CLOCK	4MHz 信号输出			

微处理器控制电路中的微处理器 LC863524（N701）是日本三洋公司生产的 LC86 系列中的一款，既采用了 I²C 总线控制，又采用了 PWM 控制，LC863524 的各端子功能如表 4-4 所示。

表 4-4　LC863524 各端子功能

端子号	功能	端子号	功能
①	波段选通 3	⑲	ODS 红信号输出
②	场频 50/60 输出	⑳	ODS 绿信号输出
③	IC 数据	㉑	ODS 蓝信号输出
④	IC 时钟	㉒	ODS 消隐
⑤	地	㉓	静音控制
⑥	CPU 用晶振端口	㉔	4.5MB 伴音吸收选择
⑦	CPU 用晶振端口	㉕	自动调试功能端
⑧	+5V 电源	㉖	SECAN 彩色检测
⑨	面板按键输入	㉗	SD 输入端
⑩	AFC 信号输入端口	㉘	遥控信号输入
⑪	电压检测	㉙	右声道音量 PWM 输出端口
⑫	S-VIDEO 检测	㉚	左声道音量 PWM 输出端口
⑬	CPU 复位端口	㉛	重低音开关
⑭	ODS 滤波	㉜	调谐电压 VT 输出端口
⑮	电源开机/待机	㉝	AV 选通控制端 2
⑯	半透明背景菜单控制	㉞	AV 选通控制端 1
⑰	场脉冲输入	㉟	波段选通 2
⑱	行脉冲输入	㊱	波段选通 1

4.7.2　三洋 LA76810 机芯彩电的组装及调试

三洋 LA76810 机芯彩电的电路较为精简，是学习彩色电视机组装（安装）较好的载体。LA76810 机芯彩电的组装及调试的主要工作和注意事项有以下几方面。

① 按下列方法之一进行行偏转线圈的连接。

• 用普通指针万用表测量行偏转线圈的阻值如果为 $1.2 \sim 1.5\Omega$，偏转线圈插头第一根（即偏转红色引线）应插于主板 T1 的接线针上（或通用插座上），如行幅不合适调节主电路板 RP_{301}、RP_{302} 电位器。

• 用指针万用表测量行偏转阻值如果为 $0.6 \sim 0.9\Omega$，偏转插头第一根（即偏转红色引线）应接于主板 T3 的接线针上（即高压包第三端），同时把 C_{441} 电容加大（200V、$0.68 \sim 0.82\mu F$），并调节 RP_{301}、RP_{302} 电位器。

• 用指针万用表测量行偏转阻值 $1.5 \sim 2.2\Omega$，偏转插头第一根（即偏转红色引线）应接于主板 T4 或 T2 接线针上（即高压包第二端或六端），并调节 RP_{301}、RP_{302} 电位器。

• 行偏线圈阻值低于 0.6Ω，主板不能安装，更换偏转线圈。

• 如行幅过大、请赶快关机（并参考以上方法改装），否则会烧行管、电源管等元件。

② 按下列方法进行场偏转线圈的连接。

• 场偏转线圈阻值一般在 $5 \sim 15\Omega$ 之间，可直接使用，阻值在 $30 \sim 60\Omega$ 之间时，屏幕将出现场幅过大，且上部有回扫线，此时需把场偏转线圈由原来的串联改为并联，其方法是把场偏转线圈三个接头的中间线分别接在两边即可，改后阻值应是原来阻值的1/4，若无阻值请调换接线方法。

• 组装后如果场线性场幅不正常，请参考后面介绍的工厂调试说明进行设置。如通过工厂调试场幅还不正常，请改变 R_{451} 阻值（3.3～6.2kΩ）、R_{459} 阻值（0.68～2.2Ω）。

• 若图像上下颠倒，把场偏转线3、4互换即可。

③ 屏幕如果出现"田"字、"十"字黑屏、白屏时，需重新进入工厂调试状态调试黑白平衡项目。

④ 显像管安装时接地一定要良好，否则可能引起烧坏 LA76818 和 CPU，造成水平亮线、无亮度、不存台等现象。

⑤ 显像管端子排与视放板安装要正确，几种常见情况如下。

• 显像管端子排列与视放板不一致时，请参考原来电视机的视放板与本板对应各端子，用连线连接一个管座即可，例如 KR 接 KR、KG 接 KG、KB 接 KB、H1 接 H1，地接地即可。

• 若更换⑨端的显像管管座时注意，管座最后一个端子一定要去掉，否则可能出现灯丝电阻烧断或有某种颜色的回扫线。

⑥ 完成主板、按键板、AV 接口板、扬声器的连线及固定。

⑦ 电视机组装基本工作正常后，可将电视机后盖合上，再进行更详细的调试。

⑧ 组装后，如果可能由于调试或连线错误，造成故障，参考以下故障原因分析。

• 无声音：检查 AN5265 及 LA76818A1 端外接元件是否开路、与扬声器连线是否接好。

• 无字符显示遥控能用：检查 CPU 的⑰、⑱端外接元件及相关电路。

• 信号弱灵敏度低、收台少：高频头信号输出至声表面有开路元件或线路，调整 RF、AGC。

• 关机亮点：调整 C_{933} 容量。

• 无 AV：检查 LA76810 的㊷端及 AV 接口板与主板的连线。

• 行线性不好：光栅偏向一边：将行线性电感 L_{441} 对调极性。

• 开大音量时图像抖动：微调电源电压。

• 光栅暗：检查 LA76818 第⑬端外围元件、调节高压包加速级电压调节电位器。

• 字符图像上下抖动：调整总线场中心、场线性数据或微调电源电压。

4.7.3 三洋 LC8635XX 工厂模式的调试

（1）工厂模式的进入

① 普通遥控器的进入方法：先将音量调到"00"按"菜单（MENU）"键一次，屏幕出现"图像（PICTURE）"菜单，然后快速输入密码"6568"进入"工厂状态（FACTORY）"。

② 在工厂状态中按"菜单（MENU）"键输入"6568"可进入"白平衡调试模式（B/W BALANCE）"，重复上述操作可进入"工厂调试菜单（ADJUST MENU0）"。在工厂状态中按"睡眠（SLEEP）"键，可迅速切换"工厂状态" → "白平衡调试模式" → "工厂调试菜单"这三种模式。

③ 在工厂模式中按"回看（RECALL）"键可退出工厂模式，按"菜单（MENU）"键一次，输入"6568"也可退出工厂模式。

（2）白平衡调整

进入白平衡调整模式（B/WBALANCE），用遥控器频道＋（P＋）、频道－（P－）键选择调整项目，用音量＋（V＋）、音量－（V－）键调整设定值。表4-5为白平衡调整项目。

表 4-5　白平衡调整项目

OSD 显示	对应总线项目	名　称	参考值
S-BRI	Sub Brightness	副亮度	80
R-BIA	Red Bias	红偏压	150
G-BIA	Green Bias	绿偏压	150
B-BIA	Blue Bias	蓝偏压	150
R-DRV	Red Drive	红驱动	90
G-DRV	Green Drive	绿驱动	9
B-ORV	Blue Drive	蓝驱动	90
C. B/W	Cross B/W	内部信号	0

（3）工厂调试菜单说明

① 进入工厂调试菜单，用频道＋、频道－键选择调整项目，用音量＋、音量－键调整设定值。

② 一共有13页调节菜单。屏幕显示"ADJUST MENUO（工厂调试菜单）"时，按遥控"静音"键可打开 ADJUST　MENU 0～ADJUST　MENU 2 三页内容。要打开 ADJUST MENU 3～ADJUST MENU 13 内容时，需把 ADJUST　MENU 2 中最后一项"SETUP SELECT"调到1。

表4-6～表4-11，列出了部分菜单调试含义及参考值。

表 4-6　ADJUST MENU 0 菜单

名　称	说　明	参考值
H. PHASE	行中心(范围:0～31)	11
V. SIZE	场幅(范围:0～127)	50
V. LINE	场线性(范围:0～31)	18
V. POSITION	场中心(范围:0～63)	30
V. SC	场 SC 校正(范围:0～31)	4
NT. H. PHASE	60 场频时的行中心偏差量(范围:-7～+8)	+06
NT. V. SIZE	60 场频时的场幅偏差量(范围:-31～+32)	+01
NT. V. LINE	60 场频时的场线性偏差量(范围:-7～+8)	00
NT. V. POSI	60 场频时的场中心偏差量(范围:-31～+32)	+05
NT. V. SC	60 场频时的场 SC 校正偏差量(范围:0～15)	00

表 4-7 ADJUST MENU 1 菜单

名　称	说　明	参考值
FORCE 60HZ	强制场频为 60Hz（0：不强制/1：强制）	0
CROSS B/W	内部信号设定（0：正常状态/1：暗场/2：白场/3：十字架）	0
R-Y/B-Y G. BL	R-Y/B-Y 幅度调整（范围：0～15），一般选择 8	8
R-Y/B-Y ANG	R-Y/B-Y 解调角度调整（范围：0～15），一般选择 8	8
B-Y DC LEVEL	白平衡调整（范围：0～15），一般选择 8；	8
R-Y DC LEVEL	白平衡调整（范围：0～15），一般选择 8；	8
SECAM B-Y DC	SECAM 时的白平衡调整（范围：0～15），一般选择 8	8
SECAM R-Y DC	SECAM 时的白平衡调整（范围：0～15），一般选择 8	8
YUV B-Y DC	YUV 输入时的白平衡调整（范围：0～15）	8
YUV R-Y DC	YUV 输入时的白平衡调整（范围：0～15）	8

表 4-8 ADJUST MENU 2 菜单

名　称	说　明	参考值
RF. AGC	RF. AGC 调整（范围：0～63）	23
VOLUME OUT	内部音量输出（范围：0～127）	120
ZOOM SIZE	放大状态时的场幅数据（范围：0～127）	80
WIDE SIZE	宽银幕状态时的场幅数据（范围：0～127）	20
H. BLK. LEFT	左消隐调整（范围：0～7）	7
H. BLK. RIGHT	右消隐调整（范围：0～7）	2
OSD H. POSI.	OSD 左右位置（范围：0～63）	25
OSD V. POSI.	OSD 上下位置（范围：0～31）	3
SCR. H. POSI.	拉幕的左边起始位置调整（范围：0～127）	3
SETUP SELECT	选择工厂设定模式	0

表 4-9 ADJUST MENU 3 菜单

名　称	说　明	参考值
76810/76818	解码芯片选择（0：LA76810/1：LA76818）	0
POWER OPTION	冷开机 POWER 初始状态设定	1
POWER LOGO	开机屏选择（0：无/1：有）	1
POWER ON KEY	选择是否可用 POS 以及 0～9 键代替 POWER 键开机	1
BLUE/BLACK	选择无信号静噪时是出观蓝背景或黑背景	0
BLKPROCESS	选择换台过程中是否出现黑屏（0：不/1：黑屏）	1
V. MUTEP. OFF	在 POWER OFF 之前是否先切断解码片的 RGB 输出	1
SCREENOPT.	开关机拉幕选择	3
SCREENT TIME	开机拉幕前黑屏等待时间选择帧围：（0～7s）	3
SCREEN TYPE	拉幕类型选择（0：普通从中间拉幕/1：淡入淡出）	0

表 4-10 ADJUST MENU 4 菜单

名　称	说　明	参考值
TUNER OPTION	高频头选择(0:选用电压调谐高频头/1:选用频率调谐高频头)	0
SEARCH SPEED	搜台速度选择(0:地搜台速度/1:高搜台速度)	1
SEARCH CHECK	节目全空时开机自动搜索功能选择(0:无/1:有)	0
BNAD OPTION	波段控制选择(0~3)	1
VL/VH FREQ	频率调谐高频头的 VL/VH 分频点选择:(VL 最高频率+VH 最低频率)/2~100MHz	64
VH/UHF FREQ	频率调谐高频头的 VH/UHF 分频点选择:(VH 最高频率+UHF 最低频率)/2~300MHz	164
AV IF STATUS	选择当 AV 状态时,是否关断中频(0:关断/1:不关断)	0
MENU ICON	菜单图标选择(0:无/1:有)	0
MENU BACK	菜单背景选择(0:无/1:有)	0
PROMP TYPE	菜单操作提示行类型选择(0:单行式/1:双行式)	1

表 4-11 ADJUST MENU 5 菜单

名　称	说　明	参考值
AV OPTION	AV 输入路数选择(0~3)	1
S-V10EO OPT.	S 端子输入功能选择(0:无/1:有)	0
SCART OPTION	SCART 自动检测功能(0:无/1:有)	0
ONLY AV MODE	单 AV 模式选择,可作监视器用(0:无/1:有)	0
DVD OPTION	DVD 控制功能选择(0:无/1:有)	0
DVD OFF TIME	DVD 关断等待时间(0~7)	3
OFF TRIGGER	DVD 开机触发脉冲时间(0~255ms)	60
ON TRIGGER	DVD 开机触发脉冲时间(0~255ms)	180
DVD KEY DEF	DVD 功能按键选择	0
DV D PORT DEF	DVD 占用 AV 端口设定	0

技能训练
任务4-8

电视机电源电路的检测

4.8.1　实训内容与目的

① 熟悉开关电源的主要器件。
② 熟悉开关电源的检测方法。
③ 加深理解开关电源的工作原理,训练对开关电源的检修方法。

4.8.2　实训仪器与工具

实训仪器与工具如表 4-12 所示。

表 4-12　实训仪器与工具

设备工具名称	型号或要求	数量
彩色电视机	TA 两片机芯或 LA 单片机芯彩色电视机	1 台/组
万用表	数字万用表、指针式万用表	2 台/组
电视信号源	VCD 或有线信号或天线	1 个信号源/组
工具箱	"一"字、"十"字螺丝刀,尖嘴钳,镊子,焊锡丝,松香,吸锡器等	1 套/组
电烙铁(烙铁架)	25W	1 套/组

4.8.3　实训内容与要求

（1）开关电源电路主要器件的识别和观察

① 打开后盖,在电路板上找到与原理图对应的开关变压器、开关管、开关电源集成电路。

② 在电路板上找到与原理图对应的消磁线圈,与消磁线圈串联的热敏电阻、保险丝、整流二极管、滤波电容。

③ 对照电路图,在电路板上找到电源部分可能对人造成触电伤害的部件与接点,并做标记。

（2）开关电源静态测试

① 测试电视机插头两端直流电阻。

② 测试+300V 对地正反向电阻。

③ 测量+114V、+45V、+200V 输出端对地电阻。

④ 测量+26V、+12V、+5V 输出端对地电阻。

⑤ 测试开关管与集成块各端子对地电阻。

（3）直流电压测量

① 打开电视机,用万用表测量电源滤波电容正极、开关管的集电极、电源集成电路各引端子对地（开关变压器输入端一侧地）的直流电压,并做好记录。为方便测量,黑表笔可用夹子线与高频头金属屏蔽盒（为电源地）固定连接一起。

② 测量+114V、+12V、+5V 输出端对地端的直流电压。

（4）波形测量

用示波器测量电源关键点的波形。如开关变压器的④、⑥、⑦端波形等,开关电源引入的行逆程脉冲波形。

4.8.4　实训安全注意事项

① 测试前确保在市电与电视机之间接入 1∶1 隔离变压器。

② 彩电开关电源输入及输出电压都较高,在测试时应注意人机安全。

③ 注意正确转换万用表的量程。

④ 注意底板是否带电。有些彩电电源部分的地线和其他电路的地线直接相通,造成底板带电,即所谓的热底板,在检测和维修时,应充分加以注意。

⑤ 有些开关电源采用厚膜集成块，在测量电压时应注意勿使表笔碰触而造成相邻脚短路。

4.8.5 实训分析与报告

① 整理所测的各种参数，记录在实训报告上。

② 测试时如何保证人身安全和设备安全？

③ 模拟 1～2 个故障进行检修，写出检修报告。

电视机遥控系统的测试与检修技能训练

4.9.1 实训内容与目的

① 熟悉电视机遥控系统电路主要元器件的测试，理解遥控系统电路工作原理与控制过程。

② 掌握接口电路的测试方法及故障分析方法。

③ 熟悉遥控发射器与接收器的基本组成，掌握判断遥控发射器好坏的基本方法。

4.9.2 实训仪器与工具

实训仪器与工具如表 4-13 所示。

表 4-13 实训仪器与工具

设备工具名称	型号或要求	数 量
彩色电视机	TA 两片机芯或 LA 单片机芯彩色电视机	1 台/组
万用表	数字万用表、指针式万用表	2 台/组
电视信号源	VCD 或有线信号或天线	1 个信号源/组
工具箱	螺丝刀、镊子、焊锡丝、松香等	1 套/组
电烙铁(烙铁架)	25W	1 套/组

4.9.3 实训内容与要求

（1）遥控系统电路主要器件的识别和观察

打开后盖，在电路板上找到与原理图对应的微控制器集成电路、遥控接收头、三极管等。

（2）电路静态测试

在电视机关机状态下，分别用万用表测量微处理器对地正、反向电阻。先用红笔接地测量，再用黑笔接地测量。将测试数据填入到表 4-14 中。

表 4-14　微处理器各引脚对地电阻

万用表类型 _____	挡位 _____		微处理器型号 _____		
端子号	对地电阻值(红笔接地)	对地电阻值(黑笔接地)	端子号	对地电阻值(红笔接地)	对地电阻值(黑笔接地)
1			21		
2			22		
3			23		
4			24		
5			25		
6			26		
7			27		
8			28		
9			29		
10			30		
11			31		
12			32		
13			33		
14			34		
15			35		
16			36		
17			37		
18			38		
19			39		
20			40		

（3）用示波器观测遥控发射器的输出波形

① 打开红外发射器的后盖，找到红外发射二极管，将示波器输入探头接至二极管两端。

② 在保证电池接触良好的情况下，按下发射器面板上的任意按键，观测示波器上的波形，绘出观测波形的简图。

③ 按下不同按键，再观测输出波形，绘出观测波形的简图。

④ 上述步骤完成后，将发射器后盖盖好。

遥控发射器只要能观测到输出波形，遥控发射器就基本没有问题，这是判断发射器好坏的最好方法。如果不用示波器检测，还可采用调幅收音机干扰的方法实现基本故障的判断，有兴趣的读者可以试试。

（4）调节各模拟量时微处理器对应输出端口的测试

① 在电路板上找到与原理图对应的微处理器音量调节控制端口（采用 I²C 总线的微处理器不具备此端口），用示波器测量端口的输出波形，同时用万用表测量音频处理集成电路音量调节输入端口的直流电压。

② 利用遥控器调节音量，观测示波器显示的波形与万用表显示的电压的变化，由此进一步理解微处理器接口电路的工作原理。

以上是以音量控制为例进行测试，亮度、对比度模拟量测试方法基本相同。

4.9.4 实训分析与报告

① 整理所测的各种参数，记录在实训报告上。

② 总结三洋 LC86 系列遥控系统或三菱 M50436 系列遥控系统电路的测试方法和经验。

思考与练习

4-1 在组合音响设备中，它主要有哪些类型的电路？

4-2 试分析组合音响中典型稳压电源电路的原理。

4-3 简述 LA76810A 的各端子功能。

4-4 LA76810 机芯彩电的组装及调试的主要工作和注意事项有哪些？

4-5 西湖 54CD6 彩色电视机开机后，伴音正常，但屏幕上只有中间一条水平亮线，上下光栅拉不开。分析该故障的原因、检测方法及处理过程。

4-6 试述西湖 54CD6 彩色电视机预置搜索不记忆故障的检修方法。

4-7 西湖 54CD6 彩色电视机图像伴音均正常，面板按键能正常控制电视机，但遥控失效。试分析原因和处理方法。

4-8 查阅资料，分析微处理器 LC863524 的引线端子功能、典型电路应用及 I²C 总线控制的原理。

项目5

液晶彩色电视机整机维护与检测

任务5-1

数字电视技术认知

随着微电子技术的发展，特别是集成电路和微控制技术的发展，电子产品正朝着智能化、数字化方向发展。新型的液晶平板显示技术、数字化技术、总线控制技术等也逐步应用到彩色电视机，并逐渐成为市场的主流。掌握彩色电视机新技术的应用，对于掌握现代电子产品的维护、调试、检测和维修有着重要的意义。

5.1.1 数字电视标准

所谓数字电视，就是采用离散的数字信号描述、放大、传输图像信号的电视系统。数字电视标准的作用在于定义整个数字电视系统的具体实现细节，主要内容涵盖数字节目的前期制作、数字节目的显示格式、数字节目的传输几个方面。在所有这些标准确定之后，整套数字电视系统才可以组合并运转起来，整个数字电视产业也才可能真正启动。

数字电视按传输方式分为地面、卫星和有线三种。1995 年，欧洲 150 个组织成立了DVB（Digital Video Broadcasting，数字视频广播）联盟，这个联盟现在已经拥有近 200 个成员。1997 年，DVB 联盟发表了它的数据广播技术规范，包括卫星数字电视传输标准DVB-S、有线电视传输系统标准 DVB-C 和地面传输标准 DVB-T，为卫星、有线和地面电视频道传送高速数据铺平了道路。其中，DVB-S 规定了卫星数字广播调制标准，使原来传送一套 PAL 制节目的频道可以传播四套数字电视节目，大大提高了卫星的效率。DVB-C 规定了在有线电视网中传播数字电视的调制标准，使原来传送一套 PAL 制节目的频道可以传播4～6 套数字电视节目。DVB-S 和 DVB-C 这两个全球化的卫星和有线传输方式标准，目前已作为世界统一标准被大多数国家所接受（包括中国）。

对于地面数字电视广播标准，经国际电讯联盟（ITU）批准的共有三个，分别为：欧盟的DVB-T 标准、美国的 ATSC（Advanced Television System Committee，先进电视制式委员会）标准和日本的 ISDB-T（Integrated Services Digital Broadcasting，综合业务数字广播）标准。

数字电视三种标准的比较如表 5-1 所示。

表 5-1 数字电视三种标准

标　准	ATSC	DVB			ISDB
		DVB-T	DVB-C	DVB-S	
视频编码方式	MPEG2	MPEG2	MPEG2	MPEG2	MPEG2
音频编码方式	AC-3	MPEG2	MPEG2	MPEG2	MPEG2
复用方式	MPEG2	MPEG2	MPEG2	MPEG2	MPEG2
调用方式	8VSB	COFDM	QAM	QPSK	QPSK
带宽（Hz）	6M	8M	—	—	27M

（1）欧洲 DVB-T 标准

DVB-T 标准采用的大量导频信号插入和保护间隔技术，使得系统具有较强的多径反射适应能力，在密集的楼群中也能良好接收，除能够移动接收外，还可建立单频网，适合于信号有屏蔽的山区。另外，欧洲系统还对载波数目、保护间隔长度和调制数目等参数进行组合，形成了多种传输模式供使用者选择。但欧洲标准也存在以下缺陷：频带损失严重；即使防止了大量导频信号，对信道估计仍是不足；在交织深度、抗脉冲噪声干扰及信道编码等方面的性能存在明显不足；覆盖面较小。

（2）美国 ATSC 标准

美国于 1996 年 12 月 24 日决定采用以 HDTV 为基础的 ATSC 作为美国国家数字电视标准。美国联邦通信委员会（FCC）决定用 9 年时间完成模拟电视向数字电视的历史性过渡。

ATSC 标准具备噪声门限低（接近于 14.9dB 的理论值）、传输容量大（6MHz 带宽传输 19.3Mbps）、传输远、覆盖范围广和接收方案易实现等主要技术优势。但是也存在一系列问题，最主要的是不能有效对付强多径和快速变化的动态多径，造成某些环境中固定接收不稳定以及不支持移动接收。

（3）日本 ISDB-T 标准

日本于 1996 年开始启动自主的数字电视标准研发项目，在欧洲 COFDM 技术的基础上，增加具有自主知识产权的技术，形成 ISDB-T 地面数字广播传输标准，于 1995 年 7 月在日本电气通信技术审议会上通过。2001 年，该标准正式被 ITU 接受为世界第三个数字电视传输国际标准。

频谱分段传输与强化移动接收是日本 ISDB-T 标准的两个主要特点，是对地面数字电视体系众多参数及相关性能进行客观分析优化组合的结果，但是此标准是日本根据本国具体情况及产业发展战略进行权衡取舍的。在实现系统特定功能的同时也为之付出相应的代价，如频谱分段传输、在系统内层采用长达数百毫秒延时等特性。

5.1.2 数字电视的优点

① 具有很高的图像质量。数字电视可以用再生手段截除噪声，可采用数字技术摄影，可利用帧存储技术消除图像闪烁，利用插入技术提高垂直和水平清晰度，不怕同步信号丢失，使电视图像质量显著提高。数字电视系统输出的图像信号稳定、可靠。

② 抗干扰能力强。解决了模拟电视中的闪烁、重影、亮色互串等问题。

③ 电视机功能强大。通过对有线电视网络的改造，将模拟信号改为数字信号进行传输，原来的一个模拟频道可以传输 6 个以上的数字频道，从而使有线网络能够传输的频道数量最大增加到 300 多套。

④ 便于大规模生产。由于数字电路更易于进行流水线大规模生产，有利于降低数字电视机的成本，可节省机内电压电流调整元件，简化了工艺，提高了生产效益。

⑤ 便于与计算机系统连接融合。机顶盒就像一台专用的电脑，电视机变成了显示器，数字电视成为了高科技时代家庭的智能终端。

⑥ 传输效率高。原 PAL 频道可播放 3～8 套标清数字电视。

5.1.3 数字电视机顶盒

5.1.3.1 数字电视机顶盒概述

数字电视机顶盒，英文缩写"STB"（Set-Top Box），它是一种将数字电视信号转换成模拟信号的变换设备，它把经过数字化压缩的图像和声音信号解码还原成模拟信号送入普通的电视机。

数字电视机顶盒对经过数字化压缩的图像和声音信号进行解码还原，产生模拟的视频和声音信号，通过电视显示器和音响设备给观众提供高质量的电视节目。目前的数字电视机顶盒已成为一种嵌入式计算设备，具有完善的实时操作系统，提供强大的 CPU 计算能力，用来协调控制机顶盒各部分硬件设施，并提供易操作的图形用户界面，如增强电视的电子节目指南，给用户提供图文并茂的节目介绍和背景资料。

从模拟电视向高清晰度数字电视过渡，是一个跨越式的过渡，可以说无法直接兼容，也就是说目前的所有的模拟电视是不能使用的，所以一步到位是不现实的，数字机顶盒是目前各国采用的一个过渡式的办法。使用了数字机顶盒后将数字信号转变成模拟信号输入给现在的模拟电视机显示信息，这样有效地避免了电视信号在传输过程中导致的干扰和损耗，电视接收的信号质量得到了很大程度的改善。

5.1.3.2 数字电视机顶盒的主要技术

信道解码、信源解码、上行数据的调制编码、嵌入式 CPU、MPEG-2 解压缩、机顶盒软件、显示控制和加解扰技术是数字电视机顶盒的主要技术。

（1）信道解码

数字电视机顶盒中的信道解码电路相当于模拟电视机中的高频头和中频放大器。在数字电视机顶盒中，高频头是必需的，不过调谐范围包含卫星频道、地面电视接收频道、有线电视增补频道。根据 DTV 目前已有的调制方式，信道解码应包括 QPSK、QAM、OFDM、VSB 解调功能。

（2）信源解码

模拟信号数字化后，信息量激增，必须采用相应的数据压缩标准。数字电视广播采用 MPEG-2 视频压缩标准，适用多种清晰度图像质量。音频目前则有 AC-3 和 MPEG-2 两种标准。信源解码器必须适应不同编码策略，正确还原原始音、视频数据。

（3）上行数据的调制编码

开展交互式应用，需要考虑上行数据的调制编码问题。目前普遍采用的有三种方式，采用电话线传送上行数据，采用以太网卡传送上行数据和通过有线网络传送上行数据。

（4）嵌入式 CPU

嵌入式 CPU 是数字电视机顶盒的心脏，当数据完成信道解码以后，首先要解复用，把传输流分成视频、音频，使视频、音频和数据分离开。在数字电视机顶盒专用的 CPU 中集成了 32 个以上可编程 PID 滤波器，其中两个用于视频和音频滤波，其余的用于 PSI、SI 和 Private 数据滤波。CPU 是嵌入式操作系统的运行平台，它要和操作系统一起完成网络管理、显示管理、有条件接收管理（IC 卡和 Smart 卡）、图文电视解码、数据解码、OSD、视频信号的上下变换等功能。为了达到这些功能，必须在普通 32～64 位 CPU 上扩展许多新的功能，并不断提高速度，以适应高速网络和三维游戏的要求。

（5）MPEG-2 解码

MPEG-2 是数字电视中的关键技术之一，目前实用的视频数字处理技术基本上是建立在 MPEG-2 技术基础上的，MPEG-2 是包括从网络传输到高清晰度电视的全部规范，如可视电话会议和可视电话用的 H.263 和 H.261、DVD、SDTV、HDTV 等格式。

MPEG-2 图像信号处理方法分运动预测、DCT、量化、可变长编码 4 步完成，电路是由 RISC 处理器为核心的 ASIC 电路组成。

MPEG-2 解压缩电路包含视频、音频解压缩和其他功能。在视频处理上要完成主画面、子画面解码，最好具有分层解码功能。图文电视可用 APHA 迭显功能选加在主画面上，这就要求解码器能同时解调主画面图像和图文电视数据，要有很高的速度和处理能力。OSD 是一层单色或伪彩色字幕，主要用于用户操作提示。

在音频方面，由于欧洲 DVB 采用 MPEG-2 伴音，美国的 ATSC 采用杜比 AC-3，因而音频解码要具有以上功能。

（6）数字电视机顶盒软件

电视数字化后，数字电视技术中软件技术占有更为重要的位置。除了音视频的解码由硬件实现外，包括电视内容的重现、操作界面的实现、数据广播业务的实现，直至机顶盒和个人计算机的互联以及和 Internet 的互联都需要由软件来实现。

（7）显示技术

目前用两种方法进行改进，一种是抗闪烁滤波器，把相邻三行的图像按比例相加成一行，使仅出现在单场的图像重现在每场中，这种方式叫三行滤波法。三行滤波法简单易实现。但降低了图像的清晰度，适用于隔行扫描方式的电视机。另一种方法是把隔行扫描变成逐行扫描，并适当提高帧频，这种方式要成倍地增加扫描的行数和场数，为了使增加的像不是无中生有，保证活动画面的连续性，必须要作行、场内插运算和运动补偿，必须用专用的芯片和复杂的技术才能实现，这种方式在电视机上显示计算机图文的质量非常好，但必须在有逐行和倍扫描功能的电视机上才能实现。另外将分辨率高于模拟电视机的 HDTV 和 VE-SA 信号在电视机上播放，只能显示部分画面，必须进行缩小，这就像 PIP 方式，要丢行和丢场。同样，为保证图像的连续性，也要进行内插运算。

（8）加解扰技术

加解扰技术用于对数字节目进行加密和解密。其基本原理是采用加扰控制字加密传输的方法，用户端利用 IC 卡解密。在 MPEG 传输流中，与控制字传输相关的有 2 个数据流：授权控制信息（ECMs）和授权管理信息（EMMs）。由业务密钥（SK）加密处理后的控制字在 ECMs 中传送，其中包括节目来源、时间、内容分类和节目价格等节目信息。对控制字加密的业务密钥在授权管理信息中传送，并且业务密钥在传送前要经过用户个人分配密钥（PDE）的加密处理。EMMs 中还包括地址、用户授权信息，如用户可以看的节目或时间段，用户付的收视费等。

任务5-2 平板显示技术及电视新技术认知

5.2.1　平板电视技术概述

2009年4月，在国家发布的《电子信息产业振兴规划》，其中明确提出："推进视听产业数字化转型，确保视听产品骨干产业稳定增长；突破新型显示器件等关键技术"。这对电视新技术的发展、规划彩电行业的中长期发展是极其有利的。

平板电视FPD（Flat Panel Display）顾名思义，就是屏幕呈平面的电视，它是相对于传统显像管电视机庞大的身躯比较而言的一类电视机，主要包括液晶显示LCD（Liquid Crystal Display）、等离子显示PDP（Plasma Display Panel）、有机电致发光显示OLED（Organic Light Emitting Display）、表面传导电子发射显示SED（Surface-conduction Electron-emitter Display）等几大技术类型的电视产品。

平板电视体现了电视机超薄、超轻、高清的电视发展趋势。

平板定义下的等离子和液晶关键的区别在于：等离子是气体成像，液晶是液态的晶体成像，主要是成像原理不同造成了两者在对比度和清晰度上面的差距。至于显示屏之间的差别，同一尺寸的等离子或是液晶，主要是看屏幕的成像效果，同样的液晶屏间的质量有很大差距。

等离子的优点是对比度高、层次分明，弱点是大功率、比较费电。液晶电视的优点是低功率、低辐射、色彩好，缺点是反应时间慢、图像拖尾严重、层次感亮度不强。

5.2.2　液晶显示原理

（1）液晶

通常将晶体状态物质加热到熔点就会变成透明的液体。但有一类有机化合物结晶体，将其加热到温度 T_1 时，熔解成混浊的黏稠状液体，若继续加热至温度 T_2 时，才变为透明的液体。通过观察，发现在 T_1 与 T_2 温度之间的浑浊黏稠液体具有双折射现象，表明有着类似晶体的光学各向异性。而在温度 T_2 时形成的透明液体则显示光学各向同性。这种在 T_1 与 T_2 温度之间既有液体的流动性，又有晶体的光学各向异性的物质称为液晶，即LCD。

（2）液晶的电光效应

液晶分子的某种排列状态在电场作用下变为另一种排列状态时，液晶的性质随之改变，而产生光波，这种电场调制的现象称为液晶的电光效应。

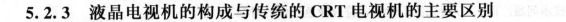

5.2.3 液晶电视机的构成与传统的 CRT 电视机的主要区别

① 液晶电视机含有特殊电路，如液晶显示屏、X 驱动器和 Y 驱动器、同步控制电路、图像信号处理电路、背光源灯管电路等。

② 液晶电视机的高频头体积小、功耗低、电源电压低，高频头的驱动电路既要保证功耗不能过大，还要保证具有一定的放大倍数，以提高信噪比。

③ 液晶电视机的同步信号发生器为驱动液晶显示屏提供所需的寻址信号，有水平方向和垂直方向的时钟脉冲和启动脉冲。为获得稳定的时钟频率，确保电视图像的稳定，还设有锁相环电路。

④ 液晶电视机含有独特的图像信号处理电路，它能使视频信号转换成适合于驱动液晶显示屏的信号。液晶显示屏的结构不同，其图像处理电路的结构便不同。

⑤ 液晶电视机身轻薄，少占用空间，便于安装。

5.2.4 LED 背光电视

严格意义上的 LED 电视是指完全采用 LED（发光二极管）作为显像器件的电视机，一般用于低精度显示或户外大屏幕。目前中国大陆地区家电行业中通常所指的 LED 电视严格的名称是"LED 背光源液晶电视"，是指以 LED 作为背光源的液晶电视，仍是 LCD 的一种。它用 LED 光源替代了传统的荧光灯管，画面更优质，理论寿命更长，制作工艺更环保，并且能使液晶显示面板更薄。

从 2009 年起，LED 电视的概念开始流行起来，LG 推出的 LED 电视厚度只有 6.9mm，不到一支铅笔的厚度，让人们为科技的进步而惊叹。需要说明的是，媒体上说的 LED 电视，其实应该叫做 LED 背光电视，因为普通液晶电视的背光是 CCFL（冷阴极荧光灯），所谓的 LED 电视采用 LED 作背光源。

（1）按背光源划分 LCD 种类

液晶必须借助外界的光源才能发光。目前 LCD 电视常用的背光源有 CCFL（冷阴极荧光灯管，也就是常见的日光灯）、LED（发光二极管）、HCFL（热阴极荧光灯管）等几种。其中 CCFL 是目前最常用的 LCD 背光源，通常也称传统背光源。

因此，如果按照背光源的类型来划分 LCD 电视的种类，即可以分成：CCFL 背光源 LCD（即通常所谓的"传统液晶电视"、"LCD"）；LED 背光源 LCD（即通常所谓的"LED 电视"）；HCFL 背光源 LCD（适合于较大尺寸电视，可以应用到 66 英寸产品，市面上较少）。

（2）LED 背光电视的技术特点

液晶显示采用 LED 做背光，相比 CCFL 有许多的优点。

① 节能。冷阴极灯管的光电效率在 60lm/W 左右，而商业化的 LED 光效已达到 100lm/W 以上；

② 更加环保。在传统液晶电视使用的背光源 CCLF 冷阴极荧光灯中，含有对人体有害

的汞。虽然厂商在想方设法降低荧光管中汞的含量，但是完全无汞的荧光管会带来一些新的技术问题。而 LED 背光源不含汞，符合绿色环保的时尚。

③ 使电视更加纤薄。LED 背光改变了电视背光源机械结构设计，可以大幅度减小传统背光源中导光板的厚度，使得 LED 背光电视更加纤薄。手机背光通常会用到 4～5 颗 LED，笔记本电脑 LED 背光平均需要 45 颗 LED；一台 LED 电视平均需要 500 颗 LED。LED 背光在液晶电视领域的应用将越来越广泛。

④ 寿命长。不同 CCFL 的额定使用寿命（半亮）在 8000～100000h 之间。为了增强性能而采用了改进设计的 CCFL 背光的使用寿命还会更低一些。而 LED 背光源则可以达到 CCFL 的两倍使用寿命。因此，LED 背光源的使用寿命通常要比 CCFL 更长一些。

当然，对于液晶电视来说，其独特的利用液晶分子的排列变化对外部光线进行控制的成像原理，决定了液晶面板是影响显示效果优劣的关键。因此，在选购电视时，关键指标还是看这台产品是否是选用高品质的面板，背光源采用 CCFL 还是 LED 不会起绝对作用。

5.2.5 等离子电视机

等离子体显示电视机的英文名为 Plasma Display Plate，简称 PDP。等离子显示屏的工作原理是依靠高电压来激活显示屏内显像单元内的特殊气体，使之产生紫外线来激发磷光物质发光，显示出图像。PDP 利用了像素自行发光的技术，大大减少了显示屏的空间。每个像素都含有红、蓝、绿三种光源，并可独立发光。PDP 通过气体放电时产生的真空紫外光去激发红、蓝、绿基色的荧光体，此时，像素中的气体会作出发光反应，每个像素呈现出不同的色彩，当这些像素组合起来时，便能产生光亮夺目的缤纷图像。

(1) 等离子电视具有的技术特点

① 易于实现大面积显示。PDP 可以做到和 CRT 同样宽的视角，上下左右大于 160°。而液晶（LCD）在水平方向视角一般为 120°，垂直方向则更少。

② 图像无扭曲。PDP 的 RGB 栅格在平面上呈均匀分布，而在纯平 CRT 中内表面非平的，会造成典型的枕形失真，并且当画面的局部亮度不均匀时，CRT 往往还会产生相应的图像扭曲失真。而 PDP 就没有这种现象。

③ 伏安曲线非线性强，阈值特性好。

④ 具有固有存储特性，可实现高亮度。

⑤ 视角大，可达 160°。

⑥ 色纯度好。

⑦ 寿命较长。

⑧ 对比度高，彩色 PDP 产品已实现 300∶1。

⑨ 器件结构及制作工艺简单，易于批量生产。

⑩ 环境性能好。

(2) 等离子电视机维修的方法及注意事项

① 不同型号的等离子屏存在差异，不可直接代换，务必使用原型号更换。

② PDP 模块（包括屏、驱动电路、逻辑电路和电源模块）工作电压大约为 350V。如果

要在正常工作时或者刚刚断电时对 PDP 模块进行操作，必须采取合适的措施避免电击，并且不要直接触摸工作模块的电路或者金属部分。这是因为驱动部分的电容，即使断电以后仍然短时保持较高的电压，所以断电以后，一定要确保至少 1min 以后方可进行相关操作。

③ 不要给 PDP 模块提供高于规格书上要求的任何电源，否则可能导致着火或者损坏该模块。

④ 不要在电路模块工作或刚刚断电时，拔插模块上的连接线。这是因为驱动电路上的电容仍然保持较高的电压，最好断电 1min 后拔插连接线。

⑤ 由于 PDP 模块是玻璃面板，应避免外力挤压，因为玻璃破损可能伤人。移动该模块时需两人配合，以免发生意外。

⑥ PDP 电路中有很多是 CMOS 集成电路组成，所以要注意防止静电。因此维修时，一定要罩上防静电袋，操作之前，一定要保证充分接地。

⑦ 等离子屏的四周分布了很多连接线，维修或搬动时应注意不要碰到或划伤，这些连接线一旦损坏将导致屏无法工作，且无法维修。

⑧ 维修中进行搬移时要特别小心，剧烈的振动可能导致玻璃屏破裂或者驱动电路受损，长距离搬移时最好用坚固的外壳包装。

⑨ 如果长时间显示某一固定画面，可能导致固定画面的亮度和色度与活动画面出现差异，这是由于前者荧光粉的密度降低的缘故，并非故障。另一方面，即使画面发生了变化，其亮度仍然会保持一段时间（几分钟）。这是等离子本身固有的特点，不是异常。但在使用时，应尽量避免长时间显示高亮的静止图像。

⑩ PDP 屏前板是玻璃，安装时要注意屏是否放置到位，若放置不到位就直接安装，可能会导致屏破裂。

⑪ 安装屏时务必使用原规格的螺丝，以免出现规格不匹配导致屏的损坏，特别要防止螺丝过长、过大。

⑫ 装卸时要注意防尘，特别要避免脏物落入屏和玻璃之间，以免影响收看效果。

⑬ 后机壳对应电源板位置上一般帖有一片绝缘片，是用来进行冷热地隔离，装卸时要注意保持完整，以免造成安全隐患。

⑭ 除等离子屏以外，玻璃也是一个高价值的部件，其具备防辐射、调整色温等功能，务必小心处理。

任务5-3 液晶彩色电视机的电路认知

液晶电视机即采用 LCD 面板作为显示屏的电视机。液晶电视机是 LCD 最高级、最复杂的一个应用领域。液晶电视机属于高档电子产品，近年来发展迅猛，已普及到千家万户。作为消费类电子产品，液晶彩电的维护维修问题日益突出。

项目 5

液晶彩电的电路认知及拆装是维修工作的基础，是维修人员的一项基本功。液晶彩电内部有各种电路板，应了解各电路板的功能及关键点测试。下面以 TCL 公司的 GC32 机芯为例，对液晶彩电的电路组成及工作原理进行分析。

5.3.1　GC32 机芯应用及性能特点

采用 GC32 机芯的液晶电视机型号有：LCD21（27/32/37/40）A71-P、LCD32（37/40/42）BO3-P、LCD26（32/37/40/42）B66-P、LCD32（37/42/47）B68-T、LCD27（32/37/40/42/47）K73、LCD32（37/42）B67 和 LCD32（37）M3 等。GC32 机芯性能特点如下。

① 最新数字 I²C 总线控制芯片。
② 亮彩引擎。
③ 智能音量控制功能。
④ 内嵌 3D Y/C 分离技术。
⑤ 蓝、黑电平双扩展线路。
⑥ 色彩高保真自动跟踪系统。
⑦ Windows 全屏中、英文菜单。
⑧ 三种可选色温。
⑨ 全功能红外线遥控。
⑩ 多制式国际线路，200 个频道预选（0～199）。
⑪ AV 立体声输入、S-VIDEO、HDTV、VGA 及数字 DVI、HDMI 等接口。
⑫ 全自动调谐和手动调谐。
⑬ 动态影音、智能音效及丽音功能。
⑭ 支持 STDV 及 HDTV 模式（480i/p、576i/p、720i/p 及 108i/p）。
⑮ TV 状态无信号 15min 自动待机。

5.3.2　GC32 机芯结构及电路总体组成

GC32 机芯液晶电视机电路组成框图如图 5-1 所示。此液晶电视机集电视、画中画、电脑显示等功能于一体，其核心技术芯片运用 Genesis 公司的 FLI8532 和 SAA7117 解码芯片组合实现画中画功能，显示输出为 SAMSUNG TFT-LCD 显示屏。

TCL 公司的 LCD27A71-P 型液晶电视机为 GC32 机芯电路，其整机实物图如图 5-2 所示。

LCD27A71-P 液晶电视机共使用 60 多块集成电路，分别用于数字板、高频板、前控板、电源板。其中数字板又称主板，内部包括信号输入电路、信号解码及处理电路、运动图像及画中画处理电路、丽音解码及音效处理电路、伴音功放及静音控制电路、信号输出电路、待机控制电路、电源处理电路等。

图 5-3 为 LCD27A71 液晶彩电主板实物图，主板也称为数字板，包括信号输入电路、信号解码及处理电路、运动图像及画中画处理电路、丽音解码及音效处理电路、伴音功放及静音控制电路、信号输出电路、待机控制电路、电源处理电路等。

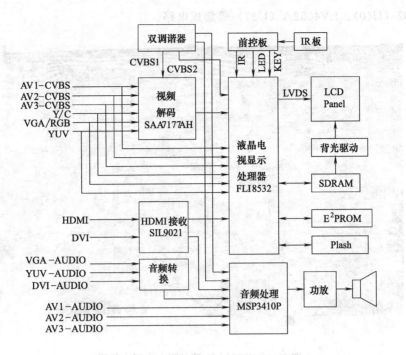

图 5-1　GC32 机芯液晶电视机电路组成框图

图 5-2　LCD27A71-P 整机电路板实物图

在主板上集成了 AV 输入接口、S-VIDEO 端子信号输入接口、YUV 信号输入接口、VGA 信号输入接口、DVI 输入接口、HDMI 输入接口、ACV 输出接口、重低音输出接口、LVDS 屏等接口，同时还有 FLI8532（U3）、SIL9021（U26）、SAA7117AH（U23）、MSP3410G（U38）、HY5DU28422ET（UKU8）、MX29LV32OAT-B（XU2）、

TPA3004D2（U40）、LV4052A（U37）等集成电路。

图 5-3　LCD27A71 液晶彩电主板实物图

5.3.3　LCD27A71-P 液晶电视机主要电路认知

（1）高频板电路

由于 LCD27A71-P 具有画中画功能，因此采用双高频调谐器接收。高频板实物图如图 5-4 所示，板中有两个相同型号规格的高频调谐器 TMQZ6-429A，一个有源分配器 MDLW3Z800A 和一个电压升压芯片 MC34063AD。图 5-4 中只显示了一个高频头，另一个在实物图下方。

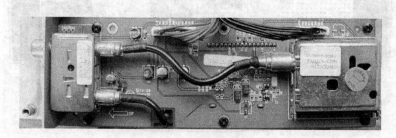

图 5-4　高频板实物图

TMQZ6-429A 调谐器内含高频放大、混频、中放、鉴频、预视放、AGC、AFT、锁相环（PLL）等功能。TMQZ6-429A 调谐器输出视频（VIDEO）信号，该信号缓冲放大后，送往视频解码电路；输出的声音中频（SIF）信号，经缓冲放大后送往丽音解码/音效处理电路。系统通过 I^2C 总线对调谐器进行调谐选台控制。双调谐器输出的视频信号 CVBS1/CVBS2，分别送往 FLI8532 和 SAA7117AH 进行视频处理。双调谐器输出的伴音信号有两路。一路输出单声道音频信号（MONO-TUN1/MONO-TUN2）至 MSP3410P 进行音效处理；另一路输出伴声中频信号（IF-AUDIO1/IF-AUDIO2）至 MSP3410P 进行丽音解码及音效处理。

+32V 电压电路主要由升压芯片 RT34063（U1）组成。这是一个 DC-DC 变换电路，其主要功能是将+12V 直流电压升为调谐器所需的+32V 电压。

（2）主板数字信号处理电路

数字信号接收处理采用集成电路 SIL9021。不管是 DVI 信号还是 HDMI 信号，都需要经过数字接收器的接收处理，然后再送往 U3（FLI8532）的数字通道 B 输入端口进行图像处理。其中 HDMI 信号经数字接收器处理后同时解码出数字音频信号，送音效处理电路进行音效处理。

SIL9021 芯片为 144 脚的 TQFP 封装，具有下列功能特点。

① 集成 PanelLink 技术支持。

② 数字视频接口支持视频处理器。

③ 模拟 RGB 和 YPbPr 输出。

④ 数字音频接口支持高端音频系统。

SIL9021 芯片功能如下。

① TMDS 信号接收器。

② 连接端口的检测和选择。

③ HDCP 解密引擎和信号解密。

④ HDCP 密码存放 E²PROM。

⑤ 模式控制器。

⑥ 视频数据信号转换和视频输出。

（3）信号解码及处理电路

信号解码处理电路主要由 SAA7117AH 集成电路组成，图 5-5 为内部框图。SAA7117AH 是一个多制式视频解码器，提供 10 位的 AD 转换器，增强 PAL/NTSC 制式的梳状滤波，更强的 VBI 数据处理功能，支持高分辨视频、画质增强处理。SAA7117AH 输入的是 TV 视频信号，或 AV1/AV2/AV3 视频信号，或 S-Video 信号，或 VGA 信号，或 YUV 信号。SAA7117AH 输出的是 24 位的 YCbCr 数字信号，此数字信号被送往 U3 集成电路。SAA7117AH 能实现以下功能。

① 多制式视频解码：PAL/SECAM/NTSC。

② 自动检测彩色制式。

③ 通用亮度、对比度、饱和度调节。

④ 亮度锐度控制。

⑤ 瞬间彩色改进。

⑥ 画面锁定音频时钟发生器。

⑦ 软件控制省电待机模式。

⑧ 通过 I²C 总线读取自动识别的彩色制式的模式。

⑨ I²C 总线读取 AGC 增益系数。

⑩ 无信号输入时蓝屏输出。

（4）运动图像及画中画处理电路

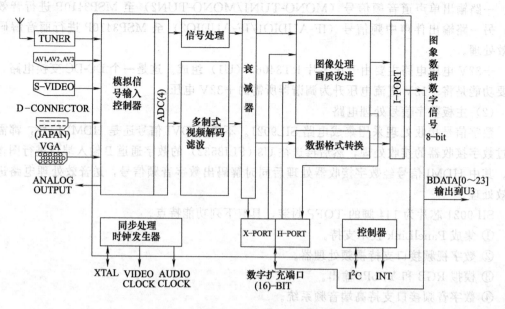

图 5-5　SAA7117AH 集成电路内部框图

运动图像及画中画处理电路如图 5-6 所示，它主要由数字处理芯片 FLI8532 组成。FLI8532 是专门为液晶和数字 CRT-TV 设计的超级芯片，它具有带 DCDi 的 3D 数字图像解码器、图像质量增强、降噪等效果。

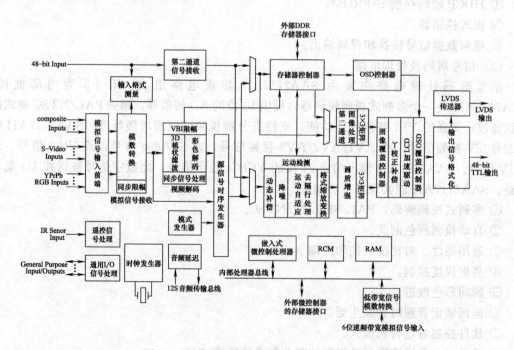

图 5-6　图像及画中画处理 FLI8532 内部框图

该芯片为 416 个球脚阵列（PBGA）封装，并具有下列技术特性。

① 3D（Three Dimensional，三维）梳状滤波器。

② 数字信号和模拟信号的灵活接收。

③ 不规则信号的 DCDi 功能。

④ VBI（Vertical Blanking Interval，垂直回扫期）信号处理。

⑤ 16 位或 32 位 DDR 存储器接口变换。

⑥ LCD 加速驱动。

⑦ 各种信号的亮彩引擎功能，画质增强。

⑧ 画中画功能。

⑨ 彩色增强处理。

⑩ 内置嵌入式微控制处理器。

⑪ 位图增强型 OSD 控制。

⑫ 输出信号格式化。

⑬ 内部集成红外线解码。

⑭ 6 通道输入的低速带宽模拟信号的模/数转换。

⑮ 4 个集成的 LCD 背光控制的 PWM 信号输出。

⑯ 高精度音频和视频同步信号 I2S 音频延迟。

FLI8532 有 48 位数字通道输入端口，分为 A、B 两个各 24 位数字通道输入端口，来自 SAA7117AH 和 SIL9021 的图像数字信号就从该端口输入。FLI8532 的模拟信号输入前端可接收来自 AV1/AV2/AV3/S-Video/YUV/VGA 插座的信号。FTL8532 输出低电压差动信号至液晶显示屏。

（5）其他电路

① 信号输入电路 信号输入共有 9 路，即 RF 射频信号输入、AV1 视频信号输入、AV2 视频信号输入、AV3 视频信号输入、S-VIDEO 端子信号输入、YUV（HDTV）信号输入、VGA 信号输入、DVI（数字视频接口）信号输入、HDMI（高清晰度数字多媒体接口）信号输入。

② 丽音解码及音效处理电路 丽音解码又称 NICAM728 解码，NICAM 是 Near Instantaneous Companded Audio Multiplex 的缩写，意为准瞬时压扩音频多路复用，中国香港地区称为丽音系统。NICAM 是目前最先进的电视伴音广播制式，为了实现与原电视伴音广播的兼容，它保留了原模拟调频载波（I 制为 6.0MHz，B/G 制为 5.85MHz），但在原载波上端频道空闲处增加了 NICAM 数字伴音载波，新增的伴音载波可以传播两路伴音信号，这两路伴音信号可以是立体声 L、R 信号，也可以是单声道的双语言（双伴音）信号。

丽音解码电路主要由 MSP3410G 芯片组成。丽音解码仅对来自双高频头的声中频信号 IF-AUDIO1（或 IF-AUDIOD）进行处理，先对 IF-AUDIO1（或 IF-AUDIO2）信号进行模/数转换，然后进行丽音解码，最后进行数字式音效处理。

③ 伴音功放及静音控制电路 伴音功放主要由 TPA3004D2 芯片组成。静音控制有 MCU 控制静音、开机静音及关机静音。

④ 信号输出电路 AV 信号由 CN8 输出插座输出，LCD 屏显信号由屏显接口电路输出。

⑤ 待机控制电路　由 FLI8532 输出待机控制信号，使电源板中的＋12V 开关电源电压不能输入到主板，并使电源板中的＋24V 开关电源不工作。

⑥ 电源处理电路　包括电源板电路及主板电源电路两部分。

电源板电路主要由功率因数校正（Power Factor Correction，PFC）电路、12V 电压开关电源（供数字板）、24V 电压开关电源（供 LCD 屏）三部分组成。

主板电源部分主要由待机控制继电器、DC-DC 变换及一些三端稳压集成电路组成，电源板产生的＋12V 直流电压经三端集成稳压芯片转换成＋5V 直流电压，给主板各部分电路供电。

任务5-4

液晶彩电的主要技术指标及维护保养

近几年来，随着 TFT 液晶显示技术的进一步完善，液晶面板制造工艺水平不断进步和制造规模不断扩大，液晶彩电在亮度、对比度、响应时间、可视角度等指标方面有了长足的进步；作为消费类电子产品，液晶彩电也在近几年内迅速地成长起来，如今"液晶彩电"的概念也被更多的用户所接受。为便于读者对液晶彩电有一个全面的了解，下面主要介绍液晶彩电的主要技术指标、常用术语、性能鉴别及维护保养等内容。

5.4.1 液晶彩电的技术指标

（1）像素点距

液晶彩电的点距（Pixel Pitch）是指像素间距，即显示屏相邻两个像素点之间的距离。我们看到的显示画面实际是由许多点所形成的，而画质的细腻程度就是由点距来决定的，点距也可以通过公式计算得到：点距＝屏幕物理长度/在这个长度上要显示的点的数目。点距使用 mm（毫米）为单位。

（2）分辨率

显示分辨率也称像素分辨率，简称为分辨率，它是指可以使液晶彩电显示的像素个数，通常用每列像素数乘每行像素数来表示。

例如：分辨率为 1366×768 的液晶屏，表示显示屏可以显示 1366 列、768 行，共可显示 1049008 个像素点。由于每个像素点都由 R、G、B 三个像素单元（或称为子像素）构成，分别负责红、绿和蓝色的显示，所以总共约有 1366×3×768＝3147264 个 R、G、B 像素单元。同样，对于分辨率为 1920×1080 的液晶屏，表示可显示 1920 列、1080 行，共可显示 2073600 个像素，有 6220800 个 R、G、B 像素单元。显然，分辨率越高，显示屏可显示的像素就越多，在同样屏幕尺寸下图像就越清晰。

目前，液晶彩电常见的物理分辨率有 1366×768 和 1920×1080 两种，主要取决于液晶彩电采用的面板，前者被大多数液晶彩电所采用，而后者称为"Full HD"（全高清）产品，是目前高清视频所达到的最高分辨率规格。对于用户的使用而言，1366×768 的机种基本能满足需求，已经大大高于 720×480 的 DVD 分辨率了，不过市面上有些碟机带有"倍线"功能，可以输出 720p（逐行扫描）甚至 1080i（隔行扫描）的图像。此时采用 1920×1080 分辨率的液晶彩电播放，能够更好地感受到高清视频带来的视觉震撼。

在液晶彩电中，除较多地采用了 1366×768 和 1920×1080 两种分辨率外，有些液晶彩电还会采用 1024×768、1280×768、1680×1050 等分辨率。

（3）像素

像素是指组成图像的最小单位，也即发光"点"，液晶板上一个完整的彩色像素由 R、G、B 三个子像素组成。因此，在液晶彩显中，提到一个像素时，都是指 RGB 一组像素。

液晶彩电的像素数量非常的多，对生产工艺要求非常高，按目前的技术和工艺，还不能保证每批生产出来的液晶彩电没有坏点。

液晶彩电的点有问题，称为点缺陷，分为以下几种。

① 亮点　在黑屏的情况下呈现的 R、G、B 点叫做亮点。亮点的出现分为两种情况：一是在黑屏的情况下单纯地呈现 R 或者 G 或者 B 色彩的点；二是在切换至红、绿、蓝三色显示模式下，只有在 R 或者 G 或者 B 中的一种显示模式下有白色点，同时在另外两种模式下均有其他"色点"。

② 暗点　在白屏的情况下出现非单纯 R、G、B 的色点叫做暗点。暗点的出现分为两种情况：一是在切换至红、绿、蓝三色显示模式下，在同一位置只有在 R 或者 G 或者 B 一种显示模式下有黑点的情况，这种情况表明此像素内只有一个暗点；二是在切换至红、绿、蓝三色显示模式下，同一位置上，在 R 或者 G 或者 B 中的两种显示模式下都有黑点的情况，这种情况表明此像素内有两个暗点。

③ 坏点　在白屏情况下为纯黑色的点或者在黑屏下为纯白色的点。在切换至红、绿、蓝三色显示模式下此点始终在同一位置上并且始终为纯黑色或纯白色的点。这种情况说明该像素的 R、G、B 三个子像素点均已损坏，此类点称为坏点。因此，对于点缺陷可以采用白屏、黑屏以及红、绿、蓝三色显示模式来判断与分析。

（4）对比度

对比度是指液晶彩电的透光等级，也就是屏幕上同一点最亮时（白色）与最暗时（黑色）的亮度的比值，高的对比度意味着相对较高的亮度和呈现颜色的艳丽程度。品质优异的液晶彩电屏和优秀的背光源亮度，两者合理结合就能获得色彩饱满和明亮清晰的画面。

对比度是直接体现该液晶彩电能否体现丰富的色阶的参数，对比度越高，还原的画面层次感就越好，图像的锐利程度就越高，图像也就越清晰。如果对比度不够，画面会显得暗淡，缺乏表现力。对于液晶彩电来讲，常见的对比度标称值还区分为原始对比度和动态对比度两种，一般动态对比度值是原始对比度值的 3～8 倍。

（5）亮度

液晶彩电亮度一般以 cd/m^2 为单位。

光测量的单位主要是光通量，就是单位面积内发出或者吸收的光的能量。亮度过低就会感觉屏幕比较暗，当然亮一点会更好。但是，如果屏幕过亮的话，人的双眼观看屏幕过久同样会有疲倦感产生。因此对绝大多数用户而言，亮度过高并没有什么实际意义。

（6）最大显示色彩数

液晶彩电的显示的最大色彩数与液晶板像素量化深度有关。什么是液晶彩电的量化深度呢？量化深度是指每个像素的量化位数。常见的有 6bit 液晶板、8bit 和 10bit 液晶板。

所谓 6bit 液晶板就是液晶板上每个子像素都用 6 位的数据来表示，一个像素的量化比特数为 $6×3＝18bit$；同理，8bit 液晶板一个像素的量化比特数为 24bit，10bit 液晶板一个像素的量化比特数为 30bit。

6bit 液晶板最大能显示 262144 种色彩（$2^6×2^6×2^6＝64×64×64＝262144$），8bit 液晶板可以显示 16777216 种颜色（$2^8×2^8×2^8＝256×256×256＝16777216$），10bit 液晶板可以显示 1073741824 种颜色（$2^{10}×2^{10}×2^{10}＝1024×1024×1024＝1073741824$）。

(7) 响应时间

由于液晶材料的黏滞性特点，会对显示造成延迟，因此，液晶彩电定义了响应时间这一指标。对于 CRT 彩电，是没有这一指标的。响应时间是反映各像素点的发光对输入信号的反应速度，也就是液晶由暗转亮或者是由亮转暗的反应时间。一般来说分为两个部分——上升时间（Rising）和下降时间（Failing）。像素点由亮转暗时对输入信号的延迟时间称为上升时间；像点由暗转亮时对输入信号的延迟时间称为下降时间。这两个时间的和，就是液晶彩电的响应时间，其计量单位为 ms（毫秒）。

早期液晶彩电的响应时间通常都在 50ms 以上，所以存在拖影的缺点。因为 1s 等于 1000ms，所以针对 50ms 的响应时间而言，最多可以在 1s 之内连续显示 $1000÷50＝20$ 张画面。而要顺畅地看电影画面的标准是每秒 24 张画面，所以 20 张画面的速度自然会产生拖影（也叫拖尾）现象；很显然不适合显示高速运动的画面。新一代的液晶彩电响应时间普遍缩短，现今的技术已经可以达到 4ms 左右甚至更小。由于各家厂商对于响应时间的算法有差异和争议存在，故液晶彩电的响应时间就其实用性来说，最好是在 16ms 以内，越小越好。响应时间越小，显示高速运动画面的质量越高。

(8) 可视角度

液晶彩电的可视角度也叫做视角范围，包括水平可视角度和垂直可视角度两个指标。水平可视角度表示以显示屏的垂直法线为准，在垂直于法线左或右方一定角度的位置上仍然能够正常的看见显示图像，这个角度范围就是液晶彩电的水平可视角度；同理如果以水平法线为准，上下的可视角度就称为垂直可视角度。一般而言，可视角度的测定是以对比度变化为参照的，当观察角度加大寸，该位置看到的显示图像的对比度会下降，而当角度加大到一定程度，对比度下降到标准以下的时候，这个角度就是该液晶彩电的最大可视角。

目前，市场上出售的液晶彩电的可视角度都是左右对称的。由于液晶屏自身的特点，水平可视角度大于垂直可视角度。液晶屏标注的可视角度的指标参数，如无说明，一般是水平可视角度。

(9) 屏幕比例

液晶屏宽度和高度的比例称为长宽比或幅型比，也称为纵横比或者就叫做屏幕比例，液晶彩电的屏幕比例一般有 4∶3 和 16∶9 两种。26 英寸以上的液晶彩电通常都采用宽屏比例；另外有些电视和显示器两用的液晶产品则有可能是 16∶10 的比例。

5.4.2　液晶彩电的技术术语

常用的液晶彩电技术术语介绍如下。

(1) 全高清

全高清（Full HD）是针对液晶彩电的屏幕分辨率而言的，当液晶屏的物理分辨率达到

1920×1080 的时候，就认为其液晶面板符合全高清标准，液晶彩电拥有 Full HD 分辨屏幕。

（2）双高频头

双高频头是指液晶彩电内置有两个高频头，可同时观赏两个不同频道的有线节目，具有多种画中画功能。如果没有双高频头，只能实现 VOG 画中画功能，即一路接信号，一路只能接 DVD 等信号源过来的 AV 信号，不能实现同时观看两个频道节目的功能。

（3）流媒体

液晶彩电作为家庭娱乐休闲中心，它与其他休闲娱乐设备之间的高度互动，已成为液晶彩电发展的趋势之一。能够播放流媒体的液晶彩电，有跟计算机上一样的 USB 接口，只要 U 盘直接插入 USB 接口即可实现图像与音频的播放。所不同的是，用计算机播放需要键盘标操纵，而在电视上播放只需一个普通的遥控器就可以了。更为便捷的是，将网上下载的 VCD、DVD、CD 盘里的音视频文件复制到 U 盘或移动硬盘上，就可以直接在流媒体液晶电视上播放。

（4）720p/1080i/1080p

720p/1080i/1080p 中的英文字母 i 是指隔行扫描，p 是指逐行扫描。720p 表示在光垂直方向由 720 行逐行扫描线合成一帧图像，1080i 表示在光栅的垂直方向由 1080 行隔行描线合成一帧图像，1080p 表示在光栅的垂直方向由 1080 行逐行扫描线合成一帧图像。在数字电视系统中，通过扫描格式变换电路，可以把隔行扫描的图像信号变换为逐行扫描的信号，以减小行间闪烁，提高图像垂直清晰度。

通常，720p/1080i/1080p 所指的扫描格式如下。

720p 格式：750 条垂直扫描线，720 条可见垂直扫描线，屏幕比例为 16∶9，分辨率为 1280×720。

1080i 格式：1125 条垂直扫描线，1080 条可见垂直扫描线，屏幕比例为 16∶9，分辨率为 1920×1080，隔行扫描。

1080p 格式：1125 条垂直扫描线，1080 条可见垂直扫描线，屏幕比例为 16∶9，分辨率为 1920×1080，逐行扫描。

其中，1080p 被称为目前数字电视的顶级显示格式，这种格式的电视在逐行扫描下能够达到 1920×1080 的分辨率。

（5）隔行扫描和逐行扫描

隔行扫描就是每一帧被分割为两场，每一场包含了一帧中所有的奇数扫描行或者偶数。逐行扫描每次显示整个扫描帧，如果逐行扫描的帧率和隔行扫描的场率相同，人眼将看到比隔行扫描更平滑的图像，相对于隔行扫描来说闪烁较小。

（6）高清电视

高清电视（Hign Definition Television，HDTV）采用的是数字信号传输方式，从电视节目的采集、制作到电视节目的传输以及用户终端的接收全部实现数字化。高清电视至少具备 720p 或 1080i 扫描，我国规定高清电视机的图像清晰度在水平方向和垂直方向必须大于等于 720p。电视线是图像清晰度的单位，但在概念与数值上与扫描线稍有区别，一般来说，电视线小于等于垂直扫描线。高清电视屏幕比例为 16∶9，音频输出为杜比数字格式 5.1 声道，同时能兼容接收其他较低格式的信号并进行数字化处理重放。目前主流的 HDTV 有三种格式，分别是 720p、1080i 和 1080p。

我国高清电视 HDTV 图像格式为 1920×1080，为目前数字电视的顶级显示格式，在发送端，仍以隔行扫描方式进行传送。

5.4.3 液晶彩电的维护与保养

液晶彩电以其轻薄美观、健康节能等诸多的优点，赢得了广大消费者的喜欢和青睐。不过，液晶彩电若维护和保养不当，也容易损坏，下面介绍一些维修和保养的知识，可供维修和使用人员参考。

（1）避免屏幕老化

液晶彩电屏幕会因为长时间工作或强光照射而引起老化或烧坏。老化的表现就是显示屏变黄发暗，严重影响观看质量。要避免屏幕老化，应做到以下几点。

① 长时间不看电视时，要关闭电视机，这样不但省电，而且可有效避免液晶彩电长时间通电而烧坏。

② 不要长时间地显示同一个画面，这样会导致某些 LCD 像素过热，进而使电视出现坏点。

③ 不要长时间地使用高亮度高对比度，这样不但对眼睛不好，而且容易引起显示屏老化。

④ 不要把液晶彩电放在太阳下驱走潮气，因为强光会加速液晶屏幕老化。

（2）正确地清洁显示屏表面

液晶彩电屏幕的表面看似一片坚固的黑色屏幕，其实在这层屏幕上厂商都会加上一层特殊的涂层。它的主要功能就在于防止使用者在使用时所受到其他光源的反光以及炫光，同时加强液晶屏幕本身的色彩对比效果。不过，因为各厂商所使用的这层镀膜材料也不尽相同，当然它的耐久程度也会因此有所差异，因此使用者在清洁时，千万不可随意用任何碱性溶液或化学溶液擦拭屏幕表面。液晶面板的污迹大体分为两种：一种是因为日积月累所粘留的空气中的灰尘；一种是使用者在不经意中留下的指纹和油污。

一般消费者清洁液晶屏幕时有以下误区，应避免。

误区一：用一般软布或纸巾来擦拭液晶屏幕。千万不能用一般软布（如眼镜布）或纸巾来擦拭液晶屏幕，对于柔软的液晶屏幕而言，它们的表面还是太粗糙了，很容易划伤娇气的液晶屏幕。

误区二：用清水清洁液晶屏幕。使用清水清洁时，液体极易滴入液晶彩电内部，这样会造成设备电路短路，从而烧坏昂贵的电子设备。并且对于指纹和油污，清水照样无能为力。

误区三：用酒精和其他一些化学溶剂清洁液晶屏幕。一般来说，酒精是一种常用的有机溶剂，可以溶解一些不容易擦去的污垢，如果只是用来清洁显示器外壳，也没什么不良影响。但一定不要用酒精来清洁液晶屏幕，一旦使用酒精擦拭显示器屏幕，就会溶解前面所说的特殊涂层，对显示效果造成不良影响。用化学溶剂就更不可取，化学制剂对"娇气"的液晶屏幕简直就是毁灭性的打击。

那到底用什么擦液晶屏幕才是最好的呢？

如果液晶屏幕不小心沾上了果汁、口水或者咖啡等不易清洁的污渍，可以用液晶专用擦拭布喷加适量无离子水，使擦拭布略具潮湿感，然后再去擦拭，就可以让污渍无踪迹，同时也不会擦伤液晶屏幕。专用的液晶擦拭布采用的是特殊纤维，具有比一般高档眼镜布要好得多的擦拭效果，柔软不伤屏幕，同时还具有消散静电的独特功能。

需要说明的是，不要每天都去擦拭液晶彩电屏幕，每天擦拭对液晶屏幕也是个不小的损坏。

（3）避免冲击

LCD 屏幕十分脆弱，所以要避免强烈的冲击和振动，LCD 中含有很多玻璃的和灵敏的电气元件，掉落到地板上或者其他类似的强烈打击会导致 LCD 屏幕以及其他一些单元的损坏。

另外，不要把使用 CRT 电视机的坏习惯带到液晶彩电中来，如用手对屏幕指指点点。液晶彩电比 CRT 电视机脆弱很多，尤其是 LCD 屏幕。虽然指指点点对于 CRT 电视机不算什么大问题，但液晶彩电则不同，这可能造成保护层的划伤、损害，使得显示效果大打折扣。

（4）HDMI 接口不能热拔插

HDMI 接口已成为液晶彩电的标准配置，除了具有高达 5Gb/s 以上的数据传输带宽，方便传送无压缩的音频信号及高分辨率视频信号之外，其另外一个优点在于使用方便，只需要一根 HDMI（高清晰度多媒体接口）线，音频视频就可以全部传输。而且接口设计得非常方便拔插，不需要按动任何按钮就可以轻易地插上拔下。但是这样却带来了一个问题：由于 HDMI 接口并不支持热拔插，如果在开机状态下直接将其插上或拔下，很容易将 HDMI接口的芯片烧毁，造成不必要的损失。因此，在拔插 HDMI 线的时候，千万不要热拔插，一定要在将电视机和高清播放机电源都关闭之后，才能进行拔插。

任务5-5 液晶彩色电视机检修技术

5.5.1 液晶彩色电视机故障产生的原因

任何电子产品使用很长时间后，或使用不当和意外受损，出现故障是难免的。作为液晶彩电维修者，要快速准确地排除故障，除掌握必要的基本理论外，还需具备一定的检修方法和故障处理技巧。液晶彩电故障产生的原因如下。

（1）内部原因

指机内元器件性能不良，元件虚焊、腐蚀，接插件、开关及触点氧化，印制板漏电、铜断、锡连等由于生产方内部原因造成的故障，元器件的寿命也属这类故障。

（2）外部原因

这部分故障指由于使用方的外部条件造成的故障，如由于电网电压不正常造成对电源部分及电路元件的损害；长期工作造成对机内大功率元件的损害；尘埃及油烟造成元件的老化、性能下降等；液晶屏的坏点等。

（3）人为原因

人为原因包括运输过程中的剧烈振动和过分颠簸，以及用户自己乱拆、乱调及乱改液晶彩电造成的故障。值得一提的是，一些并不具备一定基础知识的维修者维修时，不注意元件的参数，随意更换元件，对机器所造成的损害是"致命"的，如把开关电路的快恢复二极管换成用于 50Hz 整流的普通二极管，把小容量电解电容器换成特大容量的电解电容，液晶屏背光元件替换错误等。维修人员在检修机器之前，应首先弄清故障属于哪一种原因造成的，然后根据不同原因和表现的症状进行检查、分析和修理。检修时，一般应先从外部原因着手，再着手查找内部原因。在检修前还应尽量向用户询问，同时在检修时作好记录，以便于对故障进行分析与判断。

5.5.2　液晶彩色电视机故障产生的原因

①　加电时要小心，不应错接电源。打开液晶彩电后盖后，注意不要碰触高压板的高压电路等，以免发生触电事故。

②　不可随意用大容量保险丝或其他导线代替保险管及保险电阻。保险管烧断，应查明原因，再加电试验，以防止损坏其他元件，扩大故障范围。

③　维修时应按原布线焊接，线扎的位置不可移动，尤其是高压电路、信号线，应该注意恢复原样。

④　当更换机件时，特别是更换电路图或印制板上有标注的一些重要部件时，必须采用相同规格的部件，决不可随意使用代用品。当电路发生短路时，对所有发热过甚而引起变色、变质的器件应全部换掉。换件时应断开电源，当更换电源上的器件时，必须先对滤波电容进行放电，以免电击。

⑤　更换元器件必须是同类型、同规格。不应随意加大规格，更不允许减小规格。如大功率晶体管不能用中功率晶体管代替，高频快恢复二极管不能用普通二极管代替，也不能随意用大功率管代替中功率管。又如晶体管击穿，可能是该管质量不好，也可能是工作点发生了变化。若由于电解电容漏电太严重而引起工作点变化，如果仅仅更换了晶体管（用大功率管代替中功率管，而没有更换电容），那么不但矛盾没有解决，甚至可能扩大故障面，引起前后级工作不正常。

⑥　维修时应根据故障现象冷静思考，尽量逐渐缩小故障范围，切不可盲目的乱焊、乱卸。

⑦　更换元件、焊接电路，都必须在断电的情况下进行，以确保人机安全。

⑧　拆卸液晶屏时要特别小心，不能用力过猛。以免对液晶屏造成永久的损害。

⑨　在维修过程中，若怀疑某个晶体管、电解电容或集成电路损坏时需要从印刷电路板上拆下测量其性能好坏。在重新安装或更换新件时，要特别注意晶体二极管、电解电容的极性，三极管的三个极不能焊错。集成电路要注意所标位置及每个端子是否是安装正确，不要装反，否则维修人员因自己不甚会造成新的故障就更难排除了，而且还容易损坏其他元器件。

⑩　机器由于使用太久，灰尘积累过多，维修时应首先用毛刷将浮尘扫松动，然后用除尘器吹跑。吹不掉的部位又必须清除时，宜用酒精擦除。严禁用水、汽油或其他烈性溶液擦洗。

5.5.3 液晶彩电电源电路的维修

液晶彩电电源电路主要包括开关电源和 DC/DC 变换器两部分，二者的检修方法不尽相同，下面分别进行介绍。

液晶彩电的开关电源电路故障率较高，开关电源分内置和外置两种：外置电源（电源适配器）以单独电源盒的形式通过连接线及插头与液晶彩电连接，为液晶彩电提供直流电压（12V、14V 或 18V 等），内置电源往往与高压逆变电路做在一个 PCB 板上。无论外置式还是内置式，其检修方法是一致的。

5.5.3.1 开关电源的检修方法

（1）假负载法

在维修开关电源时，为区分故障范围是在负载电路还是在电源本身，经常需要断开负载，并在电源主输出端（一般为 12V、18V 或 24V）加上假负载进行试机。之所以要接假负载，是因为开关管在截止期间，储存在开关变压器初级绕组的能量要向次级释放，如果不接假负载，则开关变压器储存的能量无处释放，极易导致开关管击穿损坏。关于假负载的选取，一般选取 30～60W 的 12V 灯泡（汽车或摩托车上用）作假负载，优点是直观方便，根据灯泡是否发光和发光的亮度可知电源是否有电压输出及输出电压的高低。为了减小启动电流，也可采用 30W 的电烙铁作假负载或大功率的 0.6～1kΩ 电阻。

提示：对于大部分液晶彩电，其开关电源的直流电压输出端大都通过一个电阻接地，相当于接了一个假负载，因此，对于这种结构的开关电源，维修时不需要再接假负载。

（2）短路法

液晶彩电的开关电源，较多地采用了带光电耦合器的直接取样稳压控制电路，当输出电压高时，可采用短路法来区分故障范围。短路检修法的过程是：先短路光电耦合器的光敏接收管的两脚，相当于减小了光敏接收管的内阻，测主电压如没有变化，则说明故障在光耦器之后（开关变压器的初级电路一侧），反之，故障在光耦器之前的电路。

需要说明的是，短路法应在熟悉电路的基础上有针对性地进行，不能盲目短路，以免将故障扩大。另外，从检修的安全角度考虑，短路之前，应断开负载电路。

（3）串联灯泡法

所谓串联灯泡法，就是取掉输入回路的保险丝，用一个 60W/220V 的灯泡串在保险丝两端。当通入交流电后，如灯泡很亮，则说明电路有短路现象。由于灯泡有一定的阻值，如 60W/220V 的灯泡，其阻值约为 500Ω（发光时），所以起到一定的限流作用。这样，一方面能直观地通过灯泡的明亮度来大致判断电路的故障。另一方面，由于灯泡的限流作用，不至于立即使已有短路的电路烧坏元件。直至排除短路故障后，灯泡的亮度自然会变暗，最后再取掉灯泡，换上保险丝。

（4）代换法

现在液晶彩电开关电源中，一般使用一块电源控制芯片，而此类电源芯片现在已经非常便宜，因此，怀疑控制芯片有问题时，建议使用代换法进行更换。

项目

5

5.5.3.2 DC/DC 变换器的维修

在主开关电源输出的直流电压（12V、18V、24V 等）正常的情况下，DC/DC 直流变换电路直接决定着液晶彩电的正常工作与否。液晶彩电中，DC/DC 直流变换电路一般用来产生 5V、3.3V、2.5V、1.8V 等电压，为液晶彩电小信号处理电路供电，当这些供电不良时，会表现出多种多样的故障现象，如无信号、无图像、死机、花屏、白屏等。DC/DC 变换器由于电路比较简单，电路出问题后比较容易检修。

对于采用稳压器的 DC/DC 变换器，检修方法是：若查到某个稳压器没有输出，可测量其输入电压。若输入电压正常，则检查负载和控制端，若都正常则为稳压器本身损坏。对于采用开关型的 DC/DC 变换器，检修方法是：若查到某个稳压器没有输出，可测量其输入电压。若输入电压正常，检查控制端是否正常，若控制端也正常，再检查输出电感、续流二极管等元件是否正常，若都正常，则为稳压器本身损坏。在实际维修中，以输出电感不良居多。

5.5.4 液晶彩电高压板维修和更换技术

液晶彩电高压板（也称逆变器、背光电源等）电路故障率较高，由于此部分电路元器件布局紧凑，许多元件采用的是双面安装，因此查找具体元件或走线都比较困难；对于高压板的维修，既可以采用更换单个故障元件的方法来维修，也可以采用更换整板的方法进行维修，即所谓板级维修。

5.5.4.1 高压逆变电路与黑屏故障现象的判断

高压板上的高压逆变电路出现故障后不能点亮背光灯或引起机内保护电路动作，因此引起黑屏。但黑屏故障也仅仅是由于高压板电路故障引起的。从大的部位来说，引起黑屏故障的电路和信号主要原因如下。

①位于开关电源和主板的高压板电源供电电路、微处理器送出的高压逆变电路 ON/OFF 控制信号、亮度控制信号。

②高压板电路。

③主板输出送往液晶面板的相关信号（包括图像信号）问题。

④液晶面板问题。因此维修黑屏故障首先要判断黑屏故障由哪部分电路引起。下面介绍几个判断黑屏故障大致范围的方法。

① 如果是黑屏，但能开机而不保护，此时可用台灯或手电照射液晶屏，如果能显示出一些暗淡的图像，说明主板输出到液晶屏的图像信号正常，故障由于背光灯未点亮引起。由于彩电没有发生保护故障，因此高压板中的保护电路未动作，高压输出电路可能没有发生故障，应该重点检查高压板电源供电电路、微处理器送出的高压逆变电路 ON/OFF 控制信号、亮度控制信号等。

② 同样是黑屏，且能开机而不保护，如果用灯光照射液晶屏看不到暗淡的图像，说明主板可能没有向液晶屏输出图像信号，可用示波器在主板与液晶面板的接口处检查。当彩电加彩条信号，且主板有正常的图像信号向液晶面板输出时，此时应检查高压板及液晶面板是否有故障；当没有图像信号输出时，应着重检查主板图像处理电路。

③ 开机后，屏幕瞬间点亮，然后保护关机黑屏。对于此种黑屏故障，应特别注意在开

机瞬间仔细观察屏幕显示的故障现象，以便对故障进行判断。如果发现屏幕上半部或下半部发暗（多支背光灯不亮），或水平有暗带（单支背光灯不亮），都可以说明保护和黑屏故障现象是由于高压板高压输出电路出现故障引起。如果出现背光灯未点亮的故障现象，首先检查背光灯连接插座是否有松动现象，高压变压器是否有虚焊的现象，然后再进行电路检查。

需要注意的是，液晶彩电保护性关机后，不能马上开机，要等至少 3min 后才能开机，这是因为电源电路中滤波电容上充的电量没有完全放掉，保护电路仍然保持动作，致使彩电不能开机。为了再一次对故障现象进行确认，保护后，可以拔掉电源插头，过 3min 后，再插上电源插头，有的机型（如索尼液晶彩电）可听到机内有继电器动作的"喀喇"声，此时再接通电源开关，观察彩电的故障现象，看是否先出现光栅（包括不正常的光栅），然后保护动作。

5.5.4.2 高压逆变电路故障的判断与检查方法

对于高压板（逆变电路）的检修，可采用以下方法进行分析和判断。

（1）保险电阻检查法

下面以三星 32 英寸、42 英寸液晶屏中使用的高压板为例进行介绍，这两款高压板在很多 32 英寸、42 英寸液晶屏中都有使用。32 英寸液晶屏高压板的编号为 PCB2675A06-126267，42 英寸液晶屏高压板的编号为 PCB2677A06-126269。这两款高压板在三星、索尼等众多型号的液晶彩电中都有应用（索尼 KDL32S2000/32S2010/32S2400/32S20L1、KDL40S2000/40V2500/40S2010/40S2400/40S20L1、KDIA6S2000/46V2500/46V25L1 系列液晶彩电）。

一般来说，高压板电路上会设置若干个保险电阻（黄色），检查高压板时应首先对板上的所有保险电阻进行检查，若哪支保险熔断，则说明这路电路有故障，然后重点检查此路的输出管、高压变压器等。

（2）感应电压测试法

由于高压板的输出电路（高压变压器的次级端及 CCFL 背光灯插座）为高压电路，因此，当测试电压时，一般需要使用专门的交流电子管电压表，这给维修带来了很多不便。在检查高压输出电路时，可使用感应法大致检查高压输出电路及高压变压器是否正常。

以 32 英寸液晶屏高压板 PCB2675A06-126267 为例，检查时可将数字万用表置于交流电压挡，黑表笔接地，红表笔放在高压输出变压器上（注意表笔的尖头不要用力接触变压器，以防把变压器的绝缘层损坏）。如果高压输出电路和高压变压器正常，万用表上的读数为 1～2.5V；如果没有输出，则万用表的读数为 0.5V 左右（数据可能因高压板不同而不同，应积累经验）。

以 32 英寸液晶屏 PCB2675A06-126267 高压板为例，当出现上部多只背光灯未点亮，屏幕上半部变暗的现象时，高压板从上到下，在高压变压器处所测试的感应交流压分别为 1 号～3 号变压器 0.5V，4 号～6 号变压器 1.1V，7 号变压器 1.0V，8 号变压器 2.0V。

注意：开机后高压板的输出电路有高压（空载时 1000V 以上，正常工作时 700V 左右），检查电路时应注意安全，且尽量不要直接测试高压。

（3）高压测试棒触碰法

对于开机后闪一下即黑屏的故障，可采用这种方法：开机后，马上用高压测试棒（也可用单支万用表表笔）触碰高压输出插头焊接端，看是否有微弱蓝色火花出现，如果有火花出现，灯管不亮的故障在灯管本身或接插件问题。注意多灯管的要逐一进行试验。这里强调开机后马上进行测试主要是为避免保护电路启动后造成误判。根据实际经验，冷机即使灯管损坏，保护电路启动也需要几秒以上，而热机或者刚断开电源不久又重新通电，保护电路启动仅需1～2s，因此要掌握好检测时机。

如果在保护电路未动作之前测得无放电火花产生，则应测量各级供电电压是否正常，背光灯启动信号电平是否正确；用示波器测量末级驱动管或者控制集成块信号输出引线端子是否有50kHz以上波形（具体频率因机型而异，通常幅值在10～20V）。如果有波形，故障一般在高压变压器、次级高压输出电容或灯管。

5.5.4.3　高压板的更换技术

维修液晶彩电的高压电路时，有时候并不能找到相应型号的配件，需要通过换板的方法来进行维修，下面简要介绍高压板更换技术。

（1）高压板选择

选择高压板时，要注意以下几点：体积要适合，特别是体积不能过大，否则很难进行装配；支持灯管个数要一致；供电电压要一致；高压板用途不同，供电电压不一样，例如同样是6灯管高压板，供电电压就有12V、24V等不同的供电方式；功率要一致或高于原机，如果新高压板功率不够，会导致输出管发热量大，使用寿命缩短，或者干脆不能点亮灯管；灯管输出接口形状尽量一致。通常购买的高压板分为宽口和窄口，宽口是指一个高压输出插座可以同时接两个以上灯管，例如输出接两灯，窄口是指一个输出插口接一个灯管，高压板的每个输出口（指窄口）都由两根线组成，一根为高电平，一根为低电平。

（2）高压板接线引脚的识别

拿到一款高压板，首先要根据说明书或者PCB板元件走线、布局来判断确认主板和高压板连接插座各端子功能，然后才能逐一接线并固定到机壳内。有些高压板的说明书中标注有插座的功能，有些则没有标注。对于没有标注的高压板，可按以下方法进行区分。

一般来说，高压板和主板的连线中，有电源端、地端、高压板启动端和亮度控制端。

首先找电源端和地端。因为所有高压板的接地端都与安装孔相通，因此通过与高压板安装孔相连的PCB走线可很快找到接地端。接地端一般不止一根，且它们是连在一起的。

在高压板PCB上，一般有比较大的电解电容，它们的负极也是接地的，正极一般接电源端，为确认高压板的插座上哪一只引线端子是电源端，可用数字万用表的蜂鸣器挡进行测量，表笔的一端接电解电容的正端，另一端逐一碰触高压板和主板的连接插座，若测到哪一路时蜂鸣器长鸣不止，说明这个插针就是电源供电端。

高压启动控制端和亮度控制端也比较好区分。一般来说，亮度控制端应和高压电源控制芯片的某一端子相连；而高压启动控制端一般通过一只电阻或二极管接三极管控制电路，因此，通过查找它们的去向即可判断出高压启动端和亮度控制端。

（3）高压板的代换注意事项

基于安全问题，在安装高压板时确保高压部分和液晶彩电金属材料保持至少4mm以上距离，或使用足够等级（3kV）的绝缘材料隔离，避免高压放电的产生。为了避免干扰，一定要把高压板的接边孔用螺丝拧到液晶彩电的金属壳上，如果不便固定，也要用粗导线进行连接。高压板一般都配有1A以上保险丝，不要将其直接短路，以免高压部分故障连带损坏电源或其他电路。

5.5.4.4 灯管的选择与更换

液晶背光灯的类型有多种，目前应用较多的是直管型冷阴极荧光灯，即直管 CCFL。液晶屏的工作寿命和灯管的寿命相差巨大，一般液晶屏的寿命在 20 万小时以上，而 CCFL 的寿命却只有不到 5 万小时甚至更低。另外出于对液晶彩电显示亮度和色彩的要求，CCFL 的寿命周期就更短，寿命一般在 15000～25000h 之间。灯管老化后会使图像变暗、发黄，灯管损坏后会引起黑屏，这些都需要对灯管进行更换，因此更换 CCFL 也是维修液晶彩电所必须熟练掌握的技能。

（1）灯管的选择

给液晶彩电更换灯管时，一般要从以下几个方面考虑。

① 直径。液晶彩电背光灯管的直径一般在 3mm 左右，原则上选择比原液晶屏所配的灯管直径细的也可以，这里主要考虑的是安装空间，但应注意新灯管的启动电压、工作电压、工作电流等参数与原灯管基本保持一致。一般来说，直径较小的灯管需要工作电压较高，在代换粗灯管时可能会出现亮度低时闪烁、突然黑屏或者不易启辉的故障。

② 长度。灯管选取时，要确保长度一致，20 英寸就选 20 英寸的，32 英寸就选 32 英寸的。测量灯管的长度时，要把电极的长度包含在内，单位精确到毫米，长度偏差太大就会导致无法安装。

③ 色温。色温是指光源光色的程度。一般液晶彩电的色温在 6500～9300K 之间。色温这个指标只有在批量采购配件的时候才能够运用到，一般维修员在配件经销商那里是不需要这个指标的。

（2）更换灯管注意事项

① 环境要清洁，切忌在尘多的环境下操作，尤其有一部分液晶屏在更换灯管时需要拆解液晶板，如果不慎落入灰尘，会导致屏幕有暗点。

② 灯管极其纤细脆弱，整个更换过程当中用力一定要轻柔，否则很容易导致灯管折断。

③ 拿灯管的时候，切忌不要动作过大，以免对液晶屏造成伤害，要戴橡胶薄膜手套，以免手上汗渍沾染到灯管上，使用时间长以后，灯管局部会发黄。

④ 焊接灯管电极连线时，焊接速度要快，焊点要圆润光滑。如果焊点有毛刺现象，很容易打火放电。引起高压驱动电路损坏，或者液晶彩电无规律黑屏。

⑤ 更换灯管时，在将旧灯管从灯架取出时，要防止把灯架弄变形，否则，在更换完灯管后，屏幕周边很容易出现漏光现象，一旦出现漏光现象，处理起来将相当困难。

⑥ 部分液晶屏在更换灯管时，需要将液晶屏上的 FPC（柔性印刷电路板）板移开，这块 FPC 板特别娇嫩，不能用力牵拉，否则会导致屏幕出现亮线甚至完全报废，排线一旦折断，则修复成功率很低。

⑦ 在用手接触液晶屏电路板上的元件时，要防止静电损坏元件，最好戴防静电腕带来防止静电。

⑧ 在对灯管进行代换时，主张所有灯管同时换新，这样屏幕各部分亮度比较一致，眼睛不易疲劳，同时，逆变器各高压负载相同，不会造成闪烁或黑屏的故障。

注意：更换灯管过程很简单，但是很多时候拆装几次才能完成，安装和拆屏幕的时候一定要小心谨慎。不要过分着急或用力过大，首次拆屏一定要确认已经弄清了屏的结构后再下手，以免意外损坏液晶屏。灯管备件要多备一些，由于更换不小心折断灯管的情况很多。总之更换

项目

5

灯管是一项耐心、细致加技巧的工作，只有多次尝试，才能达到事半功倍的效果。

5.5.5 液晶彩电前端图像模拟信号处理电路的维修

液晶彩电中图像信号处理电路主要包括图像模拟信号处理电路与图像数字信号处理电路两大部分，在有的液晶彩电中还把图像模拟信号处理电路和图像数字信号处理电路做成两块独立的电路板，以便于生产、检修和更换。液晶彩电前端图像模拟信号处理电路是指：液晶彩电公共通道（包括高频头及中频处理电路）、图像解码电路以及常规 AV 信号输入电路等。液晶彩电前端图像模拟信号处理电路故障时引起的故障现象与常规 CRT 彩电基本相同，如无图无声、雪花噪点大、图像不清、无彩色等故障。

在液晶彩电中有些图像方面的故障，可能出现在模拟信号处理电路部分，也有可能出现在数字信号处理部分，要特别注意区分。也可以使用一些技巧来判断故障大致出现在哪部分电路，有关此方面的问题，在后面还要具体介绍。

在液晶彩电中设置有比常规 CRT 彩电丰富很多的外接信号输入口，其中包括 AV 接口、S 端子、YpbPr（色差分量）接口、VGA 接口、DVI（数字视频）接口、HDMI 接口、LVDS（低压差分信号传输）接口等。其中的 AV 接口、S 端子、YPbPr 接口可以算作前端模拟信号处理电路，这些输入信号经过信号选择电路后都要送到图像解码电路进行处理；而VGA 接口、DVI 接口、HDMI 接口可以看作是数字视频处理电路的一部分，一般来说这几个输入信号都是直接送往数字视频处理电路，其中 DVI、HDMI 属于数字视频信号，可以直接送到数字视频信号处理器，但 VGA 信号是模拟色差信号，需要先经过模/数转换。在液晶彩电中，有的电路方案使用独立的模/数变换器，有的电路方案将模/数变换器与数字视频信号处理器集成在一起。

液晶彩电外接输入信号与各电路之间的关系如图 5-7 所示，从不同端口输入信号进行测试，可以反映出各相关电路是否正常工作。如果接收电视信号图像不正常时，可改从 AV 端口输入信号进行试验，若图像正常，说明故障在图像解码电路之前；若从 AV 端口输入信号图像仍不正常，可再从 VGA 或 DVI 端口输入信号，若图像正常，说明故障在图像解码电路；若从 VGA 或 DVI 端口输入信号，图像仍不正常，说明故障在数字视频信号处理部分。

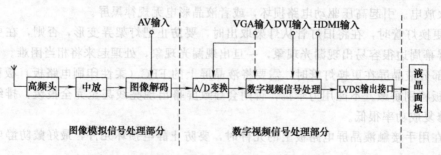

图 5-7 液晶彩电外接输入信号与各电路之间的关系

5.5.6 液晶彩电数字视频电路的维修

经过前端图像模拟信号处理电路处理后的电视图像信号以及常规 AV 输入信号，送到后面的数字视频信号处理电路。图像数字信号处理电路主要是指视频信号模/数变换器一直到与液晶屏接口之间的电路，AV 信号输入电路中的 VGA 接口、DVI 接口、HDMI 接口也可以算入这部分电路中。

5.5.6.1　输入接口电路的维修

液晶彩电信号输入接口有 AV 接口、S 端子、YPbPr 接口、VGA 接口、DVI 接口、HDMI 接口等。其中的 AV 接口、S 端子、YPbPr 接口应该算作前端模拟信号处理电路，而 VGA 接口、DVI 接口 HDMI 接口可以看做是数字视频处理电路的部分。当这些接口电路出现故障后，从相应接口输入信号时，会出现无图像、图像有干扰等故障。对于 VGA、DVI 等接口，可能会出现提示"无信号"现象。下面以 VGA 接口为例，说明输入接口电路的维修方法。

VGA 插头在多次插拔以后，可能会导致针孔中的簧片变松，出现接触不良情况；还有就是对液晶彩电 VGA 信号线的暴力拉扯，也可能使 VGA 插头信号传输问题，导致液晶彩电黑屏或者单色、偏色。遇此情况，除更新信号线外，还可以使用焊锡把液晶彩电信号线插头上的针脚加粗，让松动的簧片重新和液晶彩电信号线紧密接触，或者更换液晶彩电上的 VGA 插座。另外也可能是液晶彩电 PCB 板上的 VGA 插头对应焊点开焊或者断路，只需重新补焊即可。对于其他输入接口，当出现故障时，处理的方法与上述类似。

5.5.6.2　图像处理电路的维修

数字视频信号处理电路主要包括 A/D 转换、行处理、图像缩放电路 SCALER 等，一般由一片超级芯片或几片芯片完成，其主要作用是把图像模拟信号处理电路处理后的 TV 视信号和 AV 输入信号以及 VGA、DVI 输入信号进行 A/D 转换，然后进行隔行/逐行变换、图像缩放、变换等处理，转换为与液晶屏物理分辨率相对应的数字视频信号，通过输出接口加到液晶面板电路。

这部分电路比较常见的故障为虚焊、电容漏电等，检修时，首先保证各处理芯片的供电正常，这些芯片的供电电压一般分为 3.3V、2.5V、1.8V 等几种。较易出现故障的是供电电路异常（DC/DC 变换器损坏）、晶振不良。以图像缩放电路为核心的数字视频处理电路常见故障现象有以下几种。

（1）花屏、白屏

当数字视频处理电路的供电异常失去供电时，会导致没有信号输出送往液晶屏而出现白屏现象，此时应检查数字视频处理电路的供电电压（多组），并检查其信号输出，SCALER 输出信号有两种形式：一种为并行输出 TTL 电平的数字 R、G、B 信号，送往后续的 LVDS 接口电路；一种为直接输出 LVDS 信号。

（2）图像垂直翻滚及扭曲

故障可能出现的部位及原因：数字视频处理电路后级有故障时，测量输出信号会出现抖动；液晶屏的供电不正常，重点检查 5V、12V 双电源供电的液晶屏的供电是否正常和稳定；液晶屏内部的驱动电路不良。

（3）图像撕裂

数字视频处理电路故障或液晶屏供电故障，会出现图像撕裂现象。

项目

5

5.5.7 液晶彩电微控制电路的维修

5.5.7.1 微控制器常见故障的维修

微控制器常见故障现象及维修方法介绍如下。

（1）无规律花屏、死机

主要检测微处理器的基本工作条件是否正常，供电电压是否稳定，复位电路元件、晶振性能有无不良；另外，微控制器本身损坏或存储器资料丢失，也会造成死机故障。如果微控制器一切正常，需要检查 Scaler 电路、液晶屏等。

（2）按键失灵

首先检查按键接插件是否接触良好，有无开焊断裂，各按键有无短路，若存在，则更换损坏元件，否则检测微控制器基本工作条件是否正常，如果故障还不能排除，就检测 SDA、SCL 上挂接的元件是否损坏，最后，还要检查存储器及其资料是否正常。

（3）按键功能错乱

MCU 一般设置 1～2 个端子作为按键输入端，各按键通过电阻分压的方式传递到按键输入端，按下不同的键，会有不同的电压，据此，MCU 可区分出不同的按键功能。按键漏电、接触不良都可能是引起故障的原因。

5.5.7.2 微控制器电路软件故障的维修方法

（1）利用存储器拷贝机对存储器的数据及程序进行重写

图 5-8 是使用存储器拷贝机法拷贝液晶彩电存储器数据的示意图。一般操作步骤如下。

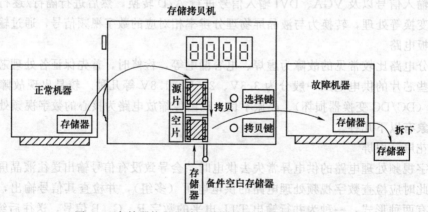

图 5-8　存储器拷贝机拷贝液晶彩电存储器数据示意图

① 接通存储器数据拷贝机的电源。

② 按动拷贝机上的选择键，选择所要拷贝存储器的型号。

③ 拆下与所修故障机相同型号正常机器上的存储器（或作为资料保存的存储器）作为"源片"存储器，插入到存储器拷贝机的"源片"插座上。

④ 将需要写入数据的空白存储器或备件存储器（已经使用过的好存储器）作为"空片"存储器插入到存储器拷贝机的"空片"插座上。

⑤ 压下存储器插座锁紧开关，将"源片"存储器和"空片"存储器锁紧在存储器插座上。

⑥ 按下拷贝机上的"拷贝"键，拷贝机执行拷贝操作，将"源片"存储器中保存的数据拷贝到"空片"存储器中。

⑦ 从拷贝机上取下新拷贝好数据的存储器更换到故障机上，将源片装回原机。

使用存储器拷贝机时应注意的几点问题如下。

① 从正常液晶彩电上拆下"源片"存储器后，应该使用记号笔在存储器上做好标记，不要与故障机存储器或"空片"存储器相混。

② 从故障液晶彩电上拆下的"故障"存储器，也要使用记号笔在存储器上做好标记，不要与其他存储器相混。不要使用故障机上的存储器作为"空片"存储器使用，这是因为：第一，还不能确定故障机上的存储器是数据出错，还是存储器本身有问题；第二，需要将原故障机存储器换回时使用。

③ 在将"源片"存储器和"空片"存储器插入存储器拷贝机的插座上时，不要插错位置，否则，执行"拷贝"操作后，"源片"存储器中存储的数据将被删除。

④ 使用存储器拷贝机也可以将液晶彩电存储器数据拷贝到空白存储器中作为备份资料，以便以后使用。但这种备份总线数据资料的方法不是很方便，因为备份一个机型的数据就要使用一片存储器，既不经济，也不容易保存和整理资料，只有集中修理某几种液晶彩电机型时，这种方法才有实用意义。

（2）利用液晶彩电专用编程器对存储器数据进行拷贝

显而易见，液晶彩电专用编程器（烧录器）就是针对某一种或某一类液晶彩电而设计的，只能用于某一特定机型存储器的读写，虽然此类编程器适用面较窄，但其好处是可以不必拆下存储器，维修时，只需将专用编程器通过液晶彩电维修接口或 VGA 接口连接好，在 E²PROM 读写软件的配合下，即可在线对存储器中的内容进行更新。

（3）利用通用编程器对存储器数据进行拷贝

这里所说的通用编程器，说得夸张一点就是所谓的"万用编程器"，这类编程器适用面较广，可对不同种类的存储器、可编程逻辑器件以及单片机进行编程和数据读写操作。虽然这类编程器操作麻烦一点，但毕竟是"万能"的，对于专业维修人员使用很方便。

（4）利用编程软件配合计算机并口对存储器数据进行拷贝

这种方法是使用专用的存储器编程软件配合计算机并口（打印机接口）和一个简单的接口电路来实现。这种方法的基本原理是利用专门设计的存储器编程软件，对计算机并口中的两个（或 3 个）数据输入/输出端口重新进行定义，使其符合通信规则（或其他类型存储器接口规则）。另外，将计算机并口中的其他几个数据输出端口并联起来作为存储器的电源为待编程的存储器供电（这样可省去存储器接口电路中的外接电源），在计算机中运行存储器编程软件，就可实现对存储器数据的读写操作和数据拷贝。

在维修液晶彩电和其他一些家电设备工作中，大多数存储器都是 24 系列存储器，因此，如果读者对微控制器或单片机的使用比较熟悉，可以自己动手制作一个简单的接口电路，在修理液晶彩电需要对存储器数据进行拷贝时，探索一种既经济又实用的好方法。

5.5.7.3 液晶彩电程序的升级

随着液晶彩电的功能越来越多，程序也越来越复杂，相同平台（机芯）应用于不同地区、不同功能的系列产品也越来越多。因此，液晶彩电一般采用 Flash ROM 存储器或 Flash ROM 的 MCU 芯片，使用 Flash ROM 可以比较方便地更改软件错误和进行软件升级，否则当程序出现问题，而不能升级的话，则只能更换 MCU 或存储器芯片，那样太不方便了。例如，某 SONY 液晶彩电，因为主程序中有一处 Bug，致使彩电用遥控器关机后，不能正常开机；厂家技术人员经分析后发现，此故障是由程序有 Bug 引起的。解决的方法是，修理员到每个购买了此机型的顾客家，现场升级此机器的主程序。关于液晶彩电程序升级的方法，不同品牌、不同型号的电视采用的升级仪器不尽相同，升级软件也不尽相同。

5.5.8 液晶彩电工厂模式的进入与调整

在维修液晶彩电的工作中，有些故障需要进入工厂模式进行调整，或者通过工厂模式的调整来压缩、判断故障的范围。众多品牌的大量机型，其进入工厂模式的方法是不相同的。

（1）用户模式和工厂模式

现在的液晶彩电大多采用菜单方式对个别参数进行调节。用户对上述参数进行调节时的操作模式叫做"用户模式"。

出厂时，存储器内已经存储了"用户模式"的最佳调节参数和一些特殊的参数。特殊参数只有通过特殊的方法才能调出，因此把这种只能用特殊方法才能调出参数的模式叫做"工厂模式"或"维修模式"。

（2）为什么要进入工厂模式

有时用户会在偶然情况下调出"工厂模式"并误操作，或出于好奇做了调节，等退出后又不知如何再进入，使液晶彩电显示状态发生变化，用"用户模式"又无法恢复，这时就需重新进入"工厂模式"。

有时在液晶彩电工作过程中，如果周围环境中存在较强的电磁干扰或内部产生打火现象，很容易引起存储器中的数据错乱，造成液晶彩电在使用过程中出现各种各样的故障。这时，也需要进入"工厂模式"进行调整，使之恢复正常数值。有时候进入工厂模式也无法进行调整，此时只能重写液晶彩电中的存储器内容，需使用专用的编程器进行读写，或者更换存储芯片。

另外，液晶彩电的工厂模式中存储着诸如 LCD 累计使用时间、出厂日期、液晶面板类型等重要参数，所以对于购买液晶彩电的消费者，进入工厂模式查看一些相关信息也是验证液晶彩电是否是新品的重要方法。

（3）不同液晶彩电进入工厂模式的特点

工厂模式是供液晶彩电出厂前调试或是在维修时由厂家的技术人员操作之用的，一般不向普通用户开放。如果用户对液晶彩电的电路结构及工作原理有比较全面的了解，对工厂模式里面各项调节有深刻的认识，借助工厂模式的功能可以把液晶彩电调节到更好的状态。不同的液晶彩电，进入工厂模式的方法不尽相同，一般有以下几种方法。

① 利用用户遥控器，输入不同的按键组合进入。

② 进入菜单某一选项，然后用遥控器输入密码进入。

③ 在规定的时间内连续按遥控器上某个键若干次（例如 5 次）。

④ 利用厂家提供的专用遥控器，按厂家提供的方法操作进入。

⑤ 使用特殊的软件和硬件配合进入，这类专门的软件只有厂家或它授权的技术服务中

心才有。

　　注意：不同厂商的工厂模式内置的功能不同，有的液晶彩电只是比常用功能多出一点而已，如果调节不当只是影响显示效果，但也有一部分厂商的工厂模式功能相当丰富，而且每一项功能都只是一个简称，实际操作时要借助手册，不慎的误操作则有可能对液晶彩电产生很大的影响，例如影响到液晶彩电的部分功能甚至导致液晶彩电无法正常工作。因此，在使用工厂模式时要慎重，在不清楚某个功能之前，最好不要乱调。

任务5-6　液晶彩色电视机检修实例

　　下面以市场上较为流行的液晶彩电为例，介绍液晶彩电常见故障维修实例。这些实例较为典型，具有较高的实用价值，对于提高液晶彩电及电子整机产品的维修技术有重要的指导意义。

　　本任务所列例题涉及的电路图参考相应厂家的产品电路图。

5.6.1　开机无光无图无声

　　例 5-1　LCD27A71-P 型液晶电视机，开机无显示。

　　分析与检修：电源电路是最易发生故障的电路，首先要熟悉液晶电视机的电源系统，该机电源板电路由功率因数校正、+12V 开关电源、+24V 开关电源三部分组成。正常收看时，+12V 开关电源、+24V 开关电源都工作，继电器开关 RELA2 闭合。在待机状态，+24V 开关电源不工作，继电器开关 RELA2 断开，只有 +5V-STD 电压正常。

　　电源电路故障现象是三无（无光、无图、无声），按图 5-9 检修流程进行故障查找。检测结果显示，电源熔丝断，更换保险丝后重试，仍然烧断。检查桥式整流电路二极管发现反向电阻很小，拆下检测，显示正常，再查桥式整流电路后面接的滤波电容 C_{16} 击穿，更换后开机图像伴音正常。

　　例 5-2　LCD27A71-P 型液晶电视机，电源指示灯亮。

　　分析与检修：LCD27A71-P 型液晶电视机出现不能开机故障，按图 5-10 流程进行检测维修。

　　① 检查待机控制电路。首先检查待机继电器是否吸合。若不能吸合，数字板无 +12V 供电电压，则不可能开机。RELA2 不吸合是待机控制引起，可检查 U_{48}、VT_{34}、RELA2 是否损坏，若没有损坏，再检查 U_{48} 供电及是否收到控制信号，否则更换 U_{48}。

　　② 检查背光灯控制。背光灯不亮，即黑屏，则不可能开机。首先检查背光灯驱动接口电路，若不正常，查 FLI8532 电路。其次检查 LCD 屏显 3.3V 供电是否正常。

　　③ 检查 FLI8532 屏显控制。需说明的是，FLI8532 屏显控制不正常，仅影响图像，不影响伴音。屏显控制检查包括对 FLI8532 的 PPWR、PWMO、PBIAS 控制信号的检查、FLI8532 与 Flash（XU2）的通信是否正常、FLI8532 的工作条件。

　　④ 检查闪存（MX29LV320），闪存损坏后功能错乱，一般容易引起不开机。当更换数

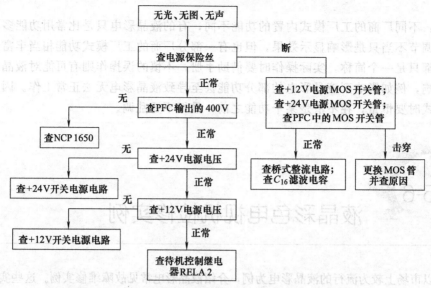

图 5-9　LCD27A71-P 型液晶电视机电源故障检修流程

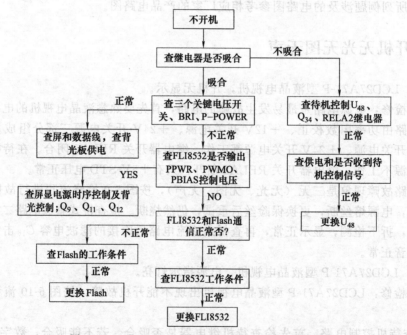

图 5-10　LCD27A71-P 型液晶电视机不开机检修流程

字板或配不同的显示屏、高频调谐器时，闪存要重新写入相应程序，否则可能出现花屏。

例 5-3 长虹 CHD-W320F8 液晶彩电（LS08 机芯），三无。

分析与检修：该机出现三无（无光、无图、元声）的故障原因主要有两个方面：一是电源电路自身故障；二是电源输出端负载短路。开机检查，目测发现电源保险完好，通电，用万用表测量 300V 直流电压正常，但电源输出端无电压输出。切断电源，用万用表电阻挡逐一测量电源输出端与地阻值，当测量其＋5V 电源输出端时发现其阻值很小，存在严重短路，然后再逐一断开与＋5V 电源有关的电路，当断开 USB 模块组件后发现＋5V 端电阻阻值正常，经通电试机，该机器图像、声音正常。检查发现主板与 USB 模块组件之间的连接线（+5V 线与地线）之间短路，更换后机器恢复正常。

例 5-4 TCL LCD1526 液晶彩电，指示灯亮，不开机。

分析与检修：LCD 电视指示灯亮，一般说明电源工作正常。故障可能出在其他电路上，测 MCU 的供电、复位、晶振电压都正常，测总线时发现数据线为 0V，关掉电源，测⑤端子的对地电阻只有几欧，正常值为几十欧。将与数据有关的元件逐一断开，断至高频头时，阻值正常，更换高频头后一切正常。

例 5-5 TCL LCD3026H 液晶彩电，指示灯亮，不开机。

分析与检修：接通电源，测量数字板、模拟板 MCU 部分工作正常。再按节目键打开电视机，指示灯一直闪烁。查模拟板、数字板的 MCU 供电、晶振、复位、总线时，发现模拟板的总线电压只有 1V 左右，比正常电压低 2V 左右。由于 IC_{201}、IC_{202}、IC_{204} 都受总线控制，其中某 IC 总线工作不正常都会引起。于是逐一将各 IC 的总线端子断开，当把 IC_{202}（TDA9178）断开时，总线电压恢复正常，同时发现 IC_{202} 有点发烫，将 IC_{202} 更换后试机，机器正常开机了，故障排除。

例 5-6 TCL LCD3026 液晶彩电，打开电源后指示灯不亮，不能开机。

分析与检修：拆开机壳后发现电源电阻 R_{17} 处电路板与其元件烧得有点变黑，测 12V、18V 稳压管 ZD_3、ZD_2 坏，换以上元件后开机正常。老化 2h 后旧故障又出现，当二次维修时，将板上的元件与线路图对比时，发现电阻 R_{20} 图纸标为 33kΩ 而电路板上为 3.3kΩ，由电路分析可能是电阻 R_{20} 在前期维修中更换错误，将其换为 33kΩ，并更换损坏的元件，老化数天后没有再出现问题。

例 5-7 TCL LCDCB66 液晶彩电，三无。

分析与检修：测量电源板，无输出电压。经检查，发现保险丝烧黑（断），估计是瞬间电流过大引起，用万用表检测发现，Q_2（K2837）、D_1（1N5406）短路，更换后正常。

例 5-8 TCL LCD32A71 液晶彩电，指示灯亮，但不开机。

分析与检修：开机后指示灯亮，二次开机后听见继电器响并重新进入待机状态，开不了机。测电源板输出电压是否正常，发现 12V 电压不稳定，在待机时 12V 正常，当开机时 12V 电压在 6～12V 来回变化，说明 12V 电压带负载能力差，问题应在电源板上。首先测 IC_6（NCP1377）的各端电压，发现在 12V 输出电压变化时，IC_6 的⑥端供电电压也在 6～10V 之间不停地变化，而⑥端电压正常时应在 10V 左右，说明⑥端供电有问题，经检查发现，ZD_5 稳压管性能不良，更换 ZD_5 后故障排除。

例 5-9 TCL LCD32A71 液晶彩电，三无。

分析与检修：开机检查，发现 F_1 烧断，再检查 24V 开关电源电路，发现 Q_{17}、Q_{20} 短路，其他元件未发现异常，更换 Q_{17}、Q_{20} 及保险管后故障排除。

例 5-10 TCL LCD37A71-P 液晶彩电，三无，指示灯不亮。

分析与检修：根据该故障现象，可以判断故障范围在电源部分。开机，测试电源板输出电压，发现 12V 输出为 0，24V 输出正常，说明电源的公共通道（即 PFC 功率因素校正电路）是正常的，故障应在 12V 电源部分。关机，用万用表电阻挡在路测量 Q_5、R_{39}、R_{40}、D_{10} 都正常，通电测量 IC_6（NCP1377）的⑧端有 380V 电压，估计 NCP1377 损坏，更换后，12V 输出端电压为 6V，而且在不断抖动，测量 NCP1377 的⑥端 VCC 电源，发现为 0V，断电测量 R_{37}、ZD_5 已损坏，更换后，开机测量 12V 为正常。

例 5-11 TCL LCD26K73 液晶彩电，不开机

分析与检修：首先开机测试，发现机器没有开机，一直处于待机状态。测试电源只是有 5VSTB 的电压，而主电源没有 12V 电压。更换电源板，故障依旧，说明问题出在主板。检测超级芯片 U_{100} 的供电、振荡、复位都没有问题，检测 U_{100} 和 FUSEZ 之间有数据波形，5、6 端没有。检测 U_{103} 的工作供电，正常，各端子对地电阻也没有异常，于是怀疑 U_{103} 的数据有问题，拆下后重新刷写，开机测试，故障排除。

例 5-12 TCL LCD32K73 液晶彩电，不开机。

分析与检修：开机测试，发现机器没有开机。测试电源只是有 5VSTB 的电压，而没有 12V 电压；说明机器没有开始工作。根据原理可知，电源板提供 5VSTB 电压，送给 U_{110} 产生 2.5V、供给 U_{112} 产生 3.3V，这些电压送到超级芯片 U_{100}，为 U_{100} 供电，测试这两个电压都正常，检查 U_{100} 的复位信号也正常，检测 U_{100} 的振荡信号时，发现没有波形，更换晶振 Z_{100}，故障排除。

例 5-13 康佳 LC-TM2018 液晶彩电，三无，电源指示灯亮。

分析与检修：电源指示灯亮，说明电源板 12V 输出正常。由于无光无声，先测量后级电源 XS802 的电压点为 0V，发现 L_{815} 开路，应急时可将其直接短路，如图 5-11 所示。

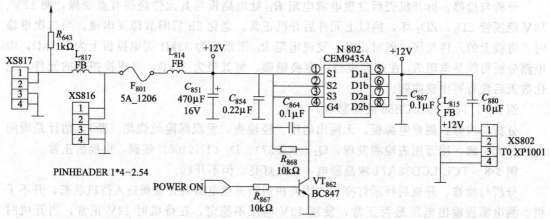

图 5-11　康佳 LC-TM2018 液晶彩电电源部分电路

另外，N_{802}（CEM9435A）为 P 沟道场效应开关管，也有损坏的可能。测 N_{802} 的 1 端 12V 输入电压，而⑤～⑧端无 12V 电压，可将 V_{862} 集电极对地短路试验，此时 CEM9435A 的⑤～⑧端（漏极）应有 12V 输出电压，否则应更换 N_{802}。

例 5-14 创维 15AAB 液晶彩电，三无。

分析与检修：插上电源，指示灯不亮，测主板已有 +5V 电压输出，查 MCU 电路，测 MCU（KS88C4504）的⑫端、⑤端、⑬端供电均正常，测 MCU 晶振 Y2（10M）也已经起振，后测复位端 19 端电压，正常应该为高电平，而此时为 0V，查复位电路及其外围，复位电路是由复位 ICQ3（DS1813）产生，查 DS1813 的供电正常，而复位输出端却为 0V，更换 DS1813 后正常。

例 5-15 厦华 LC-15Y3 液晶彩电，指示灯亮，键控和遥控器都不能开机。

分析与检修：拆机，断开按键遥控器也不能开机，测量电源 12V、3.3V 都正常，存储器 3.3V 供电正常，总线也正常；按压一下主板上最大的一片集成电路，发现电视突然能够开机，怀疑该集成电路虚焊，用热风枪对准该芯片边缘端吹了一遍，待凉后开机一切正常。

例 5-16 TCL LCD2026 液晶彩电，指示灯亮，不开机。

分析与检修：接通电源，用万用表测试电源适配器输出＋12V 正常，再测试 MCU 的供电、复位电压、晶振振荡波形也正常。根据原理分析，当键扫描输入不正常也会导致不开机，试将按键板插头拔掉，按压遥控器待机键，此时 LCD 能开机，图像、声音均正常，说明不开机的确是由于键扫描信号不正常而导致的。试将按键板按键全部更换，再插上按键板插头，试机，故障排除。

5.6.2 开机保护、无图无声，有时指示灯闪烁

例 5-17 TCL LCD1526 液晶彩电，开机后图像约出现 1s 后，进入保护状态。

分析与检修：从故障现象看，估计是逆变器不良，拆开机器，看到背光高压板处和屏蔽罩有打火发黑的痕迹，在打火处加贴绝缘胶片，开机一切正常。

例 5-18 TCL LCD1526 液晶彩电，待机状态红色指示灯亮正常，开机时红色指示灯闪烁，不能开机。

分析与检修：开机，测 MCU 的 CONIR-PW 开机控制脚电压变化正常，但 IC_{804}（KIA278R08）的②端无电压输出，测 IC_{804} 的①端几乎为 0V 电压，测二极管 D_{807} 的正负端的电压差较大，由此表明二极管内部开路造成。更换二极管 D_{807} 后一切正常。

例 5-19 TCL LCD40A71-P 液晶彩电，自动关机。

分析与检修：试机，当故障出现时，测电源板各路输出，发现 12V 输出端无电压，说明 12V 电源部分有问题，该机 12V 电源以 IC_6（NCP1377）为核心构成，更换 NCP1377 故障不变，检查外围元件，发现光电耦合器 IC_8 不良，更换后故障排除。

例 5-20 TCL LCDCB05-P 液晶彩电，不开机。

分析与检修：通电测待机＋5V 正常，听继电器没有响声，说明继电器没有吸合。测 U48 的⑥端为低电压，机器处于待机状态。关机测 U48 的⑥端对地阻值为 0Ω，拆下 U48 测⑥端，测量已短路，更换 U48 后，开机故障排除。

重点提示：线路中的 U48 为 MCU 扩展芯片，其⑥端为开机/待机控制，开机时输出高电平，加到 Q34 的基极，使得 Q34 导通，继电器 RELA2 吸合，使＋12V_ROW 的电源和主板的＋12V 的工作电源开启。

例 5-21 TCL LCD2326 液晶彩电，待机状态指示灯亮正常，开机后指示灯一直闪，但不能开机。

分析与检修：由故障现象分析 MCU 的供电、控制部分应属正常。故障应处在数字电路部分，测 U5 处的 3.3V 供电电压为 0V，因 3.3V 电压是由 12V 电压经 U25（5V 稳压 IC）、U5（3.3V 稳压 IC）稳压而来，顺路查至 $470\mu F/25V$ 电容 C_{200} 时，发现顶部有轻微爆裂现象，且正负端阻值很小，更换电容 C_{200} 后，开机一切正常。

例 5-22 TCL LCDUA71 液晶彩电，指示灯闪，不开机。

分析与检修：试机，发现指示灯闪烁，先慢闪烁，几秒钟后快速闪动。分析为 MCU 的通信不良。测 MCU（U19）的供电 3.3V 正常，复位电路也正常，测其⑳端、㉑端晶振电压分别为 1.8V、0.4V，正常时两端的电压为 1.8V、1.6V。用示波器测量两脚无波形，说明内部振荡电路没有起振，更换晶振故障依旧。测 MCU 的㉔端对地阻值为 0，对地短路，断开㉔端外接的程序存储器，对地阻值为 5.5kΩ，更换程序存储器 U23 后，故障排除。

5.6.3 黑屏或白板故障

例 5-23 长虹 CHD-TM1813 液晶彩电（LP03 机芯），开关机和开机后声音都正常，但黑屏。

分析与检修：开关机和开机后声音都正常，说明内部控制工作电路基本正常，估计逆变器没有正常工作。逆变器工作只需要两个条件：一是＋18V 供电正常；二是逆变器工作的开关控制信号正常。打开机器后盖开机测 CN1 插座上电压，①端、②端供电为＋18V，④端控制电压为 1.9V，电压正常。问题应该是由逆变器坏引起。于是进一步检查，发现 F₁ 开路，检测后级电阻值已经对地短路。＋18V 是通过 F₁ 为 U2A、U2B、U3A、U3B 提供工作电压，它们是处于并联状态，将其逐个断开，当断开 U2A 时没有了短路现象，用一个好的 IC（型号 4600）更换后正常。

例 5-24 长虹 LI2612 液晶彩电（LS07 机芯），开机白板，没有图像。

分析与检修：有白板说明逆变器已经工作，故障在主板电路或液晶面板上。检查屏插座，屏供电电压为 5.2V，正常，检查 LVDS 输出线上的电压为 0，正常时应该有 0.5～1.0V 左右。拔掉屏线，检测 LVDS 输出端还是无电压，说明故障在视频处理主控芯片 MST518 内部或外围元器件上。首先检查 MST518 的外接供电电压，发现 2.5V 电压不正常。测供电 DC/DC 块 U15（LM1117-2.5）供电为 2V，输出为 1.4V，说明供电输入不正常，查输入的 LB36 的另一端，有 5V 电压，另一端为 2V 说明 LB36 损坏。更换后故障不变。查 U15 输出端对地电阻偏低，经检查，发现 U15 损坏。用一新的 LM1117-2.5 芯片更换后，故障排除。

例 5-25 长虹 CEB-W260F8 液晶彩电（LS08 机芯），有字符但图像黑屏、伴音正常。

分析与检修：接入 AV/TV 信号，图像黑屏，字符正常，打开小画面时，小画面 AV/TV 信号正常。接入高清信号时，图像显示正常。由此判断故障出在 TDA8759 及外围电路。用万用表测量 TDA15163 的㊻端、㊼端、㊽端时，未发现异常，再测量 TDA8759 的⑱端、⑲端总线，总线电压跳变。测量 TDA8759 的⑯端、⑰端行场同步信号，未见异常，用示波器测量数字信号输出端，发现没有波形，说明 TDA8759 没有工作，信号输入正常，总线正常，同步信号正常。测量 TDA8759 的⑭端 3.3V 正常，㊼端、㊽端无 1.8V 电压，测量阻值未对地短路，再测量 M04 电感，发现 M04 开路，更换后故障排除。

例 5-26 康佳 LC1520T 液晶彩电，黑屏，伴音正常。

分析与检修：通电试机，刚开机时屏幕上图像闪一下后就呈现"黑屏"，伴音正常。测数字信号处理板上排插 CN803 各端子的电压分别是：①端 12V、②端 0V、③端 2.8V、④端 4.5V，基本正常，说明数字信号处理电路工作正常。黑屏故障可能是由于逆变器电路或显示屏本身损坏造成。首先用同型号的逆变器代换后试机，故障依旧，随后用同型号的显示屏代换试机，图像显示正常。据维修统计，此机型因显示屏造成的黑屏，通常是显示屏内部的灯管本身损坏或灯管供电插座接触不良造成。最后，经检测是显示屏内部灯管本身的问题造成了黑屏，更换灯管后问题解决。

5.6.4 图像故障

例 5-27 长虹 CHD-TTM201B3 液晶彩电（LP03 机芯），在 TV、AV 等模式下收看，

图像、伴音均正常；切换到 PC（VGA）模式下无图黑屏，但有状态图标。

分析与检修：首先检查信号源和信号插座、接头均正常，由于在模式切换时，在非 PC 模式下，均有正常的图像显示，说明后级图像公共处理通道正常，即 U18（PW113）及其后级图像信号处理电路工作正常。在 PC 模式下，用示波器任意测量 U18 的②～⑨端，⑩～⑮端，⑱～⑪端，⑳～㉗端图像数据端口的任意几端，波形均正常；测量 U18 的㉛～㉟端，发现无 GPvst 信号，检测 A/D 转换电路 U3（MSW885B）的㉚端和㉛端行、场同步脉冲波形正常，更换 U3 后故障排除。

例 5-28 长虹 CEB-TM20IB3 液晶彩电（LP03 机芯），在 VGA 模式下无图并且屏幕上出现"信号超出范围"，切换 TV/AV/PC/DVI，在 TV/AV/DVI 模式下，图像、伴音均正常。

分析与检修：首先检查信号源输出的信号是否不标准或者是超出液晶彩电支持的分辨率，若排除这两种情况即为液晶彩电故障。一般情况下是因为 VGA 信号的行、场同步脉冲畸变引起。

用示波器检测 A/D 转换电路 U3（MSW885B）的㉚端、㉛端，发现行同步脉冲幅值小于正常值，测量 VGA 插口 JA9 的⑬端波形正常，故怀疑 R_{60} 阻值变大，测量 R_{60} 阻值为 730Ω，而该电阻的标称阻值为 220Ω，可见是由于耦合电阻 R_{60} 阻值变大而引起行同步脉冲幅值衰减变大，从而使 U3 内部的像素时钟无法起振，导致 U3 内部的 A/D 变换器无法正常工作，从而出现 VGA 模式下无图并且屏幕上出现"信号超出范围"的故障。更换 R_{60} 后，故障排除。

例 5-29 长虹 CEB-W320F8 液晶彩电（LS08 机芯），开机图像声音正常，但在 VGA 和 YPbPr 状态无图像。

分析与检修：YPbPr 信号经高清滤波器 U305（SM5302）滤波后，与 VGA 输入的 R、G、B 信号经 U306（PSAV330M）选择后，从 U306 的④端、⑦端、⑨端输入到视频处理主控芯片 GM15010。由于其他通道是好的，说明可能是 U306 损坏造成的。检查 U306，供电正常，更换 U306 后，VGA 输入图像正常，但是 YPbPr 还是无图。说明有可能是 U305 损坏，用一新的更换后，故障排除。

例 5-30 长虹 CEB-W320F8 液晶彩电（LS08 机芯），小画面无 TV 模式。

分析与检修：出现小画面无 TV 模式故障的主要原因为两个：一是 TDA15163（U201）未检测到子画面高频头的信号；二是画中画数字解码电路 SAA7115 工作不正常。首先用示波器测量高频头㊺端有波形，但高频头⑱端图像信号波形异常更换高频头故障依旧。然后，测量总线 SDA、SCL 即㉛端、㉜端波形正常，检测 SAA7115 外接的晶振未起振，说明 SAA7115 没有工作，更换晶振后故障依旧。最后测量 SAA7115 供电电感 M06、L_{407} 供电，发现 L_{406} 两端电压相差 0.3V，接到 SAA7115 一端的电压为 3.1V，而另一端为 3.4V。断电后将电感直接短接，故障排除，图像恢复正常。

例 5-31 长虹 LT4219B 液晶。彩电，开机时能出现长虹标志，但整个屏幕出现蓝色屏幕，有声音无图像，但 YPbPr 图像正常。

分析与检修：根据故障现象，说明故障应在 TV 信号处理部分，即 TDA15063 和 TDA8759 之间。测 TDA15163 各端供电正常，用示波器检测 RGB 输出端，发现有 RGB 信号输出。测 TDA8759 输出端的㉔位 RGB，发现无波形输出。检测供电端发现无 3.3V 供电，检查发现电感 L_{400} 开路。更换后整机工作正常。

例 5-32 TCL LCD27A71-P 彩电图像不良故障检修。

分析与检修：图像不良检修流程如图 5-12 所示。图中的工作条件是指供电、复位、时钟振荡及总线等。

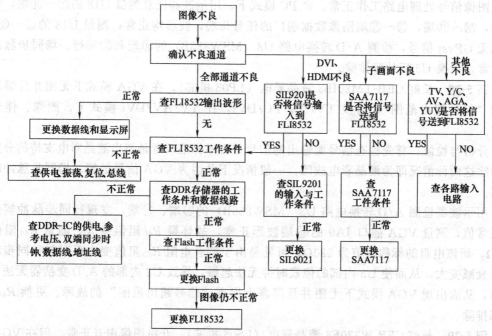

图 5-12 LCD27A71-P 彩电图像不良检修流程

① 确认图像不良通道。由于有 RF 输入接口、AV1 输入接口、AV2 输入接口、AV3 输入接口、S-VIDEO 输入接口、YUV 信号输入、VGA 信号输入、DVI 输入接口、HDMI 输入接口共 9 种方式，所以要先确认图像不良通道。若全部通道不良，则应检查 9 种信号经过的公共图像通道，即检查 FLI8532 电路；若个别通道不良，则检查相应信号通道，如 DVI、HDMI 信号输入时图像不良，则检查 SE9021 电路。

② 检查 FLI8532 输出信号波形。对 LVDS 接口进行检查，FIL8532 输出 LVDS 信号至液晶显示屏。查时钟信号（DCLK）、行同步信号（DHS）、场同步信号（DVS）、控制信号（DEN）及显屏电源时序控制（Panel-Power、Panel-EN）。若正常，则检查屏本身及背光灯控制；若不正常，则检查 FLI8532 工作条件，也可能是 FLI8532 内部损坏，造成有信号输入而无信号输出，或图像出现满屏竖条、点状干扰，字符不良（拉丝），菜单不良。

③ 检查存储器。如更换数字板后，闪存要重新写入相应程序，否则可能出现花屏。当帧存储器 U7、U8 有故障时一般出现花屏、雨状干扰、满屏竖线。

5.6.5 伴音故障

例 5-33 长虹 CHD-TM201B3 液晶彩电（LP03 机芯），图像正常、无伴音输出，用遥控器操作各项功能均正常。改用 AV、PC 音频输入时仍无伴音输出。

分析与检修：首先检查功放板供电是否正常，用手拿着镊子碰触两片 TDA1905 的⑧端，仔细听音箱有声音输出。检查 RM、CL95L85L1、RR₄、CR₉、CR₈、CR₁ 等元件也并无异常。于是怀疑功放电路进入了静音状态，这时检查与两片 TDA1905 的④端相连的元件，发现电解电容 C_3 两端子间短路。更换 C_3 后故障排除。

例 5-34 长虹 CHD-W320F8 液晶彩电（LS08 机芯），关机时有杂音，正常工作时声音正常，转换台声音也正常。

分析与检修：该机的静音电路相对简单，正常的静音控制信号从 TDA15163 的⑯端直接送到 TPA3002D2 的①端，使 TPA3002D2 无声音信号输出。关机静音电路由 QA_1、UP_3、TPA3002D2 及外围元器件构成。检查 QA_1、UP_3 和外围元器件均正常。怀疑 TPA3002D2 不良，更换 TPA3002D2 后故障排除。

例 5-35 长虹 LI3219P 液晶彩电，开机图像正常，伴音中有"吱、吱"的声音。

分析与检修：本机伴音音效处理电路采用 NJW1142，功放采用 PT2330。测 PT2330 功放电路的供电端⑧的电压为 12V 正常。测⑫端、㉟端、㊱端左右声道输出信号的电压均为 11.8V（正常的电压为 6.2V 左右）。可判定有可能是功放电路或功放的外围电路引起，对 PT2330 的每一端电压进行检查，当测的该电路的⑱端时，声音突然正常。仔细观察⑱端外围只是接了一个 $4.7\mu F/25V$ 的电容，用代换法把 C_{6122} 换新，开机一切正常。

例 5-36 TCL LCD2026 型液晶彩电，该机在收看过程中，突然出现无伴音故障，但图像正常。

分析与检修：拆机后，测得伴音功放 IC_{206}（TDA1517）⑦端（电源）电压为 12V，正常；⑧端电压（静噪）为 113V，正常；左、右声道输出端④端、⑥端电压分别为 0.8V 和 1.2V，正常应为 6V 左右。用手指触摸 IC_{206} 表面无异常温升或发烫现象。试着代换外围阻容件也未见不良隐患。根据此故障检查结果，分析判断认为是 IC 内部电路已开路损坏所致。

因暂无 IC_{206}（TDA1517），手头上只有 TDA1517P 芯片。通过实物对比，发现 TPA1517 为⑳端卧式双列塑封，而 TDA1517P 为⑱端卧式双列塑封，比 TDA1517 少两个端子。进一步查阅资料发现，二者①～⑨端的端子功能及排列完全相同，而⑩端以后的各端均为接地端子。为此，决定用 TDA1517P 直代 TDA15170。

代换时，首先需用烙铁或热风枪将 TDA1517 从电路板上取下，取 TDA1517 时，速度一定要快，否则可能会损坏电路板，取下后，用无水酒精将电路板清洗干净。然后，将 TDA1517P 的①～⑨端、⑩～⑱端对应插入 TDA1517 的①～⑨端和⑪～⑲端孔位置即可。

例 5-37 TCL LCD32K73 液晶彩电，没有声音。

分析与检修：首先开机测试，切换不同的信号，发现所有信号都没有声音。根据故障现象和试机结果初步分析，故障可能在声音处理部分。根据声音的处理流程，AV 和 TV 的信号在 U104（4052）中完成切换工作后，送到音频处理电路 U105（BD3888FS）中进行处理。高清音频信号和 VGA 的伴音是直接进入 U105 处理的，因为所有信号的通路同时损坏的可能很小，于是将问题集中在 U105 处理电路之后。首先检测音频信号已经输入到 U105，但 U105 的㉔端、㉕端没有输出波形，于是怀疑 U105 有问题，检测 U105 的供电和总线都正常，更换 U105 故障排除。

例 5-38 TCL LCD32K73 液晶彩电，AV1 声音不良。

分析与检修：开机测试，发现 AV1 的一个声道声音异常。切换其他信号测试，声音正常。根据信号流程可知，AV1 的声音是直接通过插座耦合后送到切换电路 U104（4052），经选择后进入音频处理电路 U105 进行处理，送到功放电路 U107（TA2008），经放大后推动扬声器发出声音。

由于其他信号没有问题，说明音频切换后面的公共信号通道是没有问题的。问题在信号的耦合和切换部分。因为一个声道正常、一个不正常，于是对比测量 AV1 输入插座的对地电阻，没有发现异常。测量 U104 的 L 声道波形和 R 声道不一样，L 声道的波形异常，问题在 L 声道。检测 U104 输入端，发现 L 声道的输入⑭端和 R 声道输入⑤端的电压有差异，⑭端没有电压，⑤端电压是 2.2V。更换 U104，故障依旧，后检查发现，⑭端外接供电电阻 R_{213} 开路，更换 R_{213} 后，故障排除。

液晶电视机的调试与拆装

5.7.1　实训内容与目的

训练液晶电视机的调整与拆装方法。

5.7.2　实训仪器与工具

实训仪器与工具如表 5-2 所示。

表 5-2　实训仪器与工具

设备工具名称	型号或要求	数　量
液晶彩色电视机	10～18 英寸	1 台/组
万用表	数字万用表、指针式万用表	2 台/组
电视信号源	VCD 或有线信号或天线	1 个信号源/组
工具箱	"一"字、"十"字螺丝刀，尖嘴钳，镊子，焊锡丝，松香，吸锡器等	1 套/组

5.7.3　实训内容与要求

（1）液晶电视机使用调试

通常按 MENU 键以显示或退出 OSD 菜单，按节目（CH）键以选择功能项目，按音量（VOL）键来完成调整。液晶电视机通常有下列使用调整。

①频道调整：彩色制式选择、声音制式选择、自动搜索、手动搜索、频道微调、频道互换以及频道跳跃等。

②图像调整：亮度调整、对比度调整、饱和度调整、色调调整、黑色级调整、清晰度调整和蓝背景开启/关闭选择等。

③伴音调整：音量调整、低音调整和高音调整等。

④色温调整：选择冷色温、暖色温或是用户模式。

（2）液晶电视机维修调试

维修调整内容通常有：白平衡调整、背光（Back Light）调整、色温（Color Temp）调整、ADC校准、行场位置（HV Position）调整及伴音（Sound）调整等。

液晶电视机欲进行维修调整，先进入工厂模式。液晶彩色电视机机型不同，进入工厂模式的方法也不同。

① 长虹液晶彩电工厂模式的调试

• 长虹IS07机芯工厂模式的进入　进入工厂模式方法：将音量减至0后，按住遥控器上"静音"键不放，再按本机按键上"菜单"键进入。按CH＋和CH－翻页选择要调整的项。按遥控器上"子画面与主画面交换"键，可退出工厂模式。

• 长虹LS10机芯工厂模式的进入　在TV模式下的主菜单中进入菜单项，按OK调出密码输入框。再通过遥控器（型号为KLC5B），按顺序输入数字键7、红色键、数字键9、蓝色键，即可进入工厂模式菜单。进入工厂模式后，会有工厂菜单标志"M"出现。

• 长虹LF06机芯液晶彩电工厂模式的进入　当在整机断电时同时按下本机"菜单"和"↻"键，与此同时上电等待开机后，松开"菜单"和"↻"键，即可进入工厂维修模式。按遥控器上"菜单"键和上、下、左、右键，可进行工厂设置操作。按遥控器上"开关"键，让液晶彩电进入待机状态，然后再按遥控器上"开关"键开机，可退出工厂模式。

② 康佳液晶彩电工厂模式的调试

• 康佳LC-TM3719、LC-TM4719、LC-TM4711液晶彩电工厂模式的进入　在开机状态下，在3s内连续按遥控器上的CALL键5次，屏幕上出现"进入工厂菜单"字符提示时，再按一次菜单键即可进入工厂模式。

• 康佳LC26AS12、LC32AS28、LcnAS12、LC37AS28、LC42AS28液晶彩电工厂模式的进入　按遥控器（型号为KK-Y294N）的菜单键，屏幕上显示菜单内容，在菜单未消失之前，按住"回看"键不放，直到出现工厂模式菜单为止；用频道＋/－键可选择项目，用音量＋/－键可改变项目的参数；再按遥控器上的"菜单"键，可退出工厂模式。

• 康佳LC26ES20液晶彩电工厂模式的进入　在开机状态下，在3s内连续按遥控器上的"回看"键5次，即可进入工厂模式。用频道＋/－键可选择项目，用音量＋/－键可改变项目的参数；按遥控器上的"静音"键，可退出工厂模式。

③ TCL液晶彩电工厂模式的进入方法

• TCL MC77机芯（I37M71D、IAOM71D、IA2M71D、IA6M71D、L42H78F、L46H78F、152H78F）液晶彩电进入工厂模式的方法：打开液晶彩电菜单，并选择到对比度选项上，连续按下遥控器数字键"9737"，即可进入工厂模式。

• TCL MS88B机芯（L37M61R、L37M71R、L40M61R、L42M61R、L42M71R、L46M71R）液晶彩电进入工厂模式的方法：在TV状态下，将音量减小到0，再进入菜单，并选择到对比度选项上，在3s内连续按下遥控器上的数字键"9737"即可进入工厂模式。

④ 海尔液晶彩电工厂模式的调试

• PW113机芯的调试　使用遥控器HTR-102，右上角为工厂模式进入键（需要将遥控器前面板相应位置打开）。

• EX52、EX52＋机芯　用ETIR-6880型遥控器将音量减到0，按住本机的Menu键，按遥控器的Menu，主菜单消失，再按遥控器音量减键大约3s（此过程中应一直按着Menu键），进入工厂状态后按遥控器Menu键，在图像主菜单下按音量减键即进入工厂状态。退出工厂状态只需将工厂菜单中Setting项中的Factory项置为Off即可。

（3）液晶电视机的拆装

① 将液晶电视机后盖打开，观察内部结构，画出示意图。

② 在 PCB 上寻找重要元器件，熟悉各电路板的作用，测试各液晶电视电源板上的主要供电电源的电压。

注意：内部显示器高压是由电源升压板产生的，操作时不要接触到高压，否则可能被严重电击。

③ 将液晶电视机后盖盖上，重新开机检查图像及声音，以确定安装正确。

（4）液晶电视机的整机固定安装

根据《平板电视机安装服务标准》固定安装相关规定，液晶电视机安装方法如下。

① 安装架的结构。应保证平板电视机安装后维护、维修方便，在不破坏安装面、安装架的前提下，易于拆卸。

② 承载能力不小于实际承载重量的 4 倍。

③ 平板电视面的安装环境。避开易燃气体易发生泄漏处或有强烈气体的环境；避开易产生噪声、振动的位置；避开条件恶劣（如油烟重、风沙大、潮湿、阳光直射或有高温热源等）的地方；避开儿童容易触及的地方。

④ 平板电视机的供电线路，其容量应大于平板电视机最大电流值的 15 倍，电源线路应安装空气开关等保护装置。

⑤ 平板电视机的电源线及信号连接线应不受拉伸和扭曲应力的影响。

⑥ 平板电视机的电源插座应为带地线且为固定和专用插座，插座结构与平板电视机电源插头相匹配。

⑦ 尽量缩短机顶盒与显示屏连接线的长度。

⑧ 观看距离：为显示屏对角线距离的 3～5 倍。

⑨ 安装高度：为显示屏垂直法线与视线夹角小于 150°。

⑩ 在人流量较大的公共场所，壁挂安装，电视机距人群应不小于 1m；吊挂安装时，若电视机下面有人员活动，其下部距地面应小于 25m。

⑪ 安装通风散热要求

⑫ 安装后平板电视机应稳固，重心稳定，左右水平度相差小于 1。

（5）实训分析与练习

① 总结液晶彩电维修进入工厂模式的调整方法及注意事项。

② 根据实物画出液晶电视内部结构和基本部件构成示意图，并在图上标出主要部件名称。

③ 收集资料，查找中国标准化协会 2006 年发布的《平板电视机安装服务标准》的相关内容，理解相关行业规定，提升职业技能。

思考与练习

5-1 数字电视的具体含义是什么？

5-2 数字电视的技术标准有哪几种？

5-3 数字电视机顶盒采用了哪些主要技术？它在实现从模拟电视向高清晰度数字电视过渡过程中起到什么作用？

5-4 LED 背光液晶彩电的主要技术特点有哪些？

5-5 什么是 I^2C？请查阅相关资料，画图说明 I^2C 总线的基本原理。

5-6　试述等离子电视机维修的方法及注意事项。

5-7　智能电子产品的各种新技术的应用越来越广泛，请利用课余时间调查市场上当前性价比较好的彩色电视机的品牌、型号、价格等信息，并试述它们采用了哪些先进技术手段，这些新技术还应用到哪些电子产品中。

5-8　液晶电视机的构成与传统的 CRT 电视机有哪些区别？

5-9　液晶彩色电视机由哪些电路组成？

5-10　液晶彩电的主要技术指标有哪些？

5-11　液晶彩电的维护保养应注意哪些事项？

5-12　什么是全高清？什么是高清电视？

5-13　流媒体是什么含义？

5-14　什么是 720p/1080i/1080p？

5-15　什么是液晶彩电的用户模式和工厂模式？

5-16　试述更换灯管的注意事项。

5-17　画出 LCD27A71-P 液晶电视机的电路组成框图。

5-18　LCD27A71-P 液晶电视机是如何实现待机控制的？

5-19　SIL9021、SAA7117AH、FLI8532、MSP3410G 集成电路的主要功能分别是什么？

5-20　怎样分析处理 LCD27A71-P 液晶电视机的不能开机故障？

5-21　怎样判别 LCD27A71-P 液晶电视机的高频板有故障？

5-22　康佳 LC-TM2018 液晶彩电，三无，电源指示灯亮，如何分析和检修？

5-23　TCL（LCD2026 型）液晶彩色电视机，该机在收看过程中，突然出现无伴音故障，但图像正常，如何分析和检修？

项目
5

项目6

液晶显示器检测维修技术

- 任务6-1 液晶显示器结构与电路认知

- 任务6-2 液晶显示器的故障现象分析及故障特点

- 任务6-3 液晶显示器的检修流程和检修原则

- 任务6-4 液晶显示器常见故障的检修

任务6-1 液晶显示器结构与电路认知

6.1.1 液晶显示器的电路结构

近年来随着液晶制作技术的不断发展，液晶显示板的清晰度、色度和亮度等指标都有了很大的提高，液晶显示器得到迅速的发展，性价比越来越高，得到了消费者的青睐。液晶显示器在个人计算机、办公场所、信息服务系统等领域得到了广泛应用。

液晶显示器的结构相对简单，从外观来看，主要是由液晶显示屏、前框、后壳及底座构成的。

打开液晶显示器的外壳及屏蔽盒即可看到其内部电路结构，如图 6-1 所示为 Dell-1702FP 型液晶显示器电路结构。Dell-1702FP 型液晶显示器的电路主要是由主控电路板、逆变器电路板、操作显示电路板等构成。

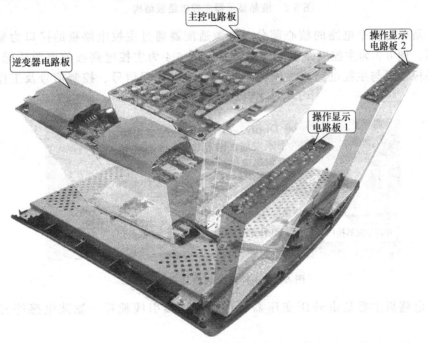

图 6-1 液晶显示器电路结构

图 6-2 为主控电路板的结构。由图所示可知，该电路板主要是由系统控制微处理器，数字图像信号处理芯片（gm5020），三个图像存储器芯片，3.3V、5V 稳压集成电路，液晶显示屏驱动信号接口电路，电源适配器及 VGA、DVI 接口部分，内存储器，24MHz 晶体振荡器和滤波电感等元器件构成的。

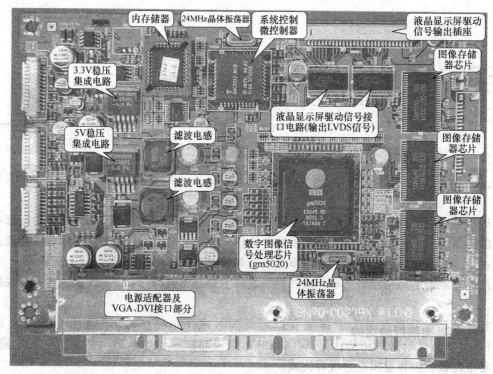

图 6-2　液晶显示器主控电路板结构

　　主控电路板为整个电路的核心部分，电源适配器通过主控电路板的接口为显示器提供工作电压。图 6-3 为主控电路板的接口外形，图 6-4 为主控电路板的电源适配器接口，其他各电路板通过与主控电路板之间的连接插件进行数据信号、控制信号及工作电压的传输。

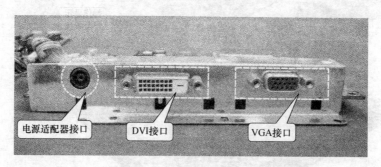

图 6-3　主控电路板的接口外形

　　逆变器电路板主要是由升压变压器、背光灯连接引线插座、滤波电感等元器件构成的。

　　部分液晶显示器是由电源适配器进行供电的，目前很多液晶显示器采用交流 220V 电源供电，因而显示器内还设有开关电源电路，将交流 220V 电压变成直流电压为显示器内部电路供电，这种显示器内部电路板除主控电路板、逆变器电路板、操作显示电路板和与液晶板接口电路连接的插件外，还有开关电源电路板，而且通常开关电源电路板与逆变器制作在同一块电路板上。

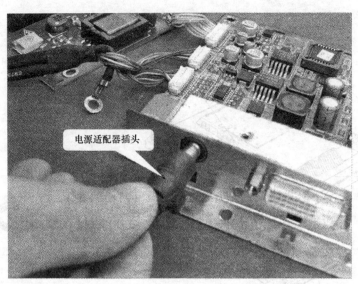

图 6-4　主控电路板的电源适配器接口

6.1.2　液晶显示器的拆卸方法

液晶显示器出现故障后，经初步判别为其内部电路故障时，需要首先对其进行拆卸，掌握正确的拆卸方法和步骤，是学习和进行液晶显示器维修操作的第一步。下面以 Dell-1702FP 型液晶显示器为例，介绍液晶显示器的拆卸方法和具体操作步骤。

在动手操作前，用软布垫好操作台，然后先要观察液晶显示器的外观，查看并分析拆卸的入手点及螺钉或卡扣的紧固部位。

图 6-5 为液晶显示器拆卸总体示意图。

（1）底座的拆卸

首先用螺钉旋具拧下固定底座的四颗螺钉，并把拆下的螺钉放到一个小容器中，不能乱扔乱放，要养成良好的操作习惯。拆卸过程中要注意扶稳液晶显示屏，防止螺钉松开后液晶显示屏滑落，出现损伤。接着将液晶显示屏与底座分离，底座即可拆下。

值得注意的是，并不是所有液晶显示器拆卸时都需要拆下底座，如三星 151S、联想 LXHGJ15L2 等型号的液晶显示器，它们的底座和后壳是一个连在一起的整体，拆卸时不需要将底座拆掉，因此读者需在实际维修中注意多观察，具体问题具体分析。

（2）外壳的拆卸

液晶显示器与 CRT 显示器有很大的区别，液晶显示器并不是把螺钉拆开后就可以将后壳直接拿下来，几乎所有的液晶显示器的前、后壳之间都有很多的卡扣，而且这些卡扣之间互相卡得很紧。

首先，用螺钉旋具拆下前、后壳之间的固定螺钉。接下来就需要分离前后壳之间的卡扣，由于显示器的前后壳都是塑料制品，因此不能用螺钉旋具强行掰撬，否则容易留下划痕而影响美观，甚至可能造成外壳开裂。

拆开这些紧锁的卡扣需要一定的技巧，首先要仔细观察卡扣卡紧方向，先拆较明显的卡扣。观察并用螺钉旋具试着轻轻撬动卡扣，确定其卡紧的方向。当将螺钉旋具插入

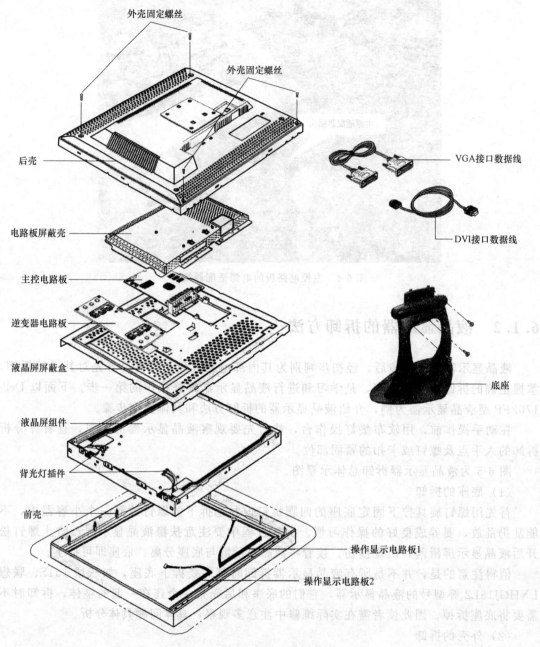

外壳固定螺丝

外壳固定螺丝

后壳

VGA接口数据线

DVI接口数据线

电路板屏蔽壳

主控电路板

逆变器电路板

液晶屏屏蔽盒

底座

液晶屏组件

背光灯插件

前壳

操作显示电路板1

操作显示电路板2

图 6-5 液晶显示器拆卸总体示意图

卡扣孔，并向下按压时，外壳底部的前后壳分离。

液晶显示器下侧卡扣分离后，前后壳之间出现缝隙，接着，分离液晶显示器两侧的卡扣，找准卡扣位置后，用螺钉旋具向里侧方向，稍用力按压卡扣，注意不要用力过猛，以免损坏卡扣及外壳。

有些液晶显示器外壳四周是由一排小卡扣进行固定的，通常可用硬塑料卡片，如废弃的电话卡等从一定角度插入到前、后壳之间的缝隙中，稍用力向下滑，即可将外壳分离。

（3）电路板组件的拆卸

电路板一般固定在液晶板组件后部的金属屏蔽壳内，在需要检修电路板部分时，应先拆下金属屏蔽盒，再进一步拆卸电路板。

金属屏蔽盒的固定方式，一般采用多颗螺钉进行紧固的。首先用螺钉旋具卸下屏蔽盒四周的多颗螺钉，然后轻轻取下屏蔽盒。操作显示电路板位于整个显示器的下侧部分，首先拧下电路板的固定螺钉，然后拔下该电路板与主控电路板之间的信号连接引线。

屏线是接口电路与液晶屏连接的导线，它是由一根根极细的导线构成的，具有一定的柔软性，如果损坏很难修复，通常需要直接更换新的屏线。

（4）背光灯组件的拆卸

背光灯组件通常位于显示器的周边部位，是由两颗固定螺钉进行固定的，背光灯是一种很细的灯管，在对这部分进行拆卸时需要小心谨慎，否则很容易导致背灯管破裂。

拆卸时，先将卡紧在卡扣中的连接导线取下，然后用螺钉旋具拆下两颗固定螺钉，如图 6-6 所示，接着将背光灯组件轻轻拉出，如图 6-7 所示。

至此，液晶显示器的拆卸过程基本完成，在实际维修过程中，进行拆机时，不一定要把所有的部件都拆开，只要拆到能维修的步骤即可。

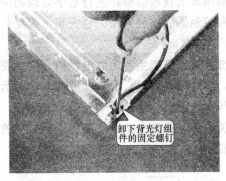

图 6-6　拆卸背光灯连接导线和固定螺钉

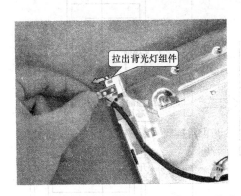
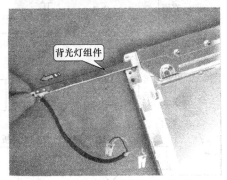

图 6-7　将背光灯组件拉出

6.1.3　液晶显示器的工作原理

各种品牌和型号的液晶显示器的工作原理基本类似，基本上都包含了处理图像信号的主控电路、开关电源电路（有些显示器的开关电源设在机外的适配器中）、逆变器电路、操作显示电路及液晶屏接口电路等部分，它们之间通过连接插件及引线进行信号的传输。

图 6-8 为 Dell-1702FB 液晶显示器的整机电路框图。

由图 6-8 可知，电源适配器送来的直流电压直接送入主控电路板，为主控电路板提供工作电压。主控电路板与操作电路板通过连接插件传送操作指令和控制信号；主控电路板输出驱动控制信号到液晶屏接口电路驱动液晶屏显示图像；同时主控电路板为逆变器电路提供直流 12V 的电源电压，经逆变器电路处理后为背光灯进行供电。

对于机内设有开关电源供电的显示器，其工作原理与上述原理基本类似。图 6-9 为典型整机电路框图。

液晶显示器主控电路板具有多种信号接口电路，它可以直接接收来自其他视频设备的数字信号，也可以接收来自计算机显示卡的 VGA 模拟视频图像信号（R、G、B）及 DVI 的数字信号。每种信号都伴随同步信号。模拟 R、G、B 信号需要经模拟信号处理电路中的 A/D 转换器，变成数字视频信号，再进行数字图像处理。DVI 的数字视频信号可以直接经 TMDS 接口电路送入数字信号处理电路。

不同格式的视频信号在进行数字处理的同时还要进行格式变换，与显示格式相对应。经存储器和控制器、缩放电路、色变换 γ 校正、驱动信号形成电路，变成驱动液晶板的控制信号（X、Y 轴驱动）。

逆变器电路是产生背光灯电源信号的电路，又将直流 12V 电源变成约 700～800V 的交流信号，为背光灯供电。通常大屏幕液晶显示屏后面都设有多个灯管，每个灯管都需要一组交流电压供电电路。

开关电源电路是为整个液晶显示器供电的电路。在采用适配器进行供电的显示器中没有该电路板。

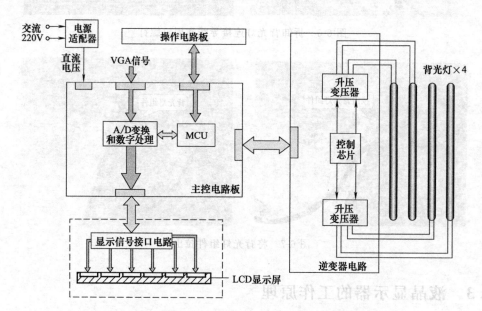

图 6-8　Dell-1702FB 型液晶显示器的整机电路框图

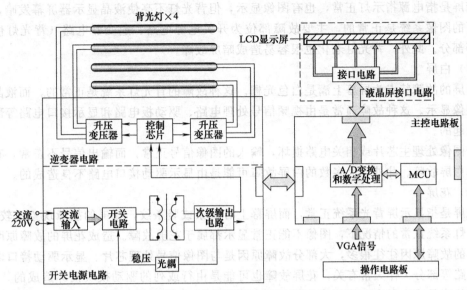

图 6-9　机内设有开关电源的液晶显示器整机电路框图

任务6-2　液晶显示器的故障现象分析及故障特点

6.2.1　液晶显示器的故障现象分析

液晶显示器常见的故障表现主要有不开机、黑屏、白屏、花屏、暗屏、屏幕发黄、白斑、亮线、暗线、亮带、暗带、偏色及外膜刮伤等。

（1）不开机

不开机是液晶显示器经常出现的一种故障。所谓的不开机是指屏幕无任何反应，造成这种故障的原因主要是开关电源电路和驱动板电路不正常引起的。

由于开关电源是为液晶显示器各单元电路供电的关键电路，若开关电源部分有故障，势必会引起驱动板电路供电的不正常，从而无法使显示器正常开机。若驱动板电路的 MCU（微控制单元）损坏或 MCU 内部的软件读取错误，都会引起显示器整机不开机的故障。

（2）黑屏

黑屏故障是指背光灯不亮，无图像，而电源指示灯正常，其故障现象多是由背光灯系统或图形系统都不正常造成的，故障多出在公用通道部分，或由于电源电路不正常而造成的。

根据维修经验，黑屏故障基本上都是由电路故障引起的，首先应该排除的就是屏线断裂、接触不良等故障，再看直流电压是否已经加到了屏幕上，而后检测是否有高压、负压。

（3）暗屏

暗屏是指电源指示灯正常，也有图像显示，但背光灯不亮使液晶显示器屏幕发暗，这种情况下的图像系统是正常的，主要故障部位为开关电源电路、逆变器电路（背光灯供电电路）等部分。此外，背光灯老化也很容易造成暗屏故障。

（4）白屏

白屏的故障特点为屏幕上满是白色光栅。这种故障的背光灯系统是正常的，而液晶屏无任何图像显示。这种故障通常是由视频信号处理电路、驱动板电路和显示接口电路等部分不正常引起的。

若图像处理主芯片或相关电路损坏，输入的图像信号正常，而输出信号不正常，有可能会造成白屏故障。此外，大多数的白屏故障可能是由显示驱动接口电路不良造成的。

（5）花屏

花屏是指显示屏背光系统正常，而屏幕上有横条或竖条纹，花屏的故障现象比较复杂，在背光灯系统正常的情况下，图像不能正常显示都属于花屏故障。造成花屏的故障原因和造成白屏的故障原因往往很多，大部分故障原因是与图像信号处理芯片、显示驱动接口电路或外围电路等部分工作失常有关，花屏故障也可能是由行或列的驱动模块损坏造成的。其中，屏线的故障是难度最大、维修成本最高的故障之一，需要借助一些专门的工具才能将故障排除。

（6）其他故障特点

此外，亮线、亮带及暗线、暗带故障多是由于屏线或显示屏本身故障造成的，通过对屏线的更换或直接更换显示屏就可以将故障排除。亮线故障一般是连接液晶屏本体的屏线出了问题或者某行和列的驱动集成电路损坏。暗线一般是屏的本体漏电，或者接口连接的柔性板连线开路。

偏色一般可以通过软件程序，进入维修调整模式进行调整。屏幕发黄和白斑均是由背光源的问题造成的，通过更换相应背光灯或导光板就可以解决问题。外膜刮伤是指液晶玻璃表面所覆的偏光膜受损，在某些情况下通过人工进行更换即可。

6.2.2　液晶显示器的故障特点

液晶显示器的故障可以分为软故障和硬故障两种，在维修时应首先排除软故障，再进行硬故障的处理。

（1）软故障

液晶显示器的一些软故障也可以造成前面所述故障表现，如计算机主板显卡送来的信号不正常，屏幕调整不当，接插件接触不良等原因造成的故障。此外，若更换驱动板后，由于液晶屏与驱动板不匹配，或驱动板内部程序损坏，也会造成液晶显示器无法正常显示的故障。

在液晶显示器出现问题时，首先不要急于拆卸显示器，应先判别是否是由于计算机显卡送来的信号不正常造成的。此时，就可以更换一台计算机主机，重新对显示器注入信号，看故障是否依然存在。此外，计算机主机分辨率的设置不当也会造成液晶显示器无法正常显示或无显示。这些故障都比较容易被排除。

若更换主机后故障仍存在，表明故障出自显示器本身，也可能是由于屏幕调整不当造成的，使用液晶显示器的操作键，调整液晶显示器的亮度、对比度等，看屏幕能否恢复正常。

此外，若数字图像信号处理电路（驱动板）或驱动板上的主芯片损坏及芯片内部程序损坏都会造成液晶显示器不能正常工作，此时需要用 ISP（编程器）工具等将程序重新烧写入芯片才能使液晶显示器恢复正常，如图 6-10 所示。

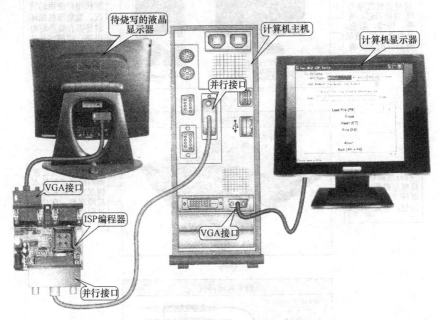

图 6-10 使用 ISP 编程器烧写程序

（2）硬故障

所谓硬故障是指由元器件损坏或液晶板损坏等硬件故障造成的显示器不能正常工作。液晶显示器的硬故障主要是由于电路板上的元器件损坏、印制电路板的短路、断路及接插件的配合失常或接触不良等引起的。

常见的硬故障多是由于厂商选用的元器件质量低劣、制作电路板工艺不良、印制板内有缺陷、电路板各种连接线及器件受外力作用出现短路、断路等情况引起的。

任务6-3 液晶显示器的检修流程和检修原则

6.3.1 液晶显示器的基本检修流程

液晶显示器中有很多单元电路，且各单元电路之间又有着密切的关系，因而任何故障部位与故障症状之间都有密切的内在联系。根据这种规律就可以从图像症状中分析和推断故障的大致范围。图 6-11 为液晶显示器的基本检修流程。

（1）了解故障的基本情况

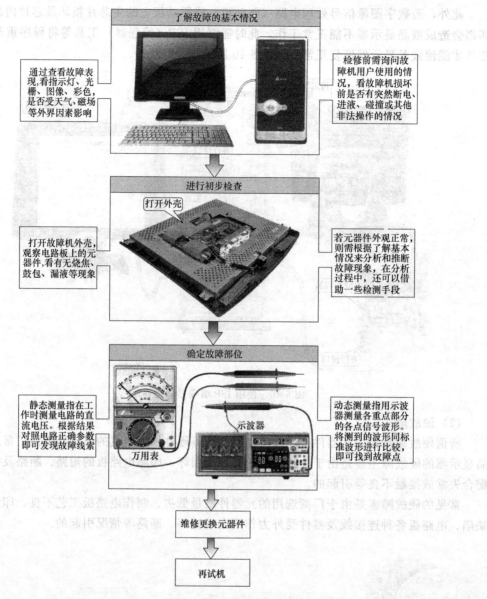

图 6-11 液晶显示器的基本检修流程

  在进行维修之前应该先了解一下故障机的故障特点及表现等情况，通电试机后看故障机的故障表现，先检查液晶显示器的操作和指示灯是否异常。看指示灯、光栅、图像、彩色，是否受天气、磁场等外界因素的影响。根据上述情况就可以进行分析和检查，通过这些故障表现就可以基本断定故障部位。

  例如，开机后发现无背光灯、无图像，则多为开关电源电路、图像信号处理电路有故障造成；若有图像、无背光灯，则基本上是由电源和背光灯系统有故障造成；若有背光灯、无图像，则故障基本上是出在电源和图像处理电路。

  此外，检修前还要通过询问故障机用户的使用情况来确定故障，看故障机使用前是否有突然断电、进液、碰撞等非法操作的情况。了解产生故障的原因，通过故障原因的分析就可以排除一部分故障。

（2）初步检查

了解故障的基本情况后，就可以对故障进行初步检查了。打开故障机外壳后，首先观察电路板上的元器件，看有无烧焦、鼓包、漏液等现象。若元器件外观都正常，则需根据了解的基本情况来分析和推断故障，其目的就是缩小故障范围，在分析的过程中，还可以借助一些检测手段。例如液晶显示器不开机、电源指示灯不亮，此时就可以用万用表直接测量开关电源的输出端，看输出电压是否正常。若不正常，则可基本断定故障出在开关电源部分；若输出电压正常，则故障应该出在数字图像信号处理驱动板电路部分。

要想迅速地分析和推断故障现象，必须对液晶显示器的结构和工作原理有一定的了解，熟悉各种电路的基本功能和在显示器中的位置。

（3）确定故障部位

推断出故障的大体范围之后，则要进一步缩小故障的范围，寻找故障点。在这个过程中，需要借助检测和试验等辅助手段。例如，电源电路有故障，则可对它里面的元器件进行电压、电阻及波形的检测，来缩小故障点，直到确定故障点。

一般情况下，故障部位的确定有两种方法：静态测量和动态测量。静态测量是指在工作时测量电路的直流电压。因为电路元器件发生故障会引起电压值的变化，测量后根据测量结果，对照电路图纸和资料上提供的正确参数即可发现故障线索。这种方法比较简单，使用万用表就可以做到。

动态测量是指显示器处于正常工作状态，使计算机主机输出图像信号，测量电路部分各点的信号波形，将示波器观测到的波形同图纸、资料上提供的标准波形进行比较，即可找到故障点，一级一级地检查即可发现故障。找到故障点也就很容易找到有故障的元器件了。有时一个故障可能与几个元器件有关，难于确认究竟是哪一个，这种情况可以用试探法、代替法分别试验元器件。如怀疑某个集成电路有故障时，应先检查该集成电路外围元器件及其供电电压。外围电路中的某个元器件不良或供电不正常也会使集成电路不能正常工作。在证实外围元器件及供电无问题后，才可以拆下集成电路检查。

（4）维修更换元器件

确定找到出故障的元器件后，需要对元器件进行维修和更换。更换电路元器件时，先关掉电源开关，注意不要使用漏电的电烙铁。重焊元器件引脚时要除去氧化层、挂锡、焊牢，焊接时间不要过长，以免烫坏印制板。焊接后要注意清洁板面，不要存留腐蚀性物质，不要使用腐蚀性强的焊剂。换上的元器件要与被更换的元器件型号保持一致。

6.3.2 液晶显示器的基本检修原则

液晶显示器的电路板集成度和部件的精密度都很高，检修的方法与思路将直接影响检修故障的效率。采用恰当的思路和方法，能有效、快速地解决问题，减少隐形故障的发生。下面就介绍一下液晶显示器的基本检修原则。

（1）先动脑，后动手

首先要弄清楚故障发生时液晶显示器的工作状况及故障现象，只有充分了解具体的故障现象并仔细分析发生故障的原因，才能有针对性地制定有效的解决方案，准确地判断故障并提高检修效率。

（2）先机外，后机内

如果不知道液晶显示器故障产生的原因，应遵循先机外、后机内的检修原则。如先检查计算机主机、电源适配器等外部设备，特别是机外设备的一些开关、插座有无断路、短路现象，当排除了机外部件或设备的故障因素后，再进行机内部件的检测。

（3）先机械，后电气

液晶显示器由于其安装工艺的特殊性，各个部件的装配要求非常精细，错误的安装方法和顺序可能会造成液晶显示器的损坏。

因此，在检修时，应先检查有无装配机械方面的故障，如接口等有没有插反，数据线和电源适配器有无插接不良，部件与计算机接口是否牢固，是否有短路和断路情况等。在确定没有机械方面的故障后，再检查电气方面的故障。

（4）先软，后硬

如果液晶显示器出现一些不常见的故障，而且又不确定到底是软故障还是硬故障时，应先排除软故障，再排除硬故障，这是非常重要的。

（5）先简单，后复杂

液晶显示器出现故障时，应先根据经验判断可能引起故障的常见部位，如电源开关熔丝，然后再检查各种按键是否正常、各项配置情况是否符合运行环境的要求等。若仍然无法排除故障，则应进行更深一步的检测。

（6）先清洁，后检修

检测液晶显示器内部的各个部件时，如果发现机内各电子元器件、芯片、接口之间有灰尘、污物、焊油等，应先清除干净，再进行检修，这样不但可以减少其他故障的发生率，又对液晶显示器进行了清洁工作，使其运行环境得到了改善。

在液晶显示器发生的故障中，由灰尘、污垢或虚焊引起的非常多，液晶显示器内部必须保证其清洁，在排除了由污垢引起故障的可能性后，便可以重点对其部件进行检修。

（7）先低，后高

"先低，后高"即指先从成本低、方便维修的地方入手。根据液晶显示器集成度和部件的精密度高的特点，决定了液晶显示器维修难度比较高。在对液晶显示器检修的过程中，若先从高成本的地方入手，并在维修的过程中造成了高成本部件的损坏，这就增加了维修液晶显示器的成本。因此，在对液晶显示器进行检修时，应先从低成本的部件入手。

（8）先电源，后硬件

电源部分是液晶显示器的能源部分，如果电源不正常，就不可能保证其他部件的正常工作，也就无从检查其他故障。如果碰到不加电等与电源有关的故障时，应首先考虑检测电源，在完全排除了电源方面的故障后，再着重进行硬件方面的检查。

任务6-4 液晶显示器常见故障的检修

6.4.1 液晶显示器开关电源的故障检修

当液晶显示器电源电路出现故障时，首先应观察开关电源电路的主要元器件是否有脱焊、烧焦及插口松动等现象，如保险管烧焦断裂、电解电容鼓包漏液、开关晶体管引脚脱落等。若出现这种故障，将损坏的元器件更换即可排除故障。若没有发现这些明显的故障现象，可利用检测法或替换法对电源电路的元器件进行逐一排查。图 6-12 为液晶显示器开关电源电路故障检测流程图。

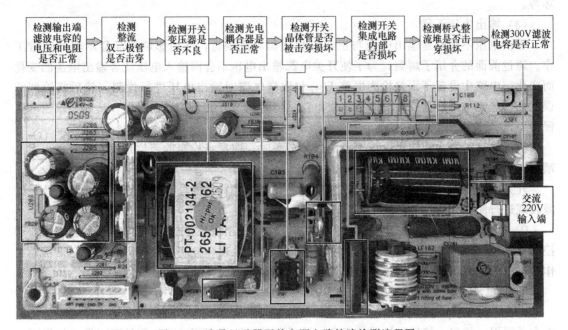

图 6-12　液晶显示器开关电源电路故障检测流程图

当液晶显示器出现供电失常时，首先应检测开关变压器次级输出滤波电容是否损坏，若没有问题，检测整流二极管 VD_{201} 和 VD_{202} 是否被击穿，若二极管没有被击穿，应检测开关变压器是否不良。接着检测开关集成电路 U101 是否损坏，若开关集成电路没有问题，则可能是开关晶体管出现故障。而对于交流输入部分，主要应检测 300V 滤波电容和桥式整流堆是否损坏。

对于电源电路的检修来说，也可通过输出电压的正常与否进行排查，具体检修流程如下所述。

（1）没有电压输出，但＋300V 输入正常

在该液晶显示器电源电路中，由开关变压器次级输出，并经整流和滤波后可输出 12V 和 5V 电压。由于这两种电压的输出电路是由整流二极管和电解电容组成的，因此，当没有电压输出时，应首先检测整流二极管是否被击穿，或电解电容是否鼓包、漏液等。

若整流二极管和电解电容都没有问题，应在通电的情况下，检查桥式整流堆输出的 300V 直流电压是否正常，若测得开关晶体管漏极有＋300V 直流电压，则表明引起这种故障的原因主要有两种：一是开关晶体管本身损坏；二是开关集成电路 U101 没有工作。

若检测到开关晶体管本身没有损坏，则继续检测开关集成电路 U101 是否正常工作，若测得开关集成电路工作不正常，则表明是开关集成电路本身或外围元器件有故障，应重点检查启动电路和正反馈电路。

（2）输入＋300V 直流电压不正常

排除故障的第一步应从＋300V 滤波电容 C_{101} 入手，可利用万用表检测该电解电容两端的电阻是否存在短路或断路情况，若问题不在该电解电容上，则需检测桥式整流堆是否击穿短路，若该桥式整流堆仍然没有故障，应检测交流输入电路中的相关元器件是否脱焊、损坏等。

（3）输出电压不稳

输出电压不稳就是输出电压与正常值相比偏高或偏低，从而影响液晶显示器的正常工作。通过前面的介绍了解到，为了使开关电源输出电压不会因输入电压或者输出电流的变化而变化，电路中设置了误差检测电路 U_{201} 和取样电路对输出电压进行检测，然后将检测的误差信号经光电耦合器反馈到开关集成电路，经过调节开关管的导通时间，从而使输出电压保持稳定。

当液晶显示器出现输出电压不稳的故障现象时，应重点检测的部位是误差放大器、光电耦合器、相关集成电路及外部元器件等。

开关电源电路产生故障主要表现为白屏、花屏、黑屏、屏幕有杂波等，下面对这几种故障表现进行简单介绍。

① 花屏　液晶显示器花屏的主要原因是：次级输出滤波电容漏电，造成主信号处理和控制电路板供电不足，供电电压低、电流小，主信号处理和控制电路板不能够完全正常地工作，输出的信号不正常，最终造成图像还原不正常，引起花屏现象。

② 开机黑屏

• 指示灯不亮，黑屏的情况　液晶显示器电源指示灯不亮，黑屏。出现这种现象首先检查有无脱焊、烧焦、接插件松动的现象，然后测量 12V 电压及 5V 电压是否正常，如果不正常，可根据检修流程逐一排查。

• 指示灯亮，黑屏　开机后黑屏，电源指示正常。出现这种故障首先应检测 5V 电压是否正常，因为主信号处理和控制电路板的工作电压是 5V，所以查找不能开机的故障时，应先用万用表测量 5V 电压。接着检测 12V 电压是否正常，即检测逆变器电路部分是否有正常的电压，因为逆变器电路不正常，也会导致黑屏现象的出现。

③ 屏幕上有杂波干扰　液晶显示器屏幕上满屏干扰条纹，但开机时间长后会有所改善。出现这种情况的主要原因是由于电源电路次级输出滤波电容失效而引起的。滤波电容不良会引起供给电压不足，也使主信号处理和控制电路板电压受到影响，最终导致屏幕上出现杂波干扰的现象。

④ 通电无反应　通电无反应主要是电源供电电路方面的故障，出现这种情况的主要原因是由于熔丝烧断、300V 滤波电容损坏、开关晶体管损坏及开关集成电路烧坏。对于这种故障检修，可以利用串联灯泡的方法，即更换除熔断器以外的损坏元件，用一个 60W/220V 的灯泡串接在熔丝两端。当通入交流电后，如果灯泡非常亮，说明该电源电路有短路故障，由于灯泡有一定的阻值，如 60W/220V 的灯泡，其阻值约为 500Ω 所以起到一定的限流作用。若短路故障被排除后，灯泡的亮度自然会变暗，最后再去掉灯泡，换上熔丝。

⑤ 开机无电，指示灯不亮　出现这种情况的原因通常是电源电路的次级输出滤波电容损坏所致。但在更换电容前，最好还是检查熔断器、开关晶体管及其他关键器件有无烧毁。

6.4.2 开机出现黑屏的故障检修

引起显示屏黑屏的原因有很多种，较常见的是电源电路和逆变器电路有故障。黑屏故障可从两方面检查：一种是电源电路不正常，主要表现为操作显示电路板按键无任何反应，指示灯不亮；一种是电源正常，按键反应也正常。下面以 LC-1715S 型液晶显示器为例介绍显示器黑屏的故障检修。图 6-13 为 LG-1715S 电源电路及主要元器件。

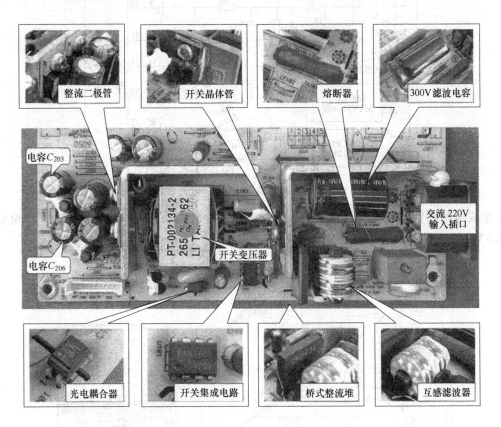

图 6-13　LG-1715S 电源电路及主要元器件

先通过观察法检查电源电路有无元器件损坏，如熔断器断路、滤波电容鼓包、元器件有无脱焊等现象。然后检测电源电路的 12V 和 5V 电压是否正常，若不正常，则怀疑可能是电源电路有故障；若电源供电电压正常，则需进一步检测微控电路和驱动板电路。

除了因电源电路和逆变器电路会引起液晶显示器黑屏，接口电路有故障也会造成黑屏现象。接口电路故障经常是接口焊点松动或数据线内部断路等。

6.4.3 输入接口电路故障引起的显示器黑屏

图 6-14 为一台宏基公司生产的液晶显示器的 VGA 行场同步输入信号接口电路图。该机开机后黑屏，指示灯为橙色。

根据故障现象，检查数据线和接口、VGA 等部分，都没有发现问题。根据电路图检测

项目 6

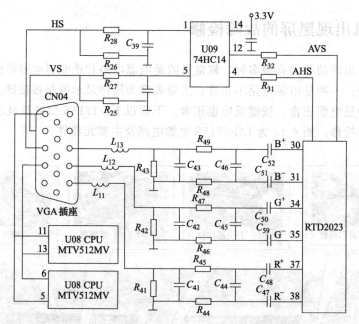

图 6-14　液晶显示器 VGA 接口电路原理图

U09 集成电路的第⑭端电压，将万用表的红表笔连接⑭端，黑表笔连接接地端，供电电压为 3.3V，也正常，如图 6-15 所示。

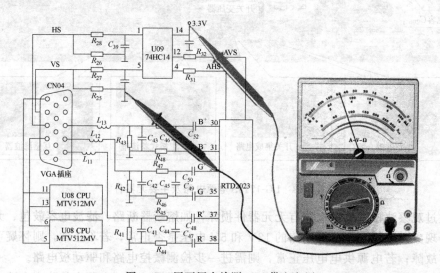

图 6-15　用万用表检测 U09 供电电压

供电电压正常，说明电源电路没有故障，而电脑主机工作也正常，进而怀疑是 U09 集成电路损坏。更换性能好、同型号的集成电路，再次开机，显示器正常工作，故障被排除。

思考与练习

6-1　液晶显示器的电路由哪些部分组成，各有什么作用？

6-2　液晶显示器的拆卸一般有哪几个步骤，要注意什么？

6-3　液晶显示器白屏的故障特点？什么原因引起？

6-4　液晶显示器花屏的故障特点？什么原因引起？

6-5　液晶显示器开关电源电路故障检测流程图。

6-6　输入接口电路故障引起的显示器黑屏的维修思路是什么？

6-7　液晶显示器开机出现黑屏，如何进行检测和维修？

参考文献

[1] 尹立俊等. 电子整机实训（彩色电视机）. 北京：机械工业出版社，2006.

[2] 刘午平，刘建清. 液晶彩电修理从入门到精通. 北京：国防工业出版社，2009.

[3] 庄月恒等. 电视机原理与电视机检修. 西安：西安电子科技大学出版社，2007.

[4] 滕林庆等. 家用电子产品维修工（高级）. 北京：中国劳动社会保障出版社，2007.

[5] 肖运虹等. 电视技术. 西安：西安电子科技大学出版社，2007.

[6] 王学力，电视接收技术. 北京：化学工业出版社，2004.

[7] TCL 多媒体科技控股有限公司. TCL LCD 平板彩色电视机原理与分析. 北京：人民邮电出版社，2007.

[8] TCL 多媒体科技控股有限公司. TCL LCD 平板彩色电视机电路分析与维修. 北京：人民邮电出版社，2006.

[9] 王晓光，刘亚光. 长虹液晶彩色电视机电路分析与故障检修. 北京：人民邮电出版社，2007.

[10] 李雄光. 电子产品维修技术. 北京：电子工业出版社，2009.

[11] 梁长垠等. 电视技术. 北京：清华大学出版社，2008.

[12] 李雄杰等. 电子产品维修. 北京：电子工业出版社，2007.

[13] 李雄杰等. 电子产品维修. 北京：电子工业出版社，2007.

[14] 韩广兴. 液晶和等离子体电视机原理与维修. 北京：电子工业出版社，2007.

[15] 韩雪涛，韩广兴，吴瑛. 液晶显示器现场维修实录. 北京：电子工业出版社，2009.

[16] 李传波. 液晶显示器维修技能实训. 北京：科学出版社，2010.

[17] 万晓榆，张洪，欧阳春，张溢华. IPTV 技术与运营. 北京：科学出版社，2010.